U0289239

LDA 应用方法
——激光多普勒风速仪在流体动力学中的应用

LDA Application Methods
Laser Doppler Anemometry for Fluid Dynamics

［瑞士］张正济(Zh. Zhang) 著

周 强 马护生 高丽敏 谭飞程 陈丽艳 译

国防工业出版社

·北京·

著作权合同登记 图字：军－2014－204 号

图书在版编目（CIP）数据

LDA 应用方法：激光多普勒风速仪在流体动力学中的
应用/（瑞士）张正济著；周强等译 . —北京：国防
工业出版社，2016.2
书名原文：LDA Application Methods Laser
Doppler Anemometry for Fluid Dynamics
ISBN 978－7－118－10415－8

Ⅰ.①L… Ⅱ.①张… ②周… Ⅲ.①风速表—
应用—流体动力学—研究 Ⅳ.①O351.2

中国版本图书馆 CIP 数据核字（2016）第 001903 号

LDA 应用方法
——激光多普勒风速仪在流体动力学中的应用
［瑞士］张正济（Zh. Zhang） 著
周 强 马护生 高丽敏 谭飞程 陈丽艳 译

出版发行 国防工业出版社
地址邮编 北京市海淀区紫竹院南路 23 号 100048
经 售 新华书店
印 刷 三河市众普天成印务有限公司印刷
开 本 710×1000 1/16
印 张 14¼
字 数 265 千字
版 印 次 2016 年 2 月第 1 版第 1 次印刷
印 数 1—2000 册
定 价 72.00 元

（本书如有印装错误，我社负责调换）

国防书店：(010)88540777 发行邮购：(010)88540776
发行传真：(010)88540755 发行业务：(010)88540717

译者序

    激光多普勒测速技术(Laser Doppler Anemometry, LDA 或 Laser Doppler Velocimetry, LDV)是实验流体动力学中较为有效和精确的流体速度非接触式光学测量方法,在基础研究和工程技术两大领域均得到了广泛和成熟的应用。作为学科融合的应用技术,其具有较为明显的技术优势和缺陷。相对于传统的探针测量方法,其对流场的干扰较小,空间分辨能力较强;而相对于粒子成像测速技术(Particle Image Velocimetry, PIV),其采集频响高,三维空间速度矢量测量能力强,但也因单点测量方式而面临着大区域流场同步测量这一实验流体动力学技术需求所带来的技术挑战。应该看到,任一种特定的测量技术并非是万能的。在深入理解和系统掌握已有测量技术的基础上,针对特定情况选择采取适宜的技术和对策是至关重要的。

    本书侧重于激光多普勒测速技术应用方法的介绍和讨论,突出了内容实用性和可操作性,是已出版的众多 LDA 技术专著中少见的版本。译者期望本书中文版能够为国内实验流体动力学和相关学科的同仁提供便利的参考和借鉴。本书第 1 章、第 6 章、第 8 章、第 12 章、第 13 章由马护生翻译;第 17 章、第 18 章和附录部分由高丽敏翻译;第 3 章～第 5 章、第 7 章、第 9 章、第 14 章～第 16 章由谭飞程和陈丽艳翻译;第 2 章、第 10 章、第 11 章和索引部分由周强翻译;周强、马护生、高丽敏和谭飞程共同承担本书译文的审阅校对工作。

    本书中文版的顺利出版发行,离不开国防工业出版社的大力支持和帮助,译者在此表示衷心感谢。本书涉及多个学科,因译者学识所限,对于翻译错误或不当之处恳请读者不吝指正。

译 者
2015.10

前　言

随着激光技术的应用,用来研究和改进工程流动和流动过程的实验流体测量得到了快速的发展。相对于采用探针的传统测量手段,激光技术显然为非接触流动测量提供了最为有效和精确的测量工具。目前,用于流动测量的激光技术已经十分普遍,这主要是因为基于激光技术的应用随处可见。应用最为广泛的激光流动测量技术无疑是激光多普勒风速仪(Laser Doppler Anemometry,LDA)技术,亦即激光多普勒测速仪(Laser Doppler Velocimetry,LDV)和粒子成像测速仪(Particle Image Velocimetry,PIV)技术。PIV 技术通过成像测量定量获得流动参数的分布,而 LDA 方法则更多地应用于所有流动现象的精细化诊断和流动参数的量化考核。本书拟解决的主要技术问题就是 LDA 方法。

自 LDA 原理的首次成功应用以来,特别是近 20 年间,LDA 技术已经发展成为高水平的流动测量标准方法。该技术被认为是关于流动的科学研究和工程应用中最为成功且应用最广的测量技术,先进的激光和计算机技术有力地推动了先进的 LDA 技术的发展。作为一种高效、可靠的测量技术,LDA 方法不仅在机械工程领域,而且在化学、生物工程和其他领域充分地展示了应用的重要性。

值得注意的是,LDA 技术持续发展至今,其进步主要集中于 LDA 的作用原理和相关软硬件的发展上。这些进步催生了标准的商业化 LDA 测试设备,使之更易获得并应用。绝大多数已出版的专著的主要篇幅集中于 LDA 方法基本原理的论述及其相关发展的介绍,只有少数专著关注和研究 LDA 光学设备与流体动力学的有机融合。相当一段时期内,LDA 使用者缺少实际应用层面的技术支撑与具体参考。

本书之所以命名为《LDA 应用方法》,就是阐述 LDA 光学设备与流体动力学有机统一的问题,讨论改善光学测量环境和提高测量精度的方法,不仅给出了简化测量过程和修正测量误差的指导原则,还提供了界定 LDA 使用中的限制条件和拓展其应用领域的指导方针。基于 LDA 近 15 年来的发展,本书作者试图总结上述相关方面的所有重要方法,并作为 LDA 使用者有益的实用参考。本书还包括了 LDA 技术所涉及的其他基础知识,以满足高等院校、研究机构和工业界中不同应用背景 LDA 使用者的需要。此外,本书还有助于支撑 LDA 仪器设备及其软件的进一步发展。

本书作者衷心感谢心爱的妻子 Nan 多年来给予的精神支持和默默无闻的帮助,同时还感谢 Sulzer Markets & Technology 有限责任公司在 1990—2003 年期间对应用 LDA 开展流动测量研究的大力支持。

Zhengji Zhang 博士

2010 年 3 月于瑞士·因纳特基兴

目 录

第 1 章

引言

1.1　流动及流动测量

在工业应用和科学研究中,流体流动经常被用来发挥多种多样的作用。通常,需要对那些热物理、流体工程以及化学与生化过程控制等相关的物理过程进行精确量化和优化,涉及流体动力学的物理过程尤其如此。不同工业应用中涉及的复杂流动,通常包含不同种类的湍流、三维流动和非定常流动、分离流和相对涡流、多相流等,一定程度上甚至还涉及非牛顿流体流动。依据应用领域和工艺规范,绝大多数流动都可以进一步借助流量、雷诺数、速度分布、湍流强度和其他相关流体动力学参数予以描述。以热交换器为例,雷诺数及其相关的流动状态对于该设备热交换效率至关重要。在解决空气动力学的流动问题时,绝大多数的流体动力学参数都与湍流边界层直接相关。显然,每种工程流动过程都可通过相应的流体动力学参数描述其独有的特性。所有这些流动中,湍流是最重要和最复杂的流动现象。

大多数工业流动和自然流动的复杂性,基于流体动力学的理论分析还不足以有效地量化不同种类的流动。即便采用了简化方法,也是如此。尽管现在计算流体动力学(CFD)广泛应用于复杂流动的评估和流动过程的改善,但其总体可靠性和适用性仍需提高,尤其需要通过实验加以验证。并且,流体数值模拟方法还不能对所关注的流动过程进行实时分析。基于上述原因,通常考虑实施以研究流动为目的的实验测量,并以此对相关的流动过程进行优化。

1.2　常规的流动测量方法

流体动力学的常规流动测量方法基本上包括流体速度分布和压力分布的测量。局部流动测量中最常见的方法就是应用皮托管测量总压,采用普朗特管测量动态压力。由于此类压力探针测量时都需要浸入到流场中,流动因此会受到干扰。皮托管和普朗特管通常仅限于稳态流或准稳态流的测量,原则上不用于湍流或高频脉动流动的测量,这主要是因为探针的压力信号存在着延迟效应。

气体介质流动的压缩性或其他原因均会导致此类问题。同样,相关的速度变化不能以简捷的方式由压力脉动的测量值计算获得。另外,应时刻记住:此种压力探针既不能用于边界层的测量,也不能用于流线弯曲的流动。

一种更加适合进行湍流测量的方法就是热线风速仪(HWA)方法,该方法利用细热丝表面传热与流动速度之间的关系进行测量。热丝的直径只有几微米,通常由以铂或钨制成。如此细小的热丝确保了其对温度的快速响应,因而也就保证了热丝的电信号对局部流动速度脉动的响应。因此,该方法可以很好地用于大多数湍流测量,其中包含了对湍流边界层的测量。该方法的不足之处是,热丝必须在每次使用前进行校准。同时细小的热丝还要求流体中不能含有对热丝造成任何损伤的硬颗粒。相当多的流动阻力施加于热丝之上,因而该方法也不适用于高速水流。实际上,热线风速仪在气流测量中具有十分广泛的应用。

目前仍有很多其他方法适用于实用的流动测量,其中大多数方法均要求所研究的流场必须是预先设计的,以方便探针进入流场。另一种众所周知的无干扰测量方法是利用超声波,其在管流测量中有广泛的应用,其原因在于机械介入或光学的测量方法均不适用于管流流动。

1.3　激光方法和激光多普勒风速仪(LDA)

面向流动研究的现代测量技术无可争辩地以激光技术的应用作为显著的标志。显然,激光方法在流场信息的获得及其准确度方面均显示出深远而宽广的应用前景。一方面,在需要高准确度测量和应用特定流动参数加以量化的流场中,常规的流动测量方法(参见1.2节),将会被激光方法所取代;另一方面,激光方法标准化提高了激光技术应用的便捷性,这种重大的技术进步极大地拓展了流动测量的应用领域。进入实际应用的著名激光方法就包括适于流场测量的粒子成像测速仪(PIV)和用于局部流速测量的激光多普勒风速仪(LDA),后者也可称为激光多普勒测速仪(LDV),原则上,上述两种激光测量方法可相互补充。

PIV技术是利用激光片光照射预先播布并悬浮在流场中的示踪粒子,通过测量由激光片光照射形成的可视化流场图像中示踪粒子的位移,定量测定可视化流场区域的流速分布。上述工作借助于高效的数值处理软件和高速计算机来实现,目前软件和计算机的技术已达到很高的水平。PIV测量方法有助于包含流动分离和相对涡流的流型流谱的确认。与诸如烟流法等的常规流动显示方法相比,PIV方法可附带提供定量的流动信息。值得一提的是,这种PIV测量方法的优势目前尚未得到充分的应用。众所周知,虽然流动测量仅用来为深入分析提供相关数据,但却是流动研究的先决条件。在众多的应用实例中,由PIV方法测量所得定量的流动速度几乎不能用来显示流型流谱。就绝大部分而言,基于由 PIV 得到的定量数据也不能完成透彻和详尽的深入分析。因此,与诸如烟流法或彩色法等简便的流动显示技术相比,由 PIV 测量描述的流型流谱并不能提供更多和更有用的流动信息。这种功能的比较暗示流动研究不能仅仅局限于流动测量层面。关于这方面更多的讨论将在 1.4 节中展开。

激光多普勒风速仪(LDA)的功能及其应用方法构成了本书的主题,该方法或许是流动和流体动力学方面实验研究最为有效和应用最广的非接触测量方法,其代表了高准确度光学测量技术的发展水平。自从 1964 年由 Yeh 和 Cummins 在首次采用 LDA 方法以来,该技术得到持续发展和扩展,使得目前已成为在工业领域和模型流动研究中进行流动测量的标准仪器。LDA 技术的基本发展包括软件和硬件技术的渐进式发展,主要得益于激光和计算机技术的持续进步。总体上,LDA 技术主要包括如下两个领域方向,即 LDA 原理和 LDA 应用。

自 20 世纪 90 年代以来,LDA 的应用已取得了重要成果,LDA 方法因而显示出越来越广阔的应用范围。为了与越来越多的 LDA 用户更好地交流应用经验,许多诸如欧洲激光风速仪协会(European Association for Laser Anemometry,EALA,现已不再活跃)和德国激光风速仪协会(Germany Association for Laser Anemometry,GALA)等区域性和全球化的专业协会组织纷纷成立。

1.3.1 LDA 基本原理和仪器的发展

自 1964 年 Yeh 和 Cummins 首次成功应用 LDA 测量方法以来,LDA 技术得到了持续的发展。技术的进展主要集中于 LDA 系统光电性能的增强以及相关软硬件的技术改进。技术的进步使得 LDA 系统成为成熟而重要的商业化测量仪器。本书的目的并非是回顾 LDA 的发展历史。关于更多 LDA 发展相关的信息,有兴趣的读者可参考 Durst 等人早期的技术专著(1981),也可参考 Albrecht 等人近期的著作(2003)。

LDA 原理的发展也包括与 LDA 应用密切相关的并会直接影响 LDA 测量精准度的各种光学与流动相关性研究。相应的影响因素是已知的,如 LDA 测量体条纹变形效应、速度与角偏差效应、时间和空间速度梯度效应等。鉴于此类影响因素在 LDA 测量中的重要性,相应的广泛研究很早就开始了,现归纳如下:

(1)速度偏差效应。速度偏差效应源自 LDA 测量中的速度采样速率并非是等时间间隔,而是取决于速度本身。具体讲,高流动速度具有相对于低流动速度更快的采样速率。该效应通常存在于具有速度脉动的非定常流和湍流中。由于速度偏差效应与流动速度的相关性,速度偏差效应实质上是一种流动现象。该现象于 1973 年首先由 McLaughlin 和 Tiederman 发现,随后被众多研究者广泛研究(Buchhave 1975,Erdmann 和 Tropea 1981)。对应的研究主要集中在对相关测量结果的修正。Nobach(1998)基于数值计算方法较为全面地描述了三维湍流速度偏差误差的特征。Zhang(2000,2002)给出了速度为零到无穷范围内三维湍流及其与湍流强度相关性的全面分析和详细描述。需要说明的是,速度偏差并非总是表现为测量误差。此观点将在本书第17章给出全面的描述。

(2)条纹畸变。作为光学现象,LDA测量体中的条纹畸变主要是由不当光路布局或由介质界面处激光束非对称折射引起的。Hanson(1973,1975)仔细测定了不当光路布局引起的测量体条纹畸变程度。Miles和Witze(1994,1996)采用放大图像的方法,以实例显示了LDA应用中测量体条纹畸变模式。Zhang(1995),Zhang与Eisele(1995a,b)证实由激光束折射引起的LDA测量体条纹畸变属于像散效应。条纹畸变描述了激光束在斜平面表面或圆管表面产生折射时存在的极其重要现象(Zhang 2004a,2004b)。LDA测量体中各种条纹畸变均可导致测量的准确度恶化。举例来说,测量误差多被解释为对所有湍流相关物理量的过高估计。因为此原因,相关的影响也被称为湍流测量中的加宽效应(Hanson 1973)。Zhang和Eisele(1997,1998c)围绕测量体条纹线性畸变进行了条纹畸变效应对流动测量准确度影响的定量评估。目前,还不能很好地给出关于其他类型测量体条纹畸变效应的评估。

(3)空间速度梯度效应。对于像湍流边界层流动那样的具有空间速度梯度的流动,LDA测量在平均速度和脉动速度两个方面均存在着误差。误差来源于LDA测量体长度范围内速度的不均匀分布。鉴于标准的LDA光学器件尚不能解析测量体内的速度分布,因而平均速度、尤其是湍流相关物理量均存在着误差。Durst等(1996,1998)已经开始并正在进行相关的研究工作。实际上,由于相应的速度偏差效应,LDA测量体内空间速度梯度的存在也会导致测量结果表征上的模糊性。

(4)非定常流动测量。强迫非定常湍流流动中,流动脉动包括因周期性流动引起的强迫速度变化和因流动湍流导致的随机速度脉动。为能够基于LDA测量来评估此类流动,必须进行适当的数据处理。通常,数据处理是指从合成脉动中解析出随机速度脉动的方法。Zhang等(1996,1997)和Jakoby等(1996)进行了关于此种评估方法的相应研究工作。

1.3.2　LDA应用方法的发展

随着基本原理和软硬件的发展,LDA测量方法已成为面向流动研究,特别是复杂湍流流动的非常有效的光学测量技术。与此相对应,LDA仪器设备已发展为成熟的商用产品,并得到了广泛应用。为此,虽然LDA应用技术还十分复杂,但普遍认为其不失为可直接用于流场测量的有效手段。

从LDA应用实际和经验角度,关于LDA基本原理和相关仪器功能的认知并不能完全保证对所有类型流动测量的正确性,这是因为流动本身、流动结构及其相关光学特性的多样性缘故。这种观点是客观和真实的,众所周知,示踪粒子直径、速度偏差和条纹畸变均能较大程度上影响测量准确性。尽管有无数LDA

在几乎所有流场中应用的实例,但是,几乎没有在改进 LDA 应用的光学条件并以此提高测量精准度、简化测量流程并修正测量误差、摸清 LDA 技术的应用极限并扩展应用范围方面取得实质性进展。除所关注的速度偏差和条纹畸变之外,LDA 方法的实际应用实际上还受到诸多会招致麻烦的且部分原因不明的光学现象的影响。对于内部流动测量而言,LDA 应用中最显著的干扰因素就与激光束的折射相关。为抑制该情形下光学像差的发生,抑或采用到折射率指数匹配法。然而,该方法仅仅是一种被动解决途径,实际上并非总是适用的。如果激光束折射发生在诸如圆管那样的曲面上,激光束折射问题将加剧。显然,LDA技术的应用及其优化仍需进一步发展。

(1) 光学像差和像散。LDA 应用中,光学像差普遍存在于内流测量中,这是因为激光束必须穿过至少一个光学窗,就此会经历折射。最显著的光学像差被证实为是像散,在最糟糕的情况下会引起测量的完全中断(Zhang 1995,Zhang和 Eisele 1995a,b)。如果 LDA 系统的光轴偏离了轴线,亦即 LDA 光轴与光学窗的法线方向不一致,那么上述现象及其对信号质量和信号速率的干扰就会变得非常严重。一些 LDA 用户或许经历过这样的情况,即在上述光学配置下,无法接收到相关信号,或接受的信号质量很差。信号消失源于激光束在经过空气/玻璃和玻璃/气流界面的折射后无法聚于一点;信号质量变差的主要原因在于激光束会聚质量差和光学接收装置的接收孔径变差。关于像散的另一问题就是引起测量误差的测量体条纹畸变(Zhang 和 Eisele 1996b)。LDA 测量中有关像散效应的详细描述和正确采用修正方法准则可参考所提及的相关文献。为将散光效应的影响降至最低,配置光学接收装置的方法可见文献(Zhang 和 Eisele 1996a,1998b)的相关内容。

(2) 圆管中的三维流动测量。关于 LDA 测量的另一个最普遍例子就是圆管内流动的测量。此种情况下,与激光束折射相关的光学像差远比平面测量更加复杂和严重。实际上,在没有任何帮助的前提下测量不可能进行,要么进行流动的折射率匹配,要么精确计算流场内激光束的交会点。折射率匹配并非每次都成功,为此必须对管道流动进行直接测量。于是,如此条件下,许多使用者或许将会遇到捕获高质量信号的巨大困难。一些用户尽力尝试同时在管壁和流场内部追踪激光束(Boadway 和 Karahan 1981)。实际上,光学接收装置内的光学像差及其对信号强度和质量所对应的最为严重的影响常被忽略。正如 Zhang(2004a,b)所描述的那样,直接流动测量的光学性能可通过将圆管外表面构造成平面方法得到极大的改善(图 1.1)。这不仅有助于同时降低激光束发射和接收装置的光学像差,而且有利于简化流场内测量所有三个速度分量的激光束交会计算。

(3) 双测量法(DMM)。众所周知,LDA 所实施的是对速度分量的测量。正因如此,有时在准确测定某一速度分量(即二次流的一个速度分量)时会面临困

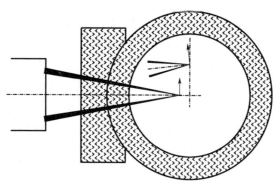

图 1.1　测量圆管内流动全部三个速度分量的有效方法(Zhang 2004a)

难,特别是在二次流的一个速度分量远小于其他分量的情况下更是如此。直接测量如此小的速度分量常常需要精确的光学对准,即使如此,也存在着对不准、非常复杂和非常耗时的可能性。Zhang(2005)发展了能够精确测量最小二次流的方法,被命名为双测量法(DMM)。该方法已成功地解析出高速射流中的分解二次流流场结构。详细内容可参考相关文献(Zhang 和 Parkinson 2001,2002)。

(4) 零相关法(ZCM)。进行湍流测量时,常常需要同时测量平均速度和诸如构成雷诺应力矩阵的湍流强度和湍流应力那样的湍流量。为测量湍流剪切应力,通常采用二维 LDA 测量系统同步测量两个速度分量的速度脉动。该技术也由此被称为二元同步测量技术(the two - component coincident measurement technique)。虽然大多数 LDA 系统都是为了满足这种测量要求而设计和配备,但湍流测量可通过计及速度脉动的共有随机性而实现简化。对于定常流而言,脉动的随机性表明速度脉动沿平均流动方向对称分布。基于这个假设,Zhang(1999)发展了被称为零相关法的特别测量方法。该方法能简便地实现全部湍流量的测量,而无需采用二元同步测量技术。

如上所述,LDA 应用方法是 LDA 技术的一个重要种类,在正确和有效地进行流动测量中发挥着决定性的作用,也是本书的主题。

1.4　针对性流动测量与合理的测量评估

工程应用中所遇到的各种流动都被规划设计为实现特定功能,因而需要借助于对应的相关参数来加以描述。对于 LDA 使用者而言,试验之前弄清流动参数是至关重要的。虽然 LDA 技术已取得了巨大进步,LDA 系统更加适合于高效和简捷的使用,但其仍只能作为面向流动测量的应用手段。实际上,流动研究开始于测量完成之后。为此,应围绕规定和明确最常用的流动参数开展预先研究工作,此类工作也应包括如何对所关注流动量进行直接或间接的测量,以及如何提高准确测量的精准度。预先研究为选择有效的测量技术和适当的测量方法提供了先决条件。

另一方面,对于工程师和研究者而言,合理评估测量数据是一项艰巨的任务。正如在1.3节所提及的PIV方法,直接由PIV测量获得简捷的图形化流场映射图像,甚至是定量化的测量结果,这并不比定性的流动显示手段提供更多的流动信息。通过对所关注流场进行图形化映射,流场研究实质上刚刚开始,并非是已经终结。一方面,对测量数据更为深入地研究和评估需要流体力学及其相关的物理(热力学或化学)过程的认识;另一方面,测量所得数据较差的时间分辨率显然是PIV方法的重大缺陷,这种缺陷阻碍了使用者对流场的进一步研究。相对于这种PIV方法的缺陷,LDA方法可提供高时间分辨的测量能力。因此,LDA方法非常适用于进行流场诊断,诸如检测边界层内的不稳定流动、湍流强度和精确的流型等等。鉴于此,LDA方法有时与医学检验室血液检测方法相提并论,而PIV方法可以与X射线法相类似。这就是LDA方法作为流场诊断手段提供大量有价值的流动信息,并在实践中得以广泛应用的原因。

1.5 本书的目的

自LDA的首次应用以来及随后的相当长时间内,LDA技术的发展主要集中于LDA基本原理和仪器设备方面,如1.3节所述。LDA技术在此领域的显著进展使得LDA方法成为了最让人青睐的流动测量技术。LDA方法也由此在流动实验研究中得到了最广泛的应用。也正如1.3节所提及的那样,单凭对LDA基本原理和仪器设备的认知并不能完全确保流动测量的正确性。在实际应用中,对于面向实际应用的LDA使用者而言,应用方法似乎具有与LDA基本原理同样重要的价值和作用。

为此,本书试图全面归纳总结LDA应用方面有用的知识。为了保持全书的完整性,也会涉及LDA测量技术的基础原理,以及如粒子动力学、速度变换算法等其他相关方面的内容。对于特定的光学特征,如管流中LDA测量体的特征描述,精确计算似乎相当复杂。尽管如此,所有内容无论对于弄清各光学特性的背景,还是对于评估测量中相应的影响程度,都是相当重要的。并且,这也可作为深入研究相关光学特性的基础。

本书最后会介绍LDA应用的一些实例。同时也表明,LDA方法既适用于固体力学,也适用于流体力学。

本书的主要目的是作为LDA应用方法的指南,为试图优化应用环境的光学条件并获取尽可能多测量结果的使用者服务。本书是首部关于LDA应用方法的专著,将会促进LDA技术的深入发展。虽然本书以LDA的使用者为主要对象,侧重于LDA应用方法,但也可作为LDA系统开发商和制造商的技术参考书。

第2章

关于工程湍流的描述

实际应用中所遇到的大多数流动形式为黏性湍流。由于流动脉动的随机性,流动湍流或许是自然界最复杂的现象。几乎只有流动湍流才能对不同流体流动的物理(如热或化学)过程产生决定性影响。一方面,基础研究工作持续并集中于流动湍流的普适特性(Bradshaw 1978,Hinze 1975,Lumley 等 1996),尤其是在计算流体力学领域,大量的研究工作主要集中在建立合适的湍流模型;另一方面,研究者们还进行了工程应用中无数关于湍流的试验研究及其对于不同流动过程的影响分析。湍流强度,作为直接对流量脉动进行统计评估的结果,是定量描述流动湍流的最常用参数,也是流动测量试验中最容易得到的湍流量。

从流体动力学角度来看,流动湍流的重要特征是与速度脉动的时间和空间范围相关的统计量。关于流动湍流的这些特征,最为合适的测量方法显然是LDA 方法,该方法能够很好地分辨湍流中的速度脉动,并已在流动试验研究中得到了广泛应用。正因如此,LDA 工程流动测量应用中重点考虑的是与其紧密相关或直接相关的湍流量。

2.1　湍流流动特征

2.1.1　流动湍流的统计学知识

一般认为,湍流是运动的流体质点不规则的流动脉动。为了描述速度脉动的湍流,流体流动速度通常被分解为时均速度和脉动速度。例如,对于速度分量 u,具有速度脉动的流动速度可表示为

$$u(t) = \bar{u} + u'(t) \tag{2.1}$$

与这种湍流处理方法一致,即有 $\overline{u'(t)} = 0$,表示速度脉动的时间平均量不存在。为了能够在统计学上定量地描述流动速度脉动的程度,通常采用定常湍流的平均速度的标准偏差。给定速度分量的标准偏差可由下式计算得到:

$$\sigma_u = \sqrt{\frac{1}{T} \int_0^T u'^2 \mathrm{d}t} \tag{2.2}$$

围绕平均速度的速度脉动具有不同的幅值,且发生不同速度脉动幅值的概率也有所不同。接近平均速度的速度脉动发生的概率较高,而远离平均速度的速度脉动发生频数非常少。通常,通过实验测量得到的定常湍流脉动速度概率分布呈钟形对称,如图 2.1 所示。大多数情况下,对于定常湍流而言,流动脉动是随机发生的,可由高斯概率密度函数近似地表示

$$\mathrm{pdf}_u = \frac{1}{\sqrt{2\pi}\,\sigma_u} \mathrm{e}^{-\frac{(u-\bar{u})^2}{2\sigma_u^2}} \tag{2.3}$$

式中:σ_u 为平均速度 $\bar{u}$ 的标准偏差(m/s),并由式(2.2)明确定义。σ_u 代表了速度在统计学意义上的变异性,并明确给出了围绕不同速度分量的时均值流动脉动的最有效变化范围。

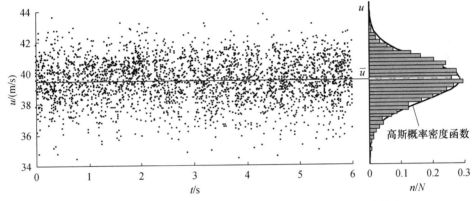

图 2.1　应用 LDA 法在高速射流中测得的脉动速度及其概率分布

相应的概率密度函数如图 2.2 所示,近似地给出了脉动速度的分布。发生在 $u = \bar{u} \pm \sigma_u$ 范围内的随机速度概率可由下式计算:

$$P(\sigma_u) = \int_{\bar{u}-\sigma_u}^{\bar{u}+\sigma_u} \mathrm{pdf}_u \mathrm{d}u = \frac{2}{\sqrt{\pi}} \int_0^{1/\sqrt{2}} \mathrm{e}^{-z^2} \mathrm{d}z = \mathrm{erf}\left(\frac{1}{\sqrt{2}}\right) \approx 68.3\% \tag{2.4}$$

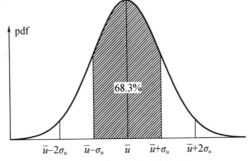

图 2.2　高斯概率密度函数

9

这里,采用 $z = \dfrac{u - \bar{u}}{\sqrt{2}\,\sigma_u}$ 进行置换,$\mathrm{erf}(x)$ 则为误差函数;当 $x = 0$ 时,该误差函数不再存在,当 x 趋向无穷时,则趋于 1。

此外,$u = \bar{u} \pm 2\sigma_u$ 范围内随机速度的概率可由下式确定:

$$P(2\sigma_u) = \int_{\bar{u}-2\sigma_u}^{\bar{u}+2\sigma_u} \mathrm{pdf}_u \mathrm{d}u = \frac{2}{\sqrt{\pi}} \int_0^{\sqrt{2}} \mathrm{e}^{-z^2} \mathrm{d}z = \mathrm{erf}(\sqrt{2}) \approx 95.4\% \qquad (2.5)$$

标准差 σ_u 通常作为表征脉动过程中数据序列非均匀性程度的统计参数。标准差 σ_u 的计算方法将在第 5 章有关定常湍流的 LDA 测量中进行阐述。

2.1.2　各向同性和各向异性湍流

由于湍流中,速度脉动通常为三维,因此需要在常规的场坐标系中识别所存在的湍流是各向同性的还是各向异性的,如图 2.3 所示。湍流在大雷诺数和无显著边界影响的条件下,局部呈现各向同性的特征。

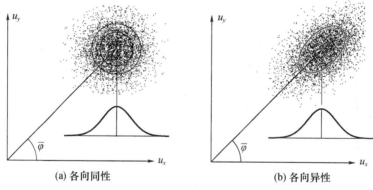

(a) 各向同性　　　　　　　　　　(b) 各向异性

图 2.3　以应用 LDA 所得脉动速度的散点图来显示的
二维湍流的各向同性和各向异性特征

这种类型的湍流中,所有空间方向的速度脉动均具有相同的统计学散布水平,即以标准偏差表征,有 $\sigma_x = \sigma_y = \sigma_z = \sigma$。平均速度的标准偏差可直接用来计算相关湍流流动的湍流强度:

$$\mathrm{Tu} = \frac{\sigma}{\bar{u}} \qquad (2.6)$$

式中:$\bar{u}$ 为主流方向的平均速度。

实际上,常见的湍流流动大多数是各向异性的,这主要是因为存在流动边界对流动脉动反作用的缘故。如图 2.3(b)所示的各向异性湍流是最为常见的湍流流动形式。这种流动形式通过两种截然不同的特征加以表征:第一个特征就是速度脉动通常在平均速度矢量附近基本上呈对称分布,这种流动湍流特性是由速度脉动的随机性引起的,这一点可被用来简化流动湍流的描述以及相应湍流量的测量难度,具体内容详见第 8 章。第二个特征就是沿着平均速度矢量方向的速度脉动量值最大,垂直于平均速度矢量的速度脉动量值最小。实际上,沿着平均速度矢量方向且具有最小脉动速度量值的湍流几乎是不存在的,其数学描述等同于常见的情形。正因如此,除了为了描述测量技术的简便性外,我们还将进一步对图 2.3(b)所示的各向异性湍流的常见情形进行研究。

围绕平均速度矢量的速度脉动非对称分布通常出现在具有大速度梯度的流动中,这种类型速度脉动已在湍流边界层剪切流动中得到证实,具体见 Zhang 和 Zhang(2002)。某种程度上,可进行对称速度脉动的近似估计,以简化测量和数据处理。这种近似估计原则上只取决于测量的精确度要求。

2.2 雷诺湍流应力

描述定常黏性湍流流动的基本方程组是流体的动量方程组,被称为雷诺平均的纳维尔-斯托克斯方程组(RANS),或简单雷诺方程组。笛卡儿坐标系中局部一点流体微团的速度矢量可分解为三个相互正交的速度分量 u,v 和 w,此时雷诺方程组为

$$\rho\left(\bar{u}\frac{\partial\bar{u}}{\partial x}+\bar{v}\frac{\partial\bar{u}}{\partial y}+\bar{w}\frac{\partial\bar{u}}{\partial z}\right)=-\frac{\partial\bar{p}}{\partial x}+\mu\nabla^2\bar{u}+\left(\frac{\partial\rho\,\overline{u'u'}}{\partial x}+\frac{\partial\rho\,\overline{u'v'}}{\partial y}+\frac{\partial\rho\,\overline{u'w'}}{\partial z}\right)$$

(2.7)

$$\rho\left(\bar{u}\frac{\partial\bar{v}}{\partial x}+\bar{v}\frac{\partial\bar{v}}{\partial y}+\bar{w}\frac{\partial\bar{v}}{\partial z}\right)=-\frac{\partial\bar{p}}{\partial y}+\mu\nabla^2\bar{v}+\left(\frac{\partial\rho\,\overline{v'u'}}{\partial x}+\frac{\partial\rho\,\overline{v'v'}}{\partial y}+\frac{\partial\rho\,\overline{v'w'}}{\partial z}\right)$$ (2.8)

$$\rho\left(\bar{u}\frac{\partial\bar{w}}{\partial x}+\bar{v}\frac{\partial\bar{w}}{\partial y}+\bar{w}\frac{\partial\bar{w}}{\partial z}\right)=-\frac{\partial\bar{p}}{\partial z}+\mu\nabla^2\bar{w}+\left(\frac{\partial\rho\,\overline{w'u'}}{\partial x}+\frac{\partial\rho\,\overline{w'v'}}{\partial y}+\frac{\partial\rho\,\overline{w'w'}}{\partial z}\right)$$

(2.9)

上述方程组中,∇^2 为拉普拉斯算子,其算式如下:

$$\nabla^2 u=\frac{\partial^2 u}{\partial x^2}+\frac{\partial^2 u}{\partial y^2}+\frac{\partial^2 u}{\partial z^2}$$

(2.10)

湍流中的流动脉动表示流体质点之间的动量交换。其统计特性由雷诺湍流应力的局部梯度给出,上述方程组中的 $\partial\rho\overline{u'u'}/\partial x$ 以及其他相似项包含了这些。出于简便和随后方便的考虑,假设流体具有恒定密度,并且雷诺应力由各自速度分量的方差和协方差来表示。雷诺湍流应力通常由下列矩阵式表示:

$$\boldsymbol{\sigma}_{mn}=\begin{vmatrix}\sigma_{xx}&\tau_{xy}&\tau_{xz}\\\tau_{yx}&\sigma_{yy}&\tau_{yz}\\\tau_{zx}&\tau_{zy}&\sigma_{zz}\end{vmatrix}=\begin{vmatrix}\overline{u'^2}&\overline{u'v'}&\overline{u'w'}\\\overline{v'u'}&\overline{v'^2}&\overline{v'w'}\\\overline{w'u'}&\overline{w'v'}&\overline{w'^2}\end{vmatrix}$$

(2.11)

式中:湍流应力 σ_{yx},σ_{yy} 和 σ_{zz} 的单位为 m^2/s^2,称为雷诺法向应力。对于近似高斯概率分布的流动脉动,每个雷诺正应力等于各自标准偏差的平方,其定义式如

式(2.2)，实际应用如式(2.3)。与之相似，当 $m \neq n$ 时湍流应力 τ_{mn} 称为雷诺剪切应力。湍流法向应力和剪切应力均为相应速度分量的脉动时均值。按照式(2.11)关于雷诺剪切应力的定义，存在以下简单关系：

$$\tau_{xy} = \tau_{yx}, \tau_{xz} = \tau_{zx}, \tau_{yz} = \tau_{zy} \tag{2.12}$$

另外，各湍流剪切应力可以为正，也可为负，这主要取决于流动脉动本身和所采用的坐标系。但这只是出于数学相关性的考虑，并不能代表流动特性方面的任何差别。通过前面给出的雷诺方程组照样可以验证，决定流动状态和相关流动动力学的不是雷诺应力本身，而是雷诺应力梯度。正因为如此，湍流剪切应力的绝对最大值仅仅表示流动参数。其他相关的湍流参数包括主法线应力，将在后面加以说明。

具有相同正应力，即 $\sigma_{xx} = \sigma_{yy} = \sigma_{zz}$ 的湍流称为各向同性湍流，这已在图2.3(a)中给出解释。各向同性湍流表明，流动中已知局部点处的所有湍流剪切应力会自动消失。这种情形是实际普遍存在的各向异性湍流的特殊形式，而各向异性湍流具有 $\sigma_{xx} \neq \sigma_{yy} \neq \sigma_{zz}$ 特点。

式(2.11)所给出的雷诺应力矩阵是基于笛卡儿坐标系 (x, y, z)。按照矩阵代数理论，存在正交坐标系，该坐标系中所有相关的湍流剪切应力均将不复存在。雷诺应力矩阵用下式来表示：

$$\sigma_{mn} = \begin{vmatrix} \sigma_{11} & 0 & 0 \\ 0 & \sigma_{22} & 0 \\ 0 & 0 & \sigma_{33} \end{vmatrix} \tag{2.13}$$

剩余的正应力被认为是湍流中局部一点的主法线应力。根据主法线应力 σ_{I}、σ_{II} 和 σ_{III} 的数值大小排序，形式上有 $\sigma_{\mathrm{I}} > \sigma_{\mathrm{II}} > \sigma_{\mathrm{III}}$。

因此，湍流的状态可由全部三个法向应力来进行描述，同时也能确定绝对剪切应力的最大值(详见第6章)。湍流中局部一点流动状态的另一固有特性是所有三个法向应力之和为定值，即有 $\sigma_{\mathrm{I}} + \sigma_{\mathrm{II}} + \sigma_{\mathrm{III}} = \sigma_{xx} + \sigma_{yy} + \sigma_{zz}$ 存在，且与所处的坐标系类型无关。该定值和被认为是由式(2.11)给出的首个矩阵不变量，实际上这个矩阵不变量代表了流动脉动中湍流动能的平均值，该不变量通常可由下式表示：

$$k = \frac{1}{2}\rho(\overline{u'^2} + \overline{v'^2} + \overline{w'^2}) \tag{2.14}$$

在应用雷诺应力矩阵首个不变量时，湍流中局部湍流强度可由下式计算：

$$\mathrm{Tu} = \frac{1}{\sqrt{\overline{u}^2 + \overline{v}^2 + \overline{w}^2}} \sqrt{\frac{1}{3}(\overline{u'^2} + \overline{v'^2} + \overline{w'^2})} \tag{2.15}$$

对于各向同性湍流，有 $\overline{u'^2} = \overline{v'^2} = \overline{w'^2}$，式(2.15)可简化为式(2.6)。

需要强调的是，湍流强度实际上是统计参数，且并不具有流动湍流的任何物理意义。实际上，流动湍流的物理特征总与湍流动能相关，即与 T_u^2 成正比。

第3章

LDA原理和激光光学系统

激光多普勒风速测量法(LDA),正如其名,是利用激光和多普勒效应进行测速的一门技术。它是一种光学方法,因此与光学组件的物理和几何特性密不可分。为了阐述 LDA 方法的功能,首先需要了解介质中光的物理特性与光波在介质中的传播过程。

3.1 光波及其传播

光是一种电磁波,可用其振幅、偏振和波长 λ 来表述。在 LDA 技术中,相关的激光特性、激光偏振现象很少受到关注,至少对于 LDA 用户是如此。只有在激光束分成几部分并经单模光纤传送到 LDA 测量头时才会对它加以考虑。另外,当出现折射必须基于菲涅耳公式考虑光强变化时,才会对其予以重视。

对于折射角并不太大时的激光折射,通常忽略不计这时激光偏振对激光强度变化的影响。忽略激光偏振后,正 x 向振幅 E_0 的平面光波的空间传播可以表示为

$$E = E_0 \cos(\omega t - kx) \tag{3.1}$$

参数 $\omega = 2\pi/T$ 和 $k = 2\pi/\lambda$ 分别表示角频率、角波数,或简单的光波波数。这两个参数与光波传播速度即光线在介质中的传播速度有关。众所周知,光波传播速度用相速度来表示,相速度定义如下:

$$\frac{\mathrm{d}(\omega t - kx)}{\mathrm{d}t} = 0 \tag{3.2}$$

于是,得出光速:

$$c = \frac{\mathrm{d}x}{\mathrm{d}t} = \frac{\omega}{k} \tag{3.3}$$

由于均匀介质中光速恒定,上述公式表明光波既可以用时域中的角频率 ω 来表示,也可以等价地用空间上的波数 k 来表示。对于式(3.3),光波的振荡频率为 $\nu = 1/T$,光速还可以表示为 $c = \nu\lambda$。真空中测得的光速是 $c = 2.99792458 \times 10^8 \mathrm{m/s}$。在电介质或不导电介质(如水)中,光的速度小于真空中的速度。它们

13

之间的比率用 n 来表示,称为电介质各自的折射率。光从一种介质(n_1)传播到另一种介质(n_2)时,相应的光速会从 c_1 变到 c_2,并有如下关系式:

$$\frac{c_2}{c_1} = \frac{n_1}{n_2} \qquad (3.4)$$

光在两种介质分界面发生折射时,光的频率并不发生变化,因此式(3.4)可以写成

$$\frac{c_2}{c_1} = \frac{n_1}{n_2} = \frac{\lambda_2}{\lambda_1} \qquad (3.5)$$

这意味着,介质中的光波长与介质的折射率 n 成反比。

折射率 n 是电介质的光学和物理参数,它不仅是介质和介质温度的函数,而且也是光波长(色彩)函数。后面的这种现象即是众所周知的色散或色差。在 LDA 测量中,光的色散通常忽略,但这并不会造成任何明显的测量误差(第13章)。

光从一种介质传播到另一种介质还与光传播方向变化有关。折射定律(亦称斯涅耳定律)对此做了描述。根据图 3.1,有

$$n_1 \sin\varepsilon_1 = n_2 \sin\varepsilon_2 \qquad (3.6)$$

式中:ε_1 和 ε_2 分别表示入射角和折射角(或投射角),这两个角可以由介质分界面法线测得。相应的介质被标识为入射介质和折射介质。

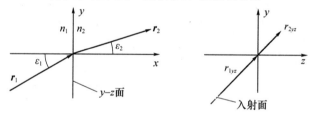

图 3.1　光线折射与入射面

上述折射定律可以这样概括总结:如图 3.1 所示,x 轴与介质分界面的法线一致。入射线和介质分界面的法线确定的平面称之为入射面。折射定律也表明,折射线必须位于入射面内。为了实现引申计算,入射线和折射线这两者的传播方向可分别用单位矢量 r_1 和 r_2 来表示。图 3.1 也反映出了这两个矢量在介质分界面($y-z$ 平面)上的投影。相应的矢量分量是 $y-z$ 平面上的 r_{1yz} 和 r_{2yz}。显然,这两个矢量分量是通过 $\sin\varepsilon_1$ 和 $\sin\varepsilon_2$ 来计算的,因此,式(3.6)可以表示为

$$r_{2yz} = \frac{n_1}{n_2} r_{1yz} \qquad (3.7)$$

由于 r_{1yz} 和 r_{2yz} 两个子向量是 $y-z$ 平面的平行向量,因此可以立即得到

$$r_{2y} = \frac{n_1}{n_2} r_{1y} \qquad (3.8)$$

$$r_{2z} = \frac{n_1}{n_2} r_{1z} \qquad (3.9)$$

式(3.8)是以矢量形式即矢量分量描述的折射定律。为了便于后面的专门计算,式(3.6)可以进一步写成下述形式:

$$1 - \frac{n_1^2}{n_2^2} = \frac{\sin^2 \varepsilon_1 - \sin^2 \varepsilon_2}{\sin^2 \varepsilon_1} = \frac{\cos^2 \varepsilon_2 - \cos^2 \varepsilon_1}{\sin^2 \varepsilon_1} \qquad (3.10)$$

考虑到 $r_{1x} = \cos \varepsilon_1$、$r_{2x} = \cos \varepsilon_2$,上式可改写为

$$1 - \frac{n_1^2}{n_2^2} = \frac{r_{2x}^2 - r_{1x}^2}{\sin^2 \varepsilon_1} = \frac{r_{1x}^2}{\sin^2 \varepsilon_1} \left(\frac{r_{2x}^2}{r_{1x}^2} - 1 \right) = \frac{1}{\tan^2 \varepsilon_1} \left(\frac{r_{2x}^2}{r_{1x}^2} - 1 \right) \qquad (3.11)$$

由式(3.11)可以得到

$$\frac{r_{2x}^2}{r_{1x}^2} - 1 = \left(1 - \frac{n_1^2}{n_2^2} \right) \tan^2 \varepsilon_1 \qquad (3.12)$$

折射定律因而可以用单位矢量分量 r_{1x} 和 r_{2x} 这种形式来说明。在第 14 章中,该式将用于简化因像散带来的光学特征,色散作为光学畸变,与聚焦激光束的折射有关。

3.2 多普勒效应

光学系统中的多普勒效应与光的传播有关,因为当光源移动或者光从移动的表面被反射出去时频率会发生变化。根据狭义相对论理论,事实上没有绝对的运动,因此,无论是因光源移动还是观察者移动产生的多普勒效应都应当用同一数学式来描述。这一理论思想还取决于这样的物理事实,即从移动光源发出的光与光源的运动无关。

图 3.2 所示为一光学相互作用系统,该系统带有一个可移动光源和一个固定接收器。光源与接收器之间的初始距离设定为 s,光穿过这个距离所用的时间为 t,所以有 $s = ct$。为了简便,假设光源发出波长 λ_0 的单色光。首先,假设光源在该空间内固定,因而由 $s/\lambda_0 = ct/\lambda_0$ 得出该光路 s 上的波数。然后,假设光源以速度 u_s 移动。因为光速并不受光源移动发生改变,光波通过路径 s 所用时间仍然等于 t。在这一时间内,光源本身从平面 a 移动到平面 b。最初分布在路径 s 上的光波现在挤进了路径 $ct - (u_s \cdot l)t$。因为光波数量相同,因此有

$$\frac{ct}{\lambda_0} = \frac{ct - (u_s \cdot l)t}{\lambda_1} \qquad (3.13)$$

这样,接收器接收的光波波长可由下式获得

$$\lambda_1 = \left(1 - \frac{(u_s \cdot l)}{c} \right) \lambda_0 \qquad (3.14)$$

考虑到光速恒定,由 $\lambda_1 \nu_1 = \lambda_0 \nu_0 = c$,可以计算出光波频率如下:

$$\nu_1 = \frac{\nu_0}{1 - \boldsymbol{u}_s \cdot \boldsymbol{l}/c} \tag{3.15}$$

显然,接收器接收的光波频率相对于光源发出的光波频率发生了偏移,这一现象称为多普勒效应。该效应取决于光源与接收装置之间的相对运动。

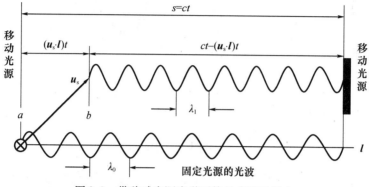

图 3.2　带移动光源光学系统的多普勒效应

由于 $\boldsymbol{u}_s \cdot \boldsymbol{l}/c \ll 1$,上述式可以简化为

$$\nu_1 = \nu_0 \left(1 + \frac{\boldsymbol{u}_s \cdot \boldsymbol{l}}{c} \right) \tag{3.16}$$

式(3.15),亦即式(3.16)是通过假设光源移动而接收器固定推导得出的。根据狭义相对论,当接收器的移动速度设定为 $\boldsymbol{u}_r = -\boldsymbol{u}_s$ 时,该系统完全等同于一个光源固定而接收器移动的光学系统。因为两个系统完全等同,这样移动接收器接收到的光波频率可以直接从式(3.16)中得出:

$$\nu_1 = \nu_0 \left(1 - \frac{\boldsymbol{u}_r \cdot \boldsymbol{l}}{c} \right) \tag{3.17}$$

根据 LDA 原理,激光散射系统由一个固定光源、一个移动目标(即微小粒子)和一套用于接收运动粒子散射光的固定观测装置组成。图 3.3 所示为 LDA 光学系统的布局。粒子以等于 $\boldsymbol{u}_p$ 的速度移动,光源发出光的频率为 ν_0,通过运动粒子观测到的频率为 ν_1,将 $\boldsymbol{u}_p = \boldsymbol{u}_r$ 和 $\boldsymbol{l}_1 = \boldsymbol{l}$ 代入式(3.17)可以计算出该值。该系统中的运动粒子以相同的频率 ν_1 散射出入射光,在确定的空间方向($\boldsymbol{l}_2$),因为多普勒效应,这些散射光以另一频率 ν_2 由固定接收装置接收。

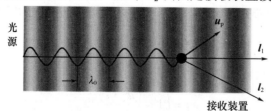

图 3.3　用来描述 LDA 测量中的多普勒效应的光学交互系统,系统由光源、
移动目标和接收设备构成

16

通过简单地改变符号标示,由式(3.16)得出频率 ν_1 和 ν_2 之间的关系式:

$$\nu_2 = \nu_1 \left(1 + \frac{\boldsymbol{u}_p \cdot \boldsymbol{l}_2}{c}\right) \qquad (3.18)$$

结合式(3.17)和式(3.18),得出

$$\nu_2 = \nu_0 \left(1 - \frac{\boldsymbol{u}_p \cdot \boldsymbol{l}_1}{c}\right)\left(1 + \frac{\boldsymbol{u}_p \cdot \boldsymbol{l}_2}{c}\right) \qquad (3.19)$$

激光多普勒风速仪以式(3.19)作为基本理论。根据式(3.19),偏移的频率是粒子速度的函数,而粒子速度可以视为与流体速度相等。由于流体速度相对光速常常可以忽略不计,这点可用 $\boldsymbol{u}_p \cdot \boldsymbol{l}_1/c \ll 1$ 和 $\boldsymbol{u}_p \cdot \boldsymbol{l}_2/c \ll 1$ 来表述,这样,方程(3.19)可以进一步简化为

$$\nu_2 \approx \nu_0 \left(1 - \frac{\boldsymbol{u}_p \cdot \boldsymbol{l}_1}{c} + \frac{\boldsymbol{u}_p \cdot \boldsymbol{l}_2}{c}\right) \qquad (3.20)$$

偏移的频率 ν_2 与 ν_0 属于同一量级,这个量仍然过高,因此无法使用一般实验室用的常规设备进行测量。为了利用多普勒效应进行流动测量,采用双激光束这种布局业已证实测量效率很高。事实上,使用双激光束这种配置已经得到了广泛的应用,并已成为 LDA 测量标准。3.4 节对该布局的物理背景进行了阐述。该布局的关键技术是叠加具有不同频率的两种光波,3.3 节会对此进行阐述。

3.3 两个平面光波的叠加

LDA 光学系统(见 3.4 节)的双激光束配置是建立在因多普勒效应产生不同频率偏移的两束光波的叠加。众所周知,光是波形式的电磁振荡,两束不同频率的光波叠加会产生所谓的光学干涉。为简化起见,仅考虑沿 x 方向传播的平面波。如图 3.4(a)、(b),假设两束谐波具有不同的振幅和频率,用下式来表示:

$$E_a = E_{a0} \cos(\omega_a t - k_a x) \qquad (3.21)$$

$$E_b = E_{b0} \cos(\omega_b t - k_b x) \qquad (3.22)$$

因为在双激光束配置 LDA 测量系统中,粒子散射出的两束激光强度通常都不一样,所以可以假设两束光波的振幅不同,即便最初两束激光的强度相等,这点也成立。

两束光波的叠加可由下面简式给出:

$$E = E_{a0} \cos(\omega_a t - k_a x) + E_{b0} \cos(\omega_b t - k_b x) \qquad (3.23)$$

在给定的时间内,可以得到叠加后的光波的空间分布,图 3.4(c)所示为 $E_{b0} = 1.5 E_{a0}$ 和 $\omega_b = 1.1 \omega_a$,即 $k_b = 1.1 k_a$ 时叠加光波的空间分布。显然,叠加后的波具有较高和较低两个调制频率。为便于计算出这两种频率,将式(3.23)重新整理为

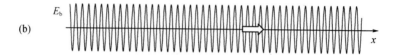

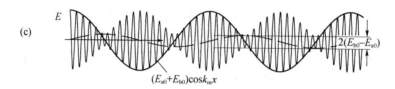

$(E_{a0}+E_{b0})\cos k_{m}x$

图3.4　两束光波的叠加

$$E = E_{a0}\left[\cos(\omega_{a}t - k_{a}x) + \cos(\omega_{b}t - k_{b}x)\right] + (E_{b0} - E_{a0})\cos(\omega_{b}t - k_{b}x)$$

$$(3.24)$$

将三角恒等式

$$\cos\alpha + \cos\beta = 2\cos\frac{1}{2}(\alpha + \beta)\cos\frac{1}{2}(\alpha - \beta) \tag{3.25}$$

代入式(3.24)的右边第一项,得出下式:

$$E = 2E_{a0}\cos\left(\frac{\omega_{a} + \omega_{b}}{2}t - \frac{k_{a} + k_{b}}{2}x\right)\cos\left(\frac{\omega_{a} - \omega_{b}}{2}t - \frac{k_{a} - k_{b}}{2}x\right)$$
$$+ (E_{b0} - E_{a0})\cos(\omega_{b}t - k_{b}x) \tag{3.26}$$

为了便于进一步计算,可使用下列简写式:

$$\bar{\omega} = \frac{1}{2}(\omega_{a} + \omega_{b}),\ \omega_{m} = \frac{1}{2}(\omega_{a} - \omega_{b}) \tag{3.27}$$

和

$$\bar{k} = \frac{1}{2}(k_{a} + k_{b}),\ k_{m} = \frac{1}{2}(k_{a} - k_{b}) \tag{3.28}$$

式中:ω_{m} 和 k_{m} 分别表示调制频率和调制波数。

将 $\omega_{b} = \bar{\omega} - \omega_{m}$ 和 $k_{b} = \bar{k} - k_{m}$ 代入式(3.26)中的余弦函数 $\cos(\omega_{b}t - k_{b}x)$,
得到

$$\cos(\omega_{b}t - k_{b}x) = \cos(\bar{\omega}t - \bar{k}x)\cos(\omega_{m}t - k_{m}x) + \sin(\bar{\omega}t - \bar{k}x)\sin(\omega_{m}t - k_{m}x)$$

$$(3.29)$$

于是,式(3.26)可转换为

18

$$E = (E_{a0} + E_{b0})\cos(\bar{\omega}t - \bar{k}x) \cdot \cos(\omega_m t - k_m x)$$

$$+ (E_{b0} - E_{a0})\sin(\bar{\omega}t - \bar{k}x) \cdot \sin(\omega_m t - k_m x) \tag{3.30}$$

在时间 $t = 0$ 时,叠加波表示出下式描述的空间波分布:

$$E = (E_{a0} + E_{b0})\cos(\bar{k}x)\cos(k_m x) + (E_{b0} - E_{a0})\sin(\bar{k}x)\sin(k_m x) \tag{3.31}$$

与图 3.4(c)所示一致,该式的右边第一项代表了叠加波的主要形式,其最大振幅为 $E_{a0} + E_{b0}$。相应的第二项描述了最大振幅等于 $E_{b0} - E_{a0}$ 的辅助波,如果振幅相等的两个平面波叠加,它通常表示的是一个可以忽略不计的值并且刚好可以抵消。

叠加波的主要形式包括等于 $\bar{\omega}$ 的高角频率(即 $\bar{k}$ 在空间波分布上)和等于 $\omega_m(k_m)$ 的低调制频率。高频振荡的振幅由下面的调制波求出:

$$E_m = (E_{a0} + E_{b0})\cos(\omega_m t - k_m x) \tag{3.32}$$

的确,它能描绘出高频波的包络线,如图 3.4(c)所示 $t = 0$ 时的包络线。可以想见,式(3.30)表示的叠加波经低通滤波器传递后,可以得到这种形式的调制波。

通过与光波振幅平方成正比的通量密度,可以求出肉眼感知或者诸如光电倍增管之类的光电检测器探测到的光波强度。如式(3.30)表示的和图 3.4(c)所示,从这两束光波的叠加中,已经可以确定主波振荡的振幅是调制波,并且可以用式(3.32)来表示。因此,叠加光波强度的时间和空间分布可以用下式来表示:

$$E_m^2 = (E_{a0} + E_{b0})^2 \cos^2(\omega_m t - k_m x) \tag{3.33}$$

或等于

$$E_m^2 = \frac{1}{2}(E_{a0} + E_{b0})^2 [1 + \cos 2(\omega_m t - k_m x)] \tag{3.34}$$

与 E_m^2 成正比的通量密度可以被称为拍频(差频)的角频率 $2\omega_m = \omega_a - \omega_b$ 产生振荡。图 3.4(d)所示实例为这种振荡的相应空间分布。显然,即使该示例中振幅差异比较大($E_{b0} = 1.5E_{a0}$),但是叠加光波还是非常近似于它的主体部分,其振幅由式(3.32)给定,光强由式(3.34)给定。

这里需要指出的是,为了计算流速,在 LDA 测量技术中,对与通量密度振荡可比的拍频进行了分析和测量以算出流动速度。该频率较激光频率(约 6×10^{14} Hz)要小许多量级,用常规测量装置就可以精确测出。

3.4 LDA 原理

在前面章节中介绍多普勒效应和两束光波的叠加后,本节将阐述 LDA 系统的光学配置及其功能。一个标准的单组 LDA 系统由两束激光构成。为了简单起见,认为相同频率(ν_0)的两束激光(A 和 B)以 2α 角相交(图 3.5)。流场中的两束激光的交叉区域称之为测量体。假设流场中的悬浮粒子穿越测量体并同时散射这两束激光。由于两束激光的空间布局不同,速度为 $\boldsymbol{u}_p$ 的运动粒子感知到由多普勒效应导致的不同激光频率。沿 $\boldsymbol{l}_2$ 空间方向布置的检测器接收自测量体散射来的激光。完整的 LDA 系统包括激光光源、运动粒子和检测器,完全类似于图 3.3 所示用来解释多普勒效应的光学交互作用系统。因此,根据式(3.20),沿 $\boldsymbol{l}_2$ 的检测器接收到的两束光波的频率分别可用下式来表示:

$$\nu_{2a} \approx \nu_0 \left(1 - \frac{\boldsymbol{u}_p \cdot \boldsymbol{l}_{1a}}{c} + \frac{\boldsymbol{u}_p \cdot \boldsymbol{l}_2}{c} \right) \tag{3.35}$$

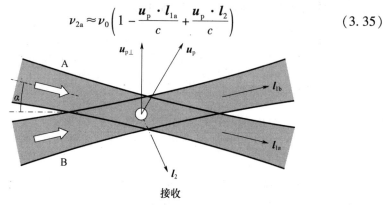

图 3.5　穿过测量区的运动粒子

和

$$\nu_{2b} \approx \nu_0 \left(1 - \frac{\boldsymbol{u}_p \cdot \boldsymbol{l}_{1b}}{c} + \frac{\boldsymbol{u}_p \cdot \boldsymbol{l}_2}{c} \right) \tag{3.36}$$

在光电检测器接收光波时,需要将频率 ν_{2a} 和 ν_{2b} 的这两束光波叠加。根据式(3.34),合成光波的通量密度表现出较低的频率,该频率称为拍频并且是调制频率的两倍($2\omega_m = \omega_a - \omega_b$)。的确,该频率比较低,很容易用传统的测量设备测量得到。依照 LDA 测量技术术语来说,这种低频称为多普勒频率。该频率可由式(3.35)和式(3.36)计算得到并用下式表示:

$$\nu_D = |\nu_{2a} - \nu_{2b}| = \frac{\nu_0}{c} |\boldsymbol{u}_p \cdot (\boldsymbol{l}_{1b} - \boldsymbol{l}_{1a})| \tag{3.37}$$

因为 $c/\nu_0 = \lambda_0$ 并且 $|\boldsymbol{u}_p \cdot (\boldsymbol{l}_{1b} - \boldsymbol{l}_{1a})| = 2u_{p\perp}\sin\alpha$,其中 $u_{p\perp}$ 是垂直于两条激光束平分线的粒子速度分量,上述式可变换为

$$\nu_D = 2 \frac{u_{p\perp}}{\lambda_0} \sin\alpha \tag{3.38}$$

多普勒频率与运动粒子的速度分量 $u_{p\perp}$ 成正比,但与粒子的运动方向无关。在假设粒子速度等于流体流动速度,相应的流速分量可以通过测量多普勒频率获得。因此,从式(3.38)中可以得出

$$u_\perp = \frac{\lambda_0}{2\sin\alpha}\nu_D \qquad (3.39)$$

与多普勒频率相乘的因子是一个物理与几何常量。这意味着,流动测量用的 LDA 方法是一种不需要系统校准的方法。此外,正如式(3.38)所示,散射光中检测到的多普勒频率与检测器的空间位置无关。因此,检测器可以自由定位以便测量。然而,使用分离的检测器时,要让检测器的光学系统对准并聚焦测量体始终比较耗时。因此,绝大多数 LDA 系统配置成后向散射系统,该系统的检测器装置集成在发射装置上(参见第4章)。

因为多普勒频率总是正的,与粒子流向无关,由式(3.39)计算得到的速度分量 $u_\perp$ 仅是其绝对值。这仍然无法确定速度分量的符号即流向。解决流向不明确的方法是利用布拉格元件来改变两束激光之一的频率。该方法已经逐渐成为绝大多数 LDA 光学系统的一项标准。

3.6 节将对 LDA 系统包括光电检测器(光电倍增管)和使用布拉格元件进行详细描述。

3.5 光干涉条纹模型

粒子穿过测量体时,散射光的多普勒频率如式(3.38)所示,也可以用计算测量体内的激光干涉来计算,该计算方法称为条纹模型法。事实上,因为条纹模型直观易懂,经常用来解释流动测量所用 LDA 方法的原理。

如图 3.6 所示,假设相同振幅(E_0)和频率(ω)的两束平面光波分别沿 $\boldsymbol{k}_a$ 和 $\boldsymbol{k}_b$ 方向传播,并以 2α 的角度相交。由于这两个平面波具有相同的角频率和相同波长,因而,可以求解出两个平面光波的相同波数:$k = |\boldsymbol{k}_a| = |\boldsymbol{k}_b| = 2\pi/\lambda_0$。为了便于分析,使用二维的 $z-x$ 坐标系,用 z 作光学轴,光学轴与两个波向量 $\boldsymbol{k}_a$ 和 $\boldsymbol{k}_b$ 的平分线重合。以平面波 E_a 为例,向量 $\boldsymbol{r} = (z,x)$ 表示电磁波可以用下式来描述:

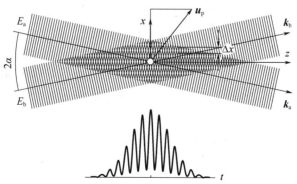

图 3.6 LDA 原理的干涉条纹模型和脉冲串信号

$$E_a = E_0 \cos(\omega t - \boldsymbol{k}_a \cdot \boldsymbol{r}) \tag{3.40}$$

我们还记得,波向量 $\boldsymbol{r}$ 与 $\boldsymbol{k}$ 吻合这一情况已经提到过,并表示为式(3.21)。

根据 $z-x$ 平面上的波数 $\boldsymbol{k}_a = (k\cos\alpha - k\sin\alpha)$,式(3.40)可以变化为

$$E_a = E_0 \cos[\omega t - k(z\cos\alpha - x\sin\alpha)] \tag{3.41}$$

同样,可以得到同一点上的电磁波,但该电磁波属于平面波 E_b 范围。在这一条件下,波数可以表示为 $\boldsymbol{k}_b = (k\cos\alpha, k\sin\alpha)$,因此有:

$$E_b = E_0 \cos[\omega t - k(z\cos\alpha + x\sin\alpha)] \tag{3.42}$$

根据式(3.25),通过再次应用三角恒等式,可以获得 $z-x$ 平面上在点 $\boldsymbol{r} = (z,x)$ 处这两个平面波的叠加:

$$E = E_a + E_b = 2E_0 \cos(kx\sin\alpha) \cdot \cos(\omega t - kz\cos\alpha) \tag{3.43}$$

显然,从定点 $\boldsymbol{r} = (z,x)$ 的合成波,可以发现高角频率等于 ω,其振幅为 $2E_0 \cos(kx\sin\alpha)$,这是一个常数,几何上正好是坐标轴 x 的函数。与波振幅平方成正比的激光强度可以通过下述式子来计算:

$$E_m^2 = 4E_0^2 \cos^2(kx\sin\alpha) = 2E_0^2[1 + \cos2(kx\sin\alpha)] \tag{3.44}$$

由于 $k = 2\pi/\lambda_0$,式(3.44)可改写为

$$E_m^2 = 2E_0^2\left[1 + \cos2\pi\left(\frac{2\sin\alpha}{\lambda_0}x\right)\right] = 2E_0^2\left[1 + \cos\left(2\pi\frac{x}{\Delta x}\right)\right] \tag{3.45}$$

在垂直光轴即平行于 x 轴这一方向,激光强度随下式给出的距离交替变化:

$$\Delta x = \frac{\lambda_0}{2\sin\alpha} \tag{3.46}$$

这一距离称为测量体的条纹间距,它是两束光波叠加发生干涉而产生的。为了说明测量体内条纹间距的尺度,用波长为 $\lambda_0 = 514.5\text{nm}$ 的两束激光以半角 $\alpha = 3°$ 相交,通过式(3.46),可以计算出条纹间距是 $\Delta x = 5\mu\text{m}$。显然,这个值相当小,Miles 和 Witze(1994,1996)通过放大图像,例示出了可观察的条纹图案,即测量体的激光强度分布。

与式(3.39)相比,可以用下式计算出粒子通过测量体的速度分量:

$$u_\perp = \Delta x \cdot \nu_D \tag{3.47}$$

式(3.47)表明:多普勒频率可以认为是通过测量体的粒子散射激光强度时的交变频率。图3.6给出了相应的光信号。该信号在 LDA 测量的术语中称为多普勒脉冲。由于 LDA 测量中使用的激光束强度呈高斯分布(见3.7节),当粒子到测量体中心时,多普勒脉冲振幅最大。

前文给出的条纹模型是了解 LDA 测量原理的一个非常有用的工具。它也是一个非常便捷的方法,可以用来进一步研究影响测量准确度的不同光学现象。这里需要注意的是:例如,圆管流动测量中条纹间距的变化、因为光学布局不合理或者激光束折射产生的光学像散引起的条纹畸变、相位多普勒测速仪(PDA)

测量粒径时的信号特性。本书有关章节对 PDA 测量并不涉及的所有这些要点都会一一介绍。

3.6　确定流动方向的频移法

LDA 方法基于评估粒子通过测量体所产生的脉冲信号。但是会存在粒子流动方向的不确定性,因为同一量级的正向和负向速度将产生相同的多普勒频率。因此,这些脉冲信号仅仅代表了量级而与各自速度的符号无关。为了从每个多普勒脉冲来确定流动方向,需要使用布拉格元件微移每对激光束的一束或两束激光的频率,该技术现已成为一项标准。Albrecht 等人(2003)揭示了布拉格元件的物理原理。调整激光频率的目的是为了在预定方向构建测量体内的可移动条纹。下面将阐述频移法确定流动方向的原理。

如图 3.7 所示,假设激光束 A 的光波频率向上移动 ν_{sh},这时 $\nu_{a0} = \nu_0 + \nu_{sh}$。两个激光束因此会表现出不同的频率。相应地,沿 l_2 方向上检测器测得的光频率就可直接由式(3.35)和式(3.36)分别得到

$$\nu_{2a} = (\nu_0 + \nu_{sh})\left(1 - \frac{\boldsymbol{u} \cdot \boldsymbol{l}_{1a}}{c} + \frac{\boldsymbol{u} \cdot \boldsymbol{l}_2}{c}\right) \tag{3.48}$$

和

$$\nu_{2b} = \nu_0\left(1 - \frac{\boldsymbol{u} \cdot \boldsymbol{l}_{1b}}{c} + \frac{\boldsymbol{u} \cdot \boldsymbol{l}_2}{c}\right) \tag{3.49}$$

式中:l_1 和 l_2 为单位向量。

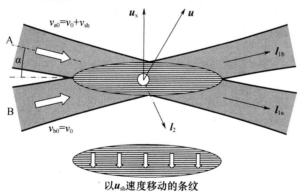

图 3.7　频移激光束 A 和合成条纹在测量体以 $\boldsymbol{u}_{sh}$ 速度移动

实际应用中选用兆赫量级的移频 ν_{sh}。与光的频率相比,这要低得多,但与最大流动速度产生的多普勒频率相比,这已是相当高了。事实上,移频的量值应确保差值 $\nu_{2a} - \nu_{2b}$ 始终为正。这时,用类似光电倍增管(PM)之类的接收装置测到的光信号的有效频率可以被简单表示为

$$\nu_{PM} = \nu_{2a} - \nu_{2b} = \nu_{sh} + \frac{\nu_0}{c} \boldsymbol{u} \cdot (\boldsymbol{l}_{1b} - \boldsymbol{l}_{1a}) + \frac{\nu_{sh}}{c} \boldsymbol{u} \cdot (\boldsymbol{l}_2 - \boldsymbol{l}_{1a}) \qquad (3.50)$$

因为 $\nu_{sh} \ll \nu_0$，相对于第二项而言，上式右边第三项的值可以忽略不计。

如图 3.7 所示，关于速度分量 u_x 正号的定义，向量差 $\boldsymbol{l}_{1b} - \boldsymbol{l}_{1a}$ 与 x 轴正向一致。由于 $\boldsymbol{u} \cdot (\boldsymbol{l}_{1b} - \boldsymbol{l}_{1a}) = 2u_x \sin\alpha$，式(3.50)可简化为

$$\nu_{PM} = \nu_{sh} + 2\nu_0 \frac{u_x}{c} \sin\alpha \qquad (3.51)$$

式(3.51)右边第二项表示的是流动速度引起的多普勒频率。将 $c = \lambda_0 \nu_0$ 代入式(3.51)，引用依据式(3.46)确立的条纹模型，这样，式(3.51)就可改写为

$$\nu_{PM} = \nu_{sh} + \nu_D = \nu_{sh} + \frac{u_x}{\Delta x} \qquad (3.52)$$

故速度分量 u_x 可以由下式求解：

$$u_x = \Delta x (\nu_{PM} - \nu_{sh}) \qquad (3.53)$$

因此，通过光电倍增管检测到的频率 ν_{PM} 与预先设定的移频 ν_{sh} 之间的直接比较，速度分量 u_x 的值与正负号都可以准确地得到确定。根据式(3.53)，因为 $\nu_{PM} > \nu_{sh}$，可以得出 $u_x > 0$。尤为特别的是，零流动速度，即粒子固定在测量体时，也可以被测量，这时 $\nu_{PM} - \nu_{sh} = 0$。

采用移频检测流动方向的技术是为了在测量体产生移动条纹的图案。根据式(3.52)，检测到的频率可以简单地用多普勒频率与移频的叠加来表示。通过将式(3.52)改写为 $\nu_{PM} = (\nu_{sh}\Delta x + u_x)/\Delta x$，显然，检测到的频率是粒子速度与速度 $\nu_{sh}\Delta x$ 叠加的结果。这意味着，条纹以所谓的条纹移动速度 $u_{sh} = -\nu_{sh}\Delta x$ 沿 x 轴负向移动。可通过下面的方式就假设的测量体条纹移动进行验证。

3.6.1 干涉条纹移动速度

如图 3.7 所示，假设两束激光的角频率分别为 $\omega_a = 2\pi\nu_a$ 和 $\omega_b = 2\pi\nu_b$。相应的波动方程可以由式(3.41)和式(3.42)得出。为简化起见，视条纹分布沿 x 轴。这意味着，$z = 0$，因此可以得到

$$E_a = E_0 \cos(\omega_a t - k_a x \sin\alpha) \qquad (3.54)$$

$$E_b = E_0 \cos(\omega_b t - k_b x \sin\alpha) \qquad (3.55)$$

根据式(3.25)，再次应用三角恒等式，得到这两个平面波的叠加：

$$E = E_a + E_b = 2E_0 \cos(\omega_m t + \bar{k} x \sin\alpha) \cdot \cos(\bar{\omega} t + k_m x \sin\alpha) \qquad (3.56)$$

式中

$$\bar{\omega} = \frac{1}{2}(\omega_a + \omega_b), \omega_m = \frac{1}{2}(\omega_a - \omega_b), \bar{k} = \frac{1}{2}(k_a + k_b), k_m = \frac{1}{2}(k_a - k_b)$$

从给定 x 的合成光波可以发现高角频率等于 $\bar{\omega}$。合成波振荡的振幅也是低

24

频 ω_{m} 的调频波 $2E_0\cos(\omega_{\mathrm{m}}t + \bar{k}x\sin\alpha)$。与波振幅平方成正比的激光强度可用下式计算：

$$E_{\mathrm{m}}^2 = 4E_0^2\cos^2(kx\sin\alpha) = 2E_0^2\big[1 + \cos2(\omega_{\mathrm{m}}t + \bar{k}x\sin\alpha)\big] \qquad (3.57)$$

就移频的当前算法，有 $\omega_{\mathrm{a}} = \omega_0 + \omega_{\mathrm{sh}}$，$\omega_{\mathrm{b}} = \omega_0$，因此 $\omega_{\mathrm{m}} = \omega_{\mathrm{sh}}/2 = \pi\nu_{\mathrm{sh}}$，因为 $\nu_{\mathrm{sh}} \ll \nu_0$，所以相应地有 $\bar{k} = \dfrac{1}{2}(k_{\mathrm{a}} + k_{\mathrm{b}}) \approx 2\pi/\lambda_0$。有了这样的简化，以及由式（3.46）得出 $\Delta x = \lambda_0/(2\sin\alpha)$，由式（3.57）可以得出

$$E_{\mathrm{m}}^2 = 2E_0^2\Big[1 + \cos2\pi\Big(\nu_{\mathrm{sh}}t + \frac{x}{\Delta x}\Big)\Big] \qquad (3.58)$$

这表明有一条明显的谐波在 x 轴负方向移动。事实上，这只是表示条纹图案的不稳定性，就像是在以匀速滚动，这并不代表任何能量的传递。当 $\nu_{\mathrm{sh}} = 0$ 时，可以得到式（3.45）。

因为有

$$\nu_{\mathrm{sh}}t + \frac{x}{\Delta x} = 常数 \qquad (3.59)$$

可以确定条纹图案滚动的速度为

$$u_{\mathrm{sh}} = \frac{\mathrm{d}x}{\mathrm{d}t} = -\nu_{\mathrm{sh}}\Delta x \qquad (3.60)$$

这一速度就是干涉条纹移动的速度，并且先前已经基于式（3.52）进行了假设。

在某些 LDA 应用中，通过布拉格元件创建的移频有时是 40MHz。当条纹间距为 $\Delta x = 5\mu m$ 时（见 3.5 节），计算出的测量体内条纹移动速度达 $u_{\mathrm{sh}} = -200\mathrm{m/s}$。相比绝大多数流动中的所有可能的波动速度，这个速度已经足够高了，因此，湍流中每一速度分量 u_x 的正负号都可以明确确定。

有时，有些 LDA 用户想要校验 LDA 系统移频的预设精确度，为完成这个任务，将在第 18 章中介绍一个简便而准确的方法。

3.7 高斯光束特性

3.7.1 高斯光束的几何特性

LDA 技术采用的激光束通常是单模激光束。在横截面上这种激光束的强度分布近似高斯分布：

$$I(r) = I_0\mathrm{e}^{-2(r/w)^2} \qquad (3.61)$$

光轴上的激光强度用 I_0 表示。高斯光束的厚度被确定为 $2w$。如图 3.8 所示，在 $r = w$ 时，激光强度下降到光轴（$r = 0$）点光强的约 $\mathrm{e}^{-2} = 13.5\%$ 这一量级。

光强反映出流动辐射能量的时间变化率，即辐射通量密度。对光束横截面

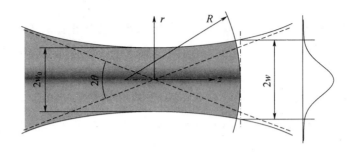

图3.8　高斯光束的几何与光学特性

上的光强分布进行积分,可以得出激光束的总功率为

$$P = 2\pi I_0 \int_0^\infty e^{-2(r/w)^2} r\mathrm{d}r = \frac{1}{2}\pi w^2 I_0 \tag{3.62}$$

具有高斯分布的光束总是包含一个确定的束腰。该属性表明高斯光束是一种聚焦光束。事实上,这样的光束只要用腰部直径就可以从几何上进行完整的描述。如图3.8所示,高斯光束的几何特性主要包括波阵面的曲率半径 R 和表征光束发散的激光束厚度 $2w$。波阵面被认为是一个相位恒定的表面。当光波通过光学装置,高斯光束波阵面的曲率半径和距离束腰为 z 处的光束厚度可以分别为

$$R = z\Big[1 + \Big(\frac{\pi w_0^2}{\lambda z}\Big)^2 \Big] \tag{3.63}$$

和

$$w = w_0\sqrt{1 + \Big(\frac{\lambda z}{\pi w_0^2}\Big)^2} \tag{3.64}$$

当距离 z 值比较大时,光束的厚度随距离线性地增加。

显然,用 $2w_0$ 来表示的束腰处的光束厚度是确定高斯光束的所有几何特性的最基本参数。根据式(3.63),束腰处($z=0$)和 $z=\infty$ 这两处的光束波阵面曲率半径为无穷大,因此该光束可以认为是平面波光束。

当在下面条件下:

$$\frac{\mathrm{d}R}{\mathrm{d}z} = 0 \tag{3.65}$$

由式(3.63)可以得出高斯光束具有最小曲率半径(R_{min})的位置为

$$z_R = \frac{\pi \cdot w_0^2}{\lambda} \tag{3.66}$$

到束腰处的这一距离称为瑞利长度。这也是光束腰处厚度的函数。因此,可以由式(3.63)得出高斯光束中的最小曲率半径为

$$R_{min} = 2z_R = \frac{2\pi \cdot w_0^2}{\lambda} \tag{3.67}$$

26

对 LDA 测量体干涉条纹图案的均匀性进行评估时,需要相关波阵面的最小曲率半径。当测量体与两束激光的束腰不重合时,测量体内就会形成不均匀的干涉条纹。当两束激光超过其瑞利长度而交会构成测量体时,会产生大的条纹畸变。本书第 16 章将会就这一特性和有关条纹畸变对测量精度的影响进行详细阐述。

瑞利长度用作特征参数时,波阵面的曲率半径和到光束腰部距离为 z 处的高斯光束厚度这两者都可以分别用下述式来表示:

$$R = z\left[1 + \left(\frac{z_R}{z}\right)^2\right] \tag{3.68}$$

和

$$w = w_0\sqrt{1 + \left(\frac{z}{z_R}\right)^2} \tag{3.69}$$

特别是在瑞利长度时,有

$$w_R = \sqrt{2}\,w_0 \tag{3.70}$$

当距离非常大时,由于 $z \gg z_R$,由式(3.68)可得到

$$R = z \tag{3.71}$$

式(3.71)表明高斯光束波阵面是一个圆形表面,其中心位于光束腰部。

在瑞利长度上高斯光束的总功率可以通过式(3.62)计算。光束总功率恒定,如果把光束中心的光强看作束腰中心光强,其值可以用下式给出:

$$\frac{I_{0R}}{I_{0w}} = \frac{w_0^2}{w_R^2} = \frac{1}{2} \tag{3.72}$$

在 $z \to \infty$ 情况下,高斯光束的发散可以用相应的发散角 2θ 来表示。θ 可通过 $\tan\theta = \mathrm{d}w/\mathrm{d}z$ 及由式(3.69)进行相关计算后得出该值。通常由于 θ 是一个非常小的角度,因此 $\tan\theta$ 可以用近似值 $\tan\theta \approx \theta$,这样,高斯光束的半发散角可以表示为

$$\theta = \frac{w_0}{z_R} \tag{3.73}$$

根据式(3.66)给出的瑞利长度,高斯光束的半发散角还可以表示为

$$\theta = \frac{\lambda}{\pi w_0} \tag{3.74}$$

显然,束腰处直径较大的那些激光束,其发散角可以忽略不计。例如,对 $\lambda = 500\,\mathrm{nm}$ 和 $w_0 = 1\,\mathrm{mm}$ 的激光束而言,其发散角大约只有 $0.009°$。

3.7.2　高斯光束的传输性能

图 3.9 所示为高斯光束通过焦距为 f 的透镜的传输性能。假设所用高斯光束的束腰部厚度为 $2w'_0$,相应的瑞利长度用 z'_R 来表示,根据透镜光学原理,我们

关注的透镜前后的高斯光束的几何关系可用下式表示:

$$w_0 = \frac{f}{\sqrt{\left(s'-f\right)^2 + z'^2_R}} w'_0 \tag{3.75}$$

$$s = f + \frac{f^2\left(s'-f\right)}{\left(s'-f\right)^2 + z'^2_R} \tag{3.76}$$

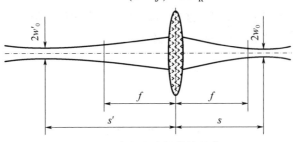

图 3.9　高斯光束的传输性能

在大多数情况下,为了简便,通过镜头后的高斯光束仍然可以视为高斯光束。如 3.7.1 节说明的那样,高斯光束的所有几何特性并没有发生改变。

3.8　测量体的尺寸

就 LDA 技术的光学方面来说,测量体是该系统运行的关键要素。测量体的大小和特定的光学特性这两者共同决定了流动测量的质量。一般情况下,通常总是采用这样的布局方式——将两个激光束在各自的束腰部相交以建立测量体。一方面,这样有利于获得测量体内高的光强,这对于检测通过测量体的微小粒子是非常必要的;另一方面,激光束腰部平面波阵面可以在测量体建立均匀的干涉条纹,从而增强测量的可靠性和准确性。否则测量体内会出现条纹畸变,从而导致测量误差(见第 16 章)。

因此,一般情况下,测量体是建立在两束激光的束腰部。如图 3.10 所示,测量体的形状近似于一个椭面。测量体厚度,即测量体的直径,可以用束腰部的激光束厚度来表示:

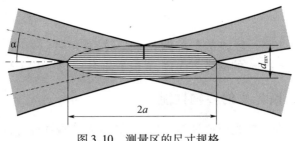

图 3.10　测量区的尺寸规格

28

$$d_{mv} = \frac{2w_0}{\cos\alpha} \qquad (3.77)$$

式中:α 是两条激光束之间的交会半角。

测量体厚度与激光束厚度成正比,因此,它取决于激光束的光学系统布局,根据式(3.75),这与所使用的光学透镜焦距相关。第 4 章将详细介绍一个具体 LDA 系统光学系统配置的这种依赖特性。通常,测量体的厚度大约是 0.05 ~ 0.1mm 量级。

根据式(3.46)给出的测量体内的条纹间距计算方法,可以计算出测量体的条纹数为

$$N = \frac{d_{mv}}{\Delta x} = 4\frac{w_0}{\lambda_0}\tan\alpha \qquad (3.78)$$

同理,测量体的长度取决于激光束腰厚度和两束激光之间的交会角。如图 3.10所示,测量体的长度可由下式计算:

$$2a = \frac{d_{mv}}{\tan\alpha} = \frac{2w_0}{\sin\alpha} \qquad (3.79)$$

与测量体的厚度相比,测量体通常有大约 0.5 ~ 3mm 的有限长度,这也取决于激光束光学系统的布置。

这里定义测量体的几何尺寸与粒径无关。实际上,计算出的测量体尺寸适用于直径与条纹间距相当或者更小的微小粒子。对于较大的粒子,即使粒子中心位于测量体外,有效检测体大于独立的几何测量体时,粒子仍然可以散射激光因而被检测。作为 LDA 扩展方法,利用相位多普勒风速仪(PDA)测量粒径和质量流量测量时(Zhang 等 1998,Zhang 和 Ziada 2000),检测体尺寸对粒径的依赖性就特别重要,这点可参阅 Albrecht 等人(2003)的研究。

第4章

LDA 测量系统

4.1 硬件和光学系统构成

　　基于先进的激光技术与计算机技术的发展,以及对高品质流动测量的广泛要求,LDA 系统已成为十分成熟的商用仪器和一流产品。LDA 系统的硬件由光学发射和接收装置组成。常用的光学发射装置由激光、包括布拉格元件和数个分束器构成的激光束发射器、光纤和 LDA 测量头构成,图 4.1(a)所示为一套丹迪(Dantec Dynamics)测量系统。主要应用在 LDA 测量系统的激光是氩离子激光器,这种激光器可提供514.5nm、488nm 和 476.5nm 三种可选波长。一套 LDA 测量系统通常配置使用波长 514.5nm(绿色)和 488nm(蓝色)的激光。激光进入发射器后,光束被分离,并且被分成一对绿色光束和一对蓝色光束。为了确定速度方向,一条绿色和蓝色光束的频率分别通过布拉格元件进行移频,典型值为40MHz。某些光学配置中,布拉格元件也用作激光分束器。四条激光束随后导入到与 LDA 测量头连接并集成到一起的四根光纤。通常采用一个二元 LDA 测量头,以便两条绿色光束的平面垂直于两条蓝色光束平面。采用这样的布局可以确保能够测量两个垂直速度分量。LDA 测量头上的前透镜能够确保四条激

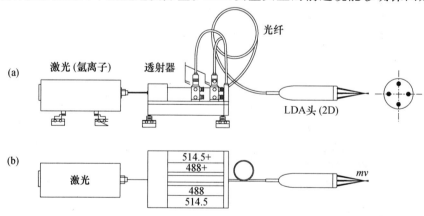

图 4.1　LDA 系统的光学传输件(Dantec Dynamics 公司的测量系统)

光束全部聚焦于同一点,以便形成 LDA 测量体。通过改变前透镜的不同焦距,可以调整测量体到 LDA 测量头的距离。4.2 节将阐述应用不同焦距透镜时的测量体相关几何与光学特性。

正是由于使用光纤技术,LDA 光学系统有时也称为 LDA 光纤光学系统。

LDA 系统的接收装置通常包括光学接收系统、光电倍增器(PM)之类的光电检测器、用于测量控制和测量数据评估的信号处理系统和计算机。在使用两对激光束时,向后散射的激光包含两个时序的光信号,因此有大量的二元流动速度信息。如图 4.2 所示,在大多数情况下,配置有相应前透镜的 LDA 测量头也被用作接收单元。散射激光被汇聚到辅助光纤的平整端面。通常在连接到发射器光纤的另一端,激光首先被分离成波长为 514.5nm 和 488nm 的两部分光束,然后被导入到各自的光电倍增管,将光信号转换成电子信号。最后,由信号处理器和计算机算出包括流动速度和速度—时间关系的测量结果。

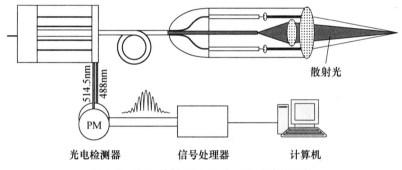

图 4.2　向后散射 LDA 系统的光学接收组件

如图 4.2 所示的 LDA 系统称为后向散射系统。这种系统的最大优点是发射单元与接收单元之间光学准直的一致性比较好。因此,移动 LDA 头进行流动测量时,不用每次都重新准直。与此相反,前向散射系统,需要一个独立的光接收器,用来接收前向散射的激光。有时,系统采用这种配置是为了利用前向散射激光具有较高光强度这一优点。由于发射单元和接收单元之间相互独立,因此,当测量点即流场中测量体发生改变时,就不可避免地需要对光学系统重新进行准直调整。如果关系到内流的测量,对测量体的重新准直调整将是非常耗时的。需要关注的是发射光束和散射光这两者在不同介质(如空气—玻璃和玻璃—流体)界面处的折射。

实际应用中,也已有使用其他激光(如半导体激光)而不是氩离子激光的LDA 系统。

其他特殊光学布局的 LDA 系统也有少数应用,可以完成三个特殊速度分量的同时测量(Huttmann 等 2007,Richter 和 Leder 2006)。这些应用中,通常采用了另外一种波长为 476.5nm 的激光。如图 4.3 所示,这通常用来测量非正交的速度分量。通过适当的坐标变换,可以得到笛卡儿坐标系中包括三个速度分量和湍流量在内的所有完整的流动信息。有关这方面技术的更多知识将在第6章讲述。

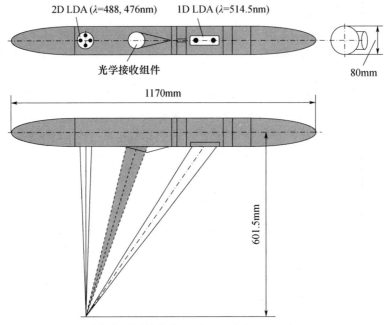

图 4.3　用于水中测量的集成三元 LDA 头(Richter 和 Leder 2006)

4.2　LDA 测量体的技术指标

3.8 节已经指出:测量体的尺寸大小取决于光学系统配置和所使用的光学透镜,光学透镜决定了光束夹角和每条激光束的束腰厚度。在所有的 LDA 光学配置中,激光束夹角都是通过 LDA 测量头上配置的透镜来决定。通常,每条激光束在透镜前都被设置为一条近乎平行的光束。这样一条光束的直径大约是 $2w_0' = 1 \sim 2\,\mathrm{mm}$。假设把这一厚度作为光束腰部的直径,根据式(3.74),对于波长 $\lambda = 500\,\mathrm{nm}$ 的激光来说,直径 $2w_0' = 2\,\mathrm{mm}$ 光束的发散角大约只有 $0.009°$。通过式(3.66)计算出的相应瑞利长度是 $z_R' = 6283\,\mathrm{mm}$。在所有商用 LDA 系统中,透镜前激光束厚度 $2w_0'$ 都被设置为一定值。另外,每一对光束的两条激光束的间距 $2d$ 也是定值(图 4.4)。改变 LDA 测量头上透镜,就可以改变测量体的几何尺寸和光学特性(亮度、条纹间距等)。将 $f \ll z_R'$,即 $f/z_R' \ll 1$ 代入式(3.76),得到

$$s = f \qquad (4.1)$$

因此,激光束腰部与 LDA 测量头透镜焦点重合。这样,就保证了每对激光

的两条光束是在其腰部交叉。

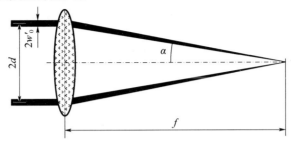

图 4.4 LDA 测量体的建立及确定测量体尺寸的基本参数

因为 $(s'-f)/z'_R \ll 1$，由式（3.57）可以得到每条激光束在光束交叉点（测量体）的腰部厚度为

$$w_0 = \frac{f}{z'_R} w'_0 \tag{4.2}$$

因此，该厚度与 LDA 测量头上透镜的焦距成正比。这样，由式（3.77），测量体的相应厚度可以表示为

$$d_{mv} = \frac{2f}{z'_R \cos\alpha} w'_0 \tag{4.3}$$

在使用小焦距透镜时，如厚度较小时，就可以得到高亮度的测量体。这对于使用微小自然粒子的 LDA 流动测量，可能非常有意义。

另外，由于透镜焦距完全决定了两条激光束之间的交叉角，从而决定了测量体的条纹间距。这一确定关系式可表示为

$$\Delta x = \frac{\lambda_0}{2\sin\alpha} = \frac{\lambda_0}{2}\sqrt{1+\frac{f^2}{d^2}} \tag{4.4}$$

测量体内的条纹数可以由式（3.78）计算得出。根据 $\tan\alpha = d/f$ 和式（4.2），可以得出，改变另一焦距的透镜后，条纹数仍然会保持不变，即

$$N = 4\frac{w_0}{\lambda_0}\frac{d}{f} = 4\frac{d}{\lambda_0}\frac{w'_0}{z'_R} \tag{4.5}$$

由式（3.79）和式（4.2），可以计算出测量体的长度：

$$2\alpha = \frac{2f}{\sin\alpha}\frac{w'_0}{z'_R} = 2f\frac{w'_0}{z'_R}\sqrt{1+\frac{f^2}{d^2}} \tag{4.6}$$

该长度很大程度上取决于 LDA 头上的前透镜焦距。

表 4.1 为丹迪公司制造的一套标准 LDA 测量头的光学配置及其测量体几何特性计算实例。测量体厚度通常约为 0.1mm 量级，测量体长度在 0.5～5mm。需要指出的是，长焦透镜会降低测量体亮度和速度测量的空间分辨率。另外，对着测量体的接收光学系统的有效光圈也会因此减小，并导致信号检测能力的减弱。

表 4.1 光学配置和测量体的几何特性,以丹迪公司的
$\phi 60$ 标准 LDA 测量头为例

$$\lambda_0 = 514.5\,\text{nm}, 2w_0' = 2.2\,\text{mm}, 2d = 38\,\text{mm}$$

透镜焦距 f/mm	160	400	600
光束交叉角 $2\alpha_0/(°)$	13.54	5.44	3.63
光束腰部半径 w_0/mm	0.024	0.060	0.089
测量体直径 d_{mv}/mm	0.05	0.12	0.18
测量体长度 $2a/\text{mm}$	0.40	2.51	5.65
条纹间距 $\Delta x/\mu\text{m}$	2.18	5.42	8.13
条纹数 N	22	22	22

第5章

LDA 测量中的基本数据处理方法

在自然界和实际应用中,大多数流动都是湍流,湍流用高速速度脉动来表示。在定常流中,流动脉动只源于湍流,因此完全是随机的。在一定的流动条件下,脉动频率可能会达到千赫兹量级。要对如此高速脉动率的湍流进行测量,LDA 方法可能是一个最有效的工具。因为,LDA 是一种非接触测量方法,准确度高,而且在时间与空间上具有较高的流动分辨率。

LDA 测量基本上可以精确地测出时序速度和速度分量(图 2.1)。LDA 测量最终的数据处理要根据各自流动过程的特征参数和流动测量目的来定。以最简单的管道流速度剖面测量为例,通过 LDA 方法,可以得到测量体的流动速率。在其他多数情况下,可能更重要的是测出湍流度及其对相关流动过程的影响。特别是在非定常流动或间歇性流动测量中,需要找出相应的数据处理方法,以便利用该方法从时序测量速度中得到流动过程相关的所有流动参数和无量纲数。此外,即便在平均流速的数据处理时,由于速度偏差的影响,从 LDA 测量结果中得到的算术平均值可能会达不到需要的测量准度,这时需要有特殊的数据处理方法,第 11 章、第 12 章、第 17 章会对此介绍。

本章只介绍基本数据处理方法。

5.1 平均速度及速度脉动的直接数据处理

定常湍流用平均速度和流动脉动来描述,如关于速度分量 u 可用式(2.1)来表示。例如,基于 LDA 测量,算术平均值,即速度分量 u 的采样平均值可以由下式计算得到:

$$\bar{u} = \frac{1}{N} \sum_{i=1}^{N} u_i \tag{5.1}$$

式中:N 为速度的采样总数。

假设已知测量数据分布如式(2.3)或图 2.1 所示,上面的采样平均值也可以表示为

$$\bar{u} = \int_{-\infty}^{\infty} p_u u \mathrm{d}u \tag{5.2}$$

式中：p_u表示由测量获得的速度分布的概率密度函数。p_u与速度分量 u 相关,而且不一定需要是对称形式。

与相应速度分量相关的速度脉动可以用如式(2.2)所示的统计参数——平均速度的标准偏差来表示。作为测量结果的统计,所谓的均方根(rms)可以用下式来计算:

$$rms_u = \sqrt{\overline{u'^2}} = \sqrt{\frac{1}{N}\sum_{i=1}^{N}(u_i - \bar{u})^2} \tag{5.3}$$

实际上,当用式(5.3)所示同一统计参数来计算标准偏差时,尽管用 $1/(N-1)$ 代替 $1/N$,但该偏差还是与式(5.3)的均方根有些不同。由于在所有 LDA 测量中采样数 N 较大,这两个统计量之间的差异小到可以忽略不计,所以通常没有必要对它们进行任何区分。因此,速度分量平均速度的标准偏差 σ_u 可以用均方根来表示。令 $\sigma_u = rms_u$,故标准偏差 σ_u 可由式(5.3)计算得到:

$$\sigma_u^2 = \frac{1}{N}\sum_{i=1}^{N}(u_i - \bar{u})^2 = \frac{1}{N}\sum_{i=1}^{N}u_i^2 - \frac{2}{N}\sum_{i=1}^{N}u_i\bar{u} + \frac{1}{N}\sum_{i=1}^{N}\bar{u}^2 \tag{5.4}$$

因为 $\frac{1}{N}\sum u_i\bar{u} = \bar{u}^2$,且 $\frac{1}{N}\sum \bar{u}^2 = \bar{u}^2$,故有

$$\sigma_u^2 = \overline{u^2} - \bar{u}^2 \tag{5.5}$$

在第17章,该关系式将用来估算速度偏差对测量准确度的影响。

如式(5.5)所示的标准偏差的平方,也称为方差。它表示的是与各自速度分量相关的湍流正应力。平均速度和标准偏差这两者都可以用所谓的直方图来表示。图5.1所示为某一 LDA 测量的直方图实例。该直方图采用的是这样的计算方式:用速度采样总数 N 对每格中的速度事项数进行归一化。由于平均速

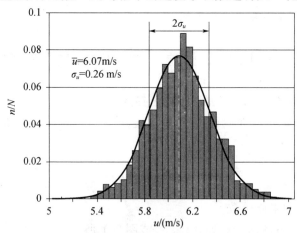

图5.1　归一化后的速度直方图和相关高斯分布

36

度周围速度脉动的随机性,因此直方图一般是对称形状,并且可以很好地用式(2.3)给定的高斯概率密度函数来进行近似估算。给出高斯分布计算结果的图5.1表明平均速度在直方图上概率最大。标准偏差用来测量速度的变化,详细来说,在扩展速度为$2\sigma_u$时,产生脉动速度的概率是68.3%(参见图2.2)。

需要指出的是:因为速度偏差的影响(参见第17章),通过LDA测量构建的直方图的对称性总是多少会受到干扰。

依托LDA测量,其均方根由式(5.3)来计算,被认为具有三维速度脉动的湍流强度可用下式来表示:

$$Tu = \frac{1}{\sqrt{\bar{u}^2 + \bar{v}^2 + \bar{w}^2}} \sqrt{\frac{1}{3}(rms_u^2 + rms_v^2 + rms_w^2)} \tag{5.6}$$

由LDA测量获得的另一个统计参数是协方差,该参数与两个正交速度分量相关。例如在式(5.4)中考虑速度分量u和v时,其协方差为

$$\overline{u'v'} = \frac{1}{N}\sum_{i=1}^{N}(u_i - \bar{u})(v_i - \bar{v}) \tag{5.7}$$

通过式(5.5)的类似计算,可以得到

$$\overline{u'v'} = \overline{uv} - \bar{u}\bar{v} \tag{5.8}$$

从湍流的统计估算中得出的该参数实际上表示的是式(2.11)所示的雷诺应力矩阵中的剪应力。协方差还说明湍流的各向异性,因为它通常并不会消失。根据式(5.8)所示的计算方法,湍流剪应力的值可能为正或为负,这取决于速度脉动本身和选用的坐标系。因此,各向异性的湍流只能考虑用各自雷诺应力矩阵的所有湍流剪应力分量来完整地描述。

从上述计算可以明确的是,要确定如$\overline{u'v'}$基本的湍流量,显然需要同步,即同时测量两个速度分量。有关这方面测量技术的更多细节将在第6章和第8章进行概述。

基于以直方图形式表示的湍流图形,即根据图5.1得到的流动速度的概率分布,该分布形状有时用来表示不同内流的湍流特性的比较(Durst等1992)。有两个参数经常用来描述速度分布形式:偏斜度和平直度。速度分量u的概率分布的不对称性用下式来定义:

$$S = \overline{u'^3} = \frac{1}{N}\sum_{i=1}^{N}(u_i - \bar{u})^3 \tag{5.9}$$

式(5.9)描述了速度分量u绕其平均值的概率分布的平直度。在大部分定常湍流中,随机速度脉动绕各自平均速度对称地产生,因此偏斜度趋于零。

速度分量概率分布的平直度定义如下:

$$F = \overline{u'^4} = \frac{1}{N}\sum_{i=1}^{N}(u_i - \bar{u})^4 \tag{5.10}$$

事实上,与标准偏差类似,作为统计参数,平直度表示的是所关注速度的变化。为了说明平直度的相同意义,相关的标准偏差也是如此,可以考虑用式(2.3)所示的高斯概率分布作为参考。相应的平直度可由下式计算:

$$F_{\text{Gauss}} = \int_{-\infty}^{\infty} \text{pdf}_u \, (u - \bar{u})^4 \text{d}u = 3\sigma_u^4 \qquad (5.11)$$

这与标准偏差四次方简单成正比,因此,平直度一般并不比标准偏差能够提供有关流动脉动程度的任何更多信息。此外,它几乎没有任何的物理和机械含义,而标准偏差平方(σ_u^2)却代表了湍流动能。

从推导高斯概率分布的平直度方程中可以得到,所谓的平直度因子,又称为峰度因子,可由下式给出:

$$K_{\text{Gauss}} = \frac{F}{\sigma_u^4} = 3 \qquad (5.12)$$

5.2 平均速度与速度脉动的加权条件

式(5.1)~式(5.7)给出的统计计算只不过是各自算术平均值的计算式。但以上计算结果并不能确切代表各自流动参数相应时均值,因为在所有 LDA 测量中,数据采集并不是按时间等距进行的。采样平均值与时均值之间的这种明显差异称为偏差。导致速度测量偏差的根源有很多,速度脉动被认为起主要作用。这类偏差称为速度偏差。假设流场中的示踪粒子均质且均匀分布,高的流动速度相比低的流动速度就会被频繁地采样,因此,测量获得的采样速度平均值就会向上偏移。这一现象首次由 McLaughlin 和 Tiederman(1973)得到证实。从那时到现在,研究人员对速度偏差效应的估算和修正已开展了广泛研究。传统观点都把速度偏差专门归类为 LDA 测量之一。因为从其表象上看,速度偏差直接与流动速度非均匀性相关,实际上,速度偏差是一种流动现象而不是光学现象。此外,有偏差的平均速度正好代表的是一个特征均值,该值可用来计算流场的动量通量。有关这一概念的更多细节,参见第 17 章。

关于速度偏差的基本情况,研究人员已经开发并应用了许多不同的修正方法。最常用的方法是在计算各自流动参数算术平均值时使用一个加权因子 f_w。这样,平均速度、其标准偏差和协方差将由下式计算:

$$\bar{u} = \sum_{i=1}^{N} f_{w,i} u_i \qquad (5.13)$$

$$rms_u = \sqrt{\sum_{i=1}^{N} f_{w,i} (u_i - \bar{u})^2} \qquad (5.14)$$

$$\overline{u'v'} = \sum_{i=1}^{N} f_{w,i} (u_i - \bar{u})(v_i - \bar{v}) \qquad (5.15)$$

这里使用无量纲的加权因子补偿不规则采样速度带来的影响。因此,

McLaughlin 和 Tiederman(1973)建议在上述方程中,用与速度采样总数相关的每一单个速度的倒数作为加权因子。理论上讲,它应该是每个速度矢量量值的倒数,但是,因为缺少三分量的 LDA 测量,矢量量值通常无法获得。

通过 LDA 测量体的每个示踪粒子的穿越时间,是用来修正速度偏差影响的另一种可用加权因子。这种修正方法确实可以与简单地用速度矢量量值倒数的修正方法相媲美,因为假设测量体厚度恒定时,它们之间有一定的比例关系。但是,从理论上讲,测量每个示踪粒子经过 LDA 测量体的穿越时间要比测量每个速度矢量更方便些。还需要指出的是:测量体条纹间距的非均匀性(第 16 章)和非单分散粒子的使用这两者都可能会导致测量不确定度。例如,大尺寸粒子通过测量体(即当前检测体)时需要较长的穿越时间。

除了使用加权因子外,另一种抑制速度偏差效应的方法是,通过控制 LDA 检测单元进行时间等距信号速度采样。然而,至今还没有发现该方法有任何实际应用。

实际上,关于速度偏差影响最重要的是对这种最可能的影响进行评估,而不是如何利用复杂的数据处理或者通过软硬件改造引入的昂贵的测量技术来对它进行修正。在所得结果的误差没有超过测量限定的极限时,并不需要修正速度偏差。此外,如果测量体区域的动量通量(而不是测量体通量)需要计算,在采样速度平均值的速度偏差并没有反映出任何误差时,也并不需要进行速度偏差修正。基于这些观点,首先量化速度偏差的影响似乎才是不可或缺的。因为速度偏差实际上是一种流动现象,所以可以认为与湍流度这类湍流参数相关,不管怎样,湍流参数可以准确量化。基于这个思想,Zhang(2002)完成了这种有三维速度脉动湍流速度偏差效应的整个量化计算,有关细节参见第 17 章。

第6章

速度与湍流应力的线性变换

众所周知,LDA 可用作流体速度分量的测量,并由式(3.39)加以说明演示。由于测量获得的速度分量是建立在 LDA 坐标系中的,因此通常需要将其转换至流场坐标系。该坐标变换不但适用于平均速度,也适用于湍流量。由于正交的两个速度分量通常由 LDA 测量直接获得,坐标变换经常会用到二维正交变换法。也会遇到诸如第三速度分量与另外两个速度分量不相垂直的特例。本章将主要讨论 LDA 与流场之间的正交和非正交坐标变换,主要以考虑二维坐标变换,并提供大量的实例。关于湍流量的三维坐标变换可参见附录 C。

6.1 正交线性变换

6.1.1 速度变换

LDA 光学系统中的速度分量可分别表示为 u_1、u_2 和 u_3,并且假设三个速度分量两两正交。流场坐标系通常通常采用笛卡儿坐标系 (x,y,z),可能与 LDA 光学系统所采用的坐标系不同。两个坐标系之间的速度变换是最简单的正交变换。假设 LDA 分量 $u_i(i=1,2,3)$ 与流场坐标轴 x,y 和 z 分别分别成 α_i,β_i 和 γ_i 角,如图 6.1 所示,则可得到如下速度变换式:

$$\begin{bmatrix} u_1 \\ u_2 \\ u_3 \end{bmatrix} = \begin{bmatrix} \cos\alpha_1 & \cos\beta_1 & \cos\gamma_1 \\ \cos\alpha_2 & \cos\beta_2 & \cos\gamma_2 \\ \cos\alpha_3 & \cos\beta_3 & \cos\gamma_3 \end{bmatrix} \begin{bmatrix} u_x \\ u_y \\ u_z \end{bmatrix} = \boldsymbol{R} \begin{bmatrix} u_x \\ u_y \\ u_z \end{bmatrix} \tag{6.1}$$

式中:$\boldsymbol{R}$ 代表正交变换矩阵。其逆矩阵就是它的转置矩阵,可表述如下:

$$\boldsymbol{R}^{-1} = \boldsymbol{R}' \tag{6.2}$$

式(6.1)给出了两个坐标系之间速度分量变换的通式。如图 6.2 所示,二维 $x-y$ 平面中重新定义的角度($\alpha_1=\varphi,\alpha_2=90°+\varphi,\beta_1=90°-\varphi,\beta_2=\varphi$,单位:(°)),变换矩阵可简化为

$$\boldsymbol{R} = \begin{bmatrix} \cos\varphi & \sin\varphi \\ -\sin\varphi & \cos\varphi \end{bmatrix} \tag{6.3}$$

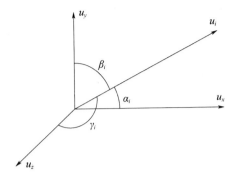

图 6.1   具有正交坐标的 LDA 系统和笛卡儿流场坐标系
速度分量间的关系

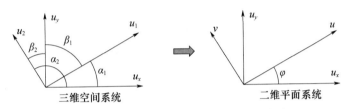

图 6.2   速度分量在平面坐标系的简化表示

代入 $u_1 = u$ 和 $u_2 = v$,相应的速度变换式可表示为

$$u = u_x\cos\varphi + u_y\sin\varphi \tag{6.4}$$

$$v = -u_x\sin\varphi + u_y\cos\varphi \tag{6.5}$$

也可采取逆式来表示:

$$u_x = u\cos\varphi - v\sin\varphi \tag{6.6}$$

$$u_y = u\sin\varphi + v\cos\varphi \tag{6.7}$$

这些速度分量的变换可以直接应用于平均速度和脉动速度。6.1.2 节将讨论由雷诺应力矩阵构成的湍流应力变换。

6.1.2   湍流应力变换

参见第 2 章图 2.3,各向同性湍流和各向异性湍流的区别明显。由于各向同性湍流具有湍流应力与坐标系无关的特点,在此不作深入探讨。

按照式(2.11),通常以雷诺应力矩阵表征的各向异性湍流应力的变换同样遵循矩阵代数运算法则。假设 LDA 坐标系中的应力张量以 σ_{ij} 表示,则流动系统坐标系中($x-y-z$)的湍流应力可由如下线性变换得到:

$$\sigma_{mn} = \begin{bmatrix} \sigma_{xx} & \tau_{xy} & \tau_{xz} \\ \tau_{yx} & \sigma_{yy} & \tau_{yz} \\ \tau_{zx} & \tau_{zy} & \sigma_{zz} \end{bmatrix} = R'\sigma_{ij}R \tag{6.8}$$

重新考虑 x-y 平面(图 6.2)中的湍流应力分布,与速度分量 u_x 和 u_y 相关的雷诺湍流应力可由式(6.8)推导如下:

$$\sigma_{xx} = \sigma_{uu}\cos^2\varphi + \sigma_{vv}\sin^2\varphi - \tau_{uv}\sin2\varphi \tag{6.9}$$

$$\sigma_{yy} = \sigma_{uu}\sin^2\varphi + \sigma_{vv}\cos^2\varphi + \tau_{uv}\sin2\varphi \tag{6.10}$$

$$\tau_{xy} = \frac{1}{2}(\sigma_{uu} - \sigma_{vv})\sin2\varphi + \tau_{uv}\cos2\varphi \tag{6.11}$$

上述公式描述两个二维坐标系之间的湍流应力正交变换,这两个坐标系位于同一平面内,且具有旋转角度差 φ。实际上,如此的坐标变换也代表了各湍流量的平面分布算法,6.1.3 节将作介绍。

6.1.3 湍流应力的定向分布

6.1.3.1 关于基本参数 σ_{xx}、σ_{yy} 和 τ_{xy}

各向异性湍流可由速度脉动强度的方向相关性表征(图 2.3(b))。许多情况下,这种方向相关性,亦即流量脉动一直备受关注,这是因为法向和剪切应力的最大值均取决于该相关性。一般而言,关于湍流应力的空间分布的计算可简单地表示为对一个基本坐标系中表征各湍流应力值的变换。对于 x-y 平面(图 6.2)内的各速度分量,该变换可再次基于式(6.8)得到验证。式(6.8)的逆算式表示如下:

$$\sigma_{ij} = \begin{vmatrix} \sigma_{uu} & \tau_{uv} \\ \tau_{vu} & \sigma_{vv} \end{vmatrix} = R\sigma_{mn}R' \tag{6.12}$$

x-y 坐标系式中基于 φ 角(沿 x 轴逆时针方向测量,图 6.3)的参数 σ_{uu}(由 x 轴顺时针测量,图 6.3)可以 $\sigma_{\varphi\varphi}$ 表征。如此将 $\sigma_{\varphi\varphi} = \sigma_{uu}$ 和 $\tau_{\varphi,\varphi+90°} = \tau_{uv}$ 代入上式,可得

$$\sigma_{\varphi\varphi} = \sigma_{xx}\cos^2\varphi + \sigma_{yy}\sin^2\varphi + \tau_{xy}\sin2\varphi \tag{6.13}$$

$$\tau_{\varphi,\varphi+90°} = -\frac{1}{2}(\sigma_{xx} - \sigma_{yy})\sin2\varphi + \tau_{xy}\cos2\varphi \tag{6.14}$$

式(6.13)给出了基于特定湍流量 σ_{xx}、σ_{yy} 和 τ_{xy} 确定的 x-y 平面中湍流法向应力的空间分布。正如将由 6.3 节所述,法向应力均方根及其空间分布可由一个椭圆函数来加以精确描述。

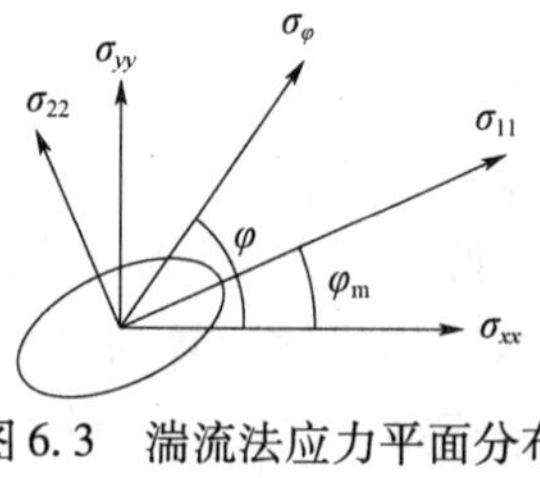

按照雷诺湍流应力空间分布并由式(2.13)可知,二维 x-y 平面中存在着两个主法向应力,与消失的剪切应力相对应。两个正交的主法向应力(σ_{11} 与 σ_{22})方向可通过将 $d\sigma_{\varphi\varphi}/d\varphi = 0$ 代入式(6.13)而导出:

图 6.3 湍流法应力平面分布(与最初主要法应力夹角 φ_m)

$$\tan2\varphi_{\mathrm{m}} = \frac{2\tau_{xy}}{\sigma_{xx} - \sigma_{yy}} \tag{6.15}$$

显然，$\varphi_{\mathrm{m}1} = \varphi_{\mathrm{m}}$ 和 $\varphi_{\mathrm{m}2} = \varphi_{\mathrm{m}} + 90°$ 两个角度满足上式条件。一般情况下，$0 \leqslant \varphi_{\mathrm{m}} < 90°$ 更符合进一步的计算结果。对于如图 2.3(b) 所示的各向异性湍流，大多数情况下的速度脉动主方向以 $\varphi_{\mathrm{m}} \approx \bar{\varphi}$ 表示(参见第 8 章)，则存在 $\tau_{xy} > 0$。

φ_{m} 对应的主法向应力以 σ_{11} 表示。它可由式(6.13)计算得到：

$$\sigma_{11} = \sigma_{xx}\frac{1 + \cos2\varphi_{\mathrm{m}}}{2} + \sigma_{yy}\frac{1 - \cos2\varphi_{\mathrm{m}}}{2} + \tau_{xy}\sin2\varphi_{\mathrm{m}} \tag{6.16}$$

且进一步有

$$\sigma_{11} = \frac{1}{2}(\sigma_{xx} + \sigma_{yy}) + \frac{1}{2}(\sigma_{xx} - \sigma_{yy})\cos2\varphi_{\mathrm{m}} + \tau_{xy}\sin2\varphi_{\mathrm{m}} \tag{6.17}$$

当 $\tau_{xy} > 0$ 时，式(6.16)中的主法向应力代表第一主法向应力，即 $\sigma_{\mathrm{I}} = \sigma_{11}$。相应地，第二法向应力则为 $\sigma_{\mathrm{II}} = \sigma_{22}$。通常情况下，存在 $\sigma_{\mathrm{I}} > \sigma_{\mathrm{II}}$。将式(6.15)中的 τ_{xy} 整理后并代入式(6.17)，得到

$$\sigma_{11} = \frac{1}{2}(\sigma_{xx} + \sigma_{yy}) + \frac{1}{2\cos2\varphi_{\mathrm{m}}}(\sigma_{xx} - \sigma_{yy}) \tag{6.18}$$

为能进行进一步运算，关于 $\tau_{xy} > 0$，式(6.15)可整理为

$$\cos2\varphi_{\mathrm{m}} = \frac{\sigma_{xx} - \sigma_{yy}}{\sqrt{(\sigma_{xx} - \sigma_{yy})^2 + 4\tau_{xy}^2}} \tag{6.19}$$

此时式(6.18)则变换为

$$\sigma_{11} = \frac{1}{2}(\sigma_{xx} + \sigma_{yy}) + \sqrt{\frac{1}{4}(\sigma_{xx} - \sigma_{yy})^2 + \tau_{xy}^2} \tag{6.20}$$

$\varphi_{\mathrm{m}2} = \varphi_{\mathrm{m}} + 90°$ 所对应的第二主法向应力如图 6.3 所示。以 $\varphi_{\mathrm{m}2}$ 替换式(6.18)中的 φ_{m}，可立即得到

$$\sigma_{22} = \frac{1}{2}(\sigma_{xx} + \sigma_{yy}) - \sqrt{\frac{1}{4}(\sigma_{xx} - \sigma_{yy})^2 + \tau_{xy}^2} \tag{6.21}$$

相应地，雷诺应力矩阵表示如下：

$$\boldsymbol{\sigma}_{\mathrm{I},\mathrm{II}} = \begin{bmatrix} \sigma_{11} & 0 \\ 0 & \sigma_{22} \end{bmatrix} \tag{6.22}$$

该应力矩阵最重要的特点之一就是所有三个法向应力与用于表示湍流应力的坐标系不相关，可参见式(2.14)。二维平面中所谓的矩阵第一不变量则可被表示为

$$I_1 = \sigma_{11} + \sigma_{22} = \sigma_{xx} + \sigma_{yy} \tag{6.23}$$

正如 2.2 节所述的式(2.12)相关情况那样，只有湍流剪应力的最大绝对值表征了流动状态，且可被视为一个湍流参数。在以相似的方法获得 $x-y$ 平面内最大法向应力时的 φ_{m} 过程中，特定角 φ_{τ} 对应的绝对湍流剪切应力的最大值可

由式(6.14)计算得到,且 φ_τ 满足如下条件:

$$\tan2\varphi_\tau = -\frac{\sigma_{xx} - \sigma_{yy}}{2\tau_{xy}} = -\frac{1}{\tan2\varphi_m} \tag{6.24}$$

其中,φ_τ 与 φ_m 之间的关系也意味着 $\varphi_\tau = \varphi_m \pm 45°$。由于每个湍流剪切应力总是与两个正交的速度分量的流量脉动相关,通常假定这两个速度分量沿逆时针方向分别位于 $\varphi_{\tau,1} = \varphi_m - 45°$ 和 $\varphi_{\tau,1} = \varphi_m + 45°$。为简化起见,在进一步计算中采用 $\varphi_\tau = \varphi_{\tau,1}$,此时有 $\varphi_\tau < 45°$,且因 $2\varphi_\tau < 90°$ 而有 $\varphi_m < 90°$。

根据式(6.24),最大剪切应力可由式(6.14)推导得到:

$$\tau_{max} = \left[1 + \frac{(\sigma_{xx} - \sigma_{yy})^2}{4\tau_{xy}^2}\right]\tau_{xy}\cos2\varphi_\tau \tag{6.25}$$

将 $\cos2\varphi_\tau = \sqrt{1/(1 + \tan^2 2\varphi_\tau)}$ 代入,可得

$$\tau_{max} = \sqrt{\left(\frac{\sigma_{xx} - \sigma_{yy}}{2}\right)^2 + \tau_{xy}^2} \tag{6.26}$$

最大湍流剪应力被看作参数 σ_{xx},σ_{yy} 和 τ_{xy} 的函数。正如式(6.14)所示,这些参数也用来表示湍流剪应力的空间分布。实际上,该引人关注的空间分布也可表示为最大剪切应力 τ_{max} 的唯一函数。正因如此,由式(6.14)计算获得的最大剪切应力最初表示为

$$\tau_{max} = -\frac{1}{2}(\sigma_{xx} - \sigma_{yy})\sin2\varphi_\tau + \tau_{xy}\cos2\varphi_\tau \tag{6.27}$$

然后根据 $\varphi_\tau = \varphi_m - 45°$,可得

$$\tau_{max} = \frac{1}{2}(\sigma_{xx} - \sigma_{yy})\cos2\varphi_m + \tau_{xy}\sin2\varphi_m \tag{6.28}$$

结合式(6.14),可变换为

$$\frac{\tau_{\varphi,\varphi+90°}}{\tau_{max}} = \frac{\sin2\varphi - \dfrac{2\tau_{xy}}{\sigma_{xx} - \sigma_{yy}}\cos2\varphi}{-\cos2\varphi_m - \dfrac{2\tau_{xy}}{\sigma_{xx} - \sigma_{yy}}\sin2\varphi_m} \tag{6.29}$$

将式(6.29)中的 $2\tau_{xy}/(\sigma_{xx} - \sigma_{yy})$ 代之以式(6.15),经重新整理可得

$$\tau_{\varphi,\varphi+90°} = \tau_{max}\sin2(\varphi_m - \varphi) \tag{6.30}$$

湍流剪切应力的空间分布可表示成一个振幅值等于 τ_{max} 的正弦函数。在角度关系 $\varphi = \varphi_m$,亦即存在最大法向应力处,剪切应力消失,亦即 $\tau(\varphi_m) = 0$。

根据式(6.30),湍流剪应力可以是正的,也可以是负的,这仅具有数学意义,只在进行雷诺应力矩阵的坐标变换时必须考虑。在仅考虑湍流剪切应力的绝对值及其空间分布时,式(6.30)在极坐标系中可表示为一条极玫瑰线。图 6.4(a)、(b)分别为 $\varphi_m = 30°$ 和 $\varphi_m = 0°$ 时的情况。

另一种特殊情况是在 $\varphi = 0°$ 时,式(6.30)可得

$$\tau_{xy} = \tau_{\max} \sin 2\varphi_{\mathrm{m}} \qquad (6.31)$$

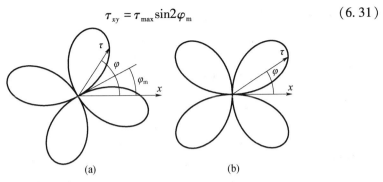

图 6.4　在极坐标系中湍流剪应力的定向依赖性

最大剪切应力明显表现为其他相关湍流量以简单形式出现的关键参数。将式(6.31)与式(6.15)相结合,可得

$$\sigma_{xx} - \sigma_{yy} = 2\tau_{\max} \cos 2\varphi_{\mathrm{m}} \qquad (6.32)$$

对于 $\tau_{\max} > 0$ 时的式(6.26),式(6.20)可改写为

$$\sigma_{11} = \frac{1}{2}(\sigma_{xx} + \sigma_{yy}) + \tau_{\max} \qquad (6.33)$$

该关系式能在图解的莫尔应力圆中得到很好的确认,可参见 6.3.2 节。

尽管还存在一些其他关系式,但由于其并不具有直接关系,故在此不予说明。

6.1.3.2　关于基本参数 σ_{11} 和 σ_{22}

式(6.13)和式(6.14)中,法向应力和剪切应力的空间分布均可表示于给定参数 σ_{xx},σ_{yy} 和 τ_{xy} 所决定的函数中。另一方面,这些空间分布也可表示为用两个主法向应力 σ_{11} 和 σ_{22} 的函数。由式(6.3)并将 σ_{11} 和 σ_{22} 作为不相关参数,式(6.13)中的法向应力可通过变换脚注方式并考虑位于角 φ_{m} 时存在 $\tau_{12} = 0$ 的情况直接改写为

$$\sigma_{\varphi\varphi} = \sigma_{11} \cos^2(\varphi - \varphi_{\mathrm{m}}) + \sigma_{22} \sin^2(\varphi - \varphi_{\mathrm{m}}) \qquad (6.34)$$

同样,式(6.14)可改写为

$$\sigma_{\varphi, \varphi+90°} = -\frac{1}{2}(\sigma_{11} - \sigma_{22}) \sin 2(\varphi - \varphi_{\mathrm{m}}) \qquad (6.35)$$

由这两个湍流应力空间分布的通用表达式可获得一些基本关系式。例如,在 $\varphi = 0°$ 和 $\varphi = 90°$ 时,可分别得到

$$\sigma_{xx} = \sigma_{11} \cos^2 \varphi_{\mathrm{m}} + \sigma_{22} \sin^2 \varphi_{\mathrm{m}} \qquad (6.36)$$

$$\sigma_{yy} = \sigma_{11} \sin^2 \varphi_{\mathrm{m}} + \sigma_{22} \cos^2 \varphi_{\mathrm{m}} \qquad (6.37)$$

此外,$\varphi = 0°$ 时,式(6.35)可得

$$\tau_{xy} = -\frac{1}{2}(\sigma_{11} - \sigma_{22}) \sin(-2\varphi_{\mathrm{m}}) = \frac{1}{2}(\sigma_{11} - \sigma_{22}) \sin 2\varphi_{\mathrm{m}} \qquad (6.38)$$

式(6.38)与式(6.35)相比较,可得到

$$\tau_{max} = \frac{\sigma_{11} - \sigma_{22}}{2} \tag{6.39}$$

式(6.39)也可通过将式(6.35)与式(6.30)相比较的方式得到。

6.1.3.3　近似法 $\varphi_m \approx \bar{\varphi}$ 及其简化

上述计算中,代表主法向应力方向的 φ_m 角度通常用来表示湍流法向应力和剪切应力的空间分布,同时应当标记该角度的近似值。大多数湍流中,位于 φ_m 角度处的主法向应力 σ_{11} 几乎与主流动方向 $\bar{\varphi}$ 一致,如图2.3(b)所示。这种近似可保证按照 $\tan\varphi_m = \bar{u}_y / \bar{u}_x$ 方式仅凭两个速度分量就能确定 φ_m 角。如果与式(6.15)相比较, $\varphi_m \approx \bar{\varphi}$ 近似方法主要源于湍流量的简化处理。特别地,对所有相关湍流量的实验评估可充分简化,具体内容可参见第8章。

6.2　非正交变换

大多数 LDA 应用中,LDA 光学器件被设计用来实现二维平面内两个正交速度分量的测量。基于此类测量方法,包括流场坐标系中流量脉动和湍流量在内的速度分量可通过正交的坐标变换来得到,如6.1节所述。实际应用中会遇到非比寻常的情况,即如图4.3所示的所有三维速度分量的测量中第三个速度分量通常并不与其他两个速度分量垂直。也更为经常地存在着通过额外增加一维速度分量来实现第三速度分量间接测量的情况,如图6.5所示,就会面临非正交速度分量的问题。

在这种情况下,对于图6.5所给定的坐标系,第三速度分量 u_z 可通过测量 u_x 和 u_φ 得到:

$$u_z = \frac{1}{\sin\varphi}(u_\varphi - u_x\cos\varphi) \tag{6.40}$$

该速度变换通常仅用于平均速度。尽管如此,还不能期望将这种变换用于各种流量

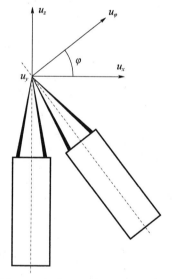

图6.5　间接测量第三速度分量 u_z

变换。亦即如果并非同步,脉动速度 u_z' 不能由脉动速度 u_x' 和 u_φ' 决定。然而,这种非同步的脉动速度测量,并不限制基于流量脉动统计评估的所关注湍流量的确定。相应的方法可参见6.2.2节。

6.2.1 速度变换

图 6.5 所示的情况可以图 6.6 所示的普遍情况加以概括,此时可实现 LDA 和流场坐标系间的速度变换。显然,两个速度分量 u 和 v 可以分别被表示为

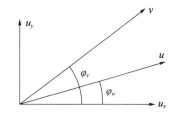

图 6.6　LDA 测量速度分量 u 和 v 变换
为流场速度 u_x 和 u_y 的方法

$$u = u_x\cos\varphi_u + u_y\sin\varphi_u \qquad (6.41)$$
$$v = u_x\cos\varphi_v + u_y\sin\varphi_v \qquad (6.42)$$

为数学上表达方便,可以矩阵来描述速度变换:

$$\begin{bmatrix} u \\ v \end{bmatrix} = \begin{bmatrix} \cos\varphi_u & \sin\varphi_u \\ \cos\varphi_v & \sin\varphi_v \end{bmatrix}\begin{bmatrix} u_x \\ u_y \end{bmatrix} = \boldsymbol{R}\begin{bmatrix} u_x \\ u_y \end{bmatrix} \qquad (6.43)$$

本节的目的就在于通过由 LDA 测量获得的速度分量 u 和 v 来计算流场坐标系中的速度分量 u_x 和 u_y。

如此,式(6.43)可以逆矩阵形式表示为

$$\begin{bmatrix} u_x \\ u_y \end{bmatrix} = \boldsymbol{R}^{-1}\begin{bmatrix} u \\ v \end{bmatrix} \qquad (6.44)$$

式中

$$\boldsymbol{R}^{-1} = \frac{1}{\sin(\varphi_v - \varphi_u)}\begin{bmatrix} \sin\varphi_v & -\sin\varphi_u \\ -\cos\varphi_v & \cos\varphi_u \end{bmatrix} \qquad (6.45)$$

两个变换矩阵 $\boldsymbol{R}$ 和 $\boldsymbol{R}^{-1}$ 不再如式(6.3)那样是正交矩阵,因此有 $\boldsymbol{R}^{-1} \neq \boldsymbol{R}'$。只有在 $\varphi_v - \varphi_u = 90°$ 情况下,正交变换才会有效。

对于 $\varphi_u = 0°$ 的考虑平均速度分量的特殊情况,除存在着 $\bar{u}_x = \bar{u}$ 外,还可得到

$$\bar{u}_y = \frac{1}{\sin\varphi_v}(\bar{v} - \bar{u}\cos\varphi_v) \qquad (6.46)$$

就第三速度分量而言,式(6.46)与式(6.40)完全一致。

6.2.2 湍流应力变换

图 6.6 所示的测量布局不会直接得到以雷诺应力矩阵形式所给定的湍流应力。为建立 LDA 和流场坐标系中湍流应力之间的关系,首先需假定速度分量 u 和 v 的同步测量能够保证可计算出协方差 $\overline{u'v'}$。这意味着相关的湍流剪应力 τ_{uv} 是已知量。该假设仅为数学上的推论。一旦所有关系建立起来,就会明确参数 τ_{uv} 能如何被消除。根据矩阵运算法则,在流体坐标系内雷诺应力矩阵,就可用坐标系计算:

$$\boldsymbol{\sigma}_{mn} = \begin{bmatrix} \sigma_{xx} & \tau_{xy} \\ \tau_{yx} & \sigma_{yy} \end{bmatrix} = \boldsymbol{R}^{-1}\sigma_{ij}(\boldsymbol{R}^{-1})' \tag{6.47}$$

此处,与速度分量 u 和 v 相关的雷诺应力以 σ_{uu}、σ_{vv} 和存在 $\tau_{uv} = \tau_{vu}$ 的 τ_{uv} 表示。变换矩阵 $(\boldsymbol{R}^{-1})'$ 是矩阵 $\boldsymbol{R}^{-1}$ 的转置,可由式(6.45)给出。

由式(6.47)可得[①]

$$\sigma_{xx} = \frac{\sigma_{uu}\sin^2\varphi_v + \sigma_{vv}\sin^2\varphi_u - 2\tau_{uv}\sin\varphi_u\sin\varphi_v}{\sin^2(\varphi_v - \varphi_u)} \tag{6.48}$$

$$\sigma_{yy} = \frac{\sigma_{uu}\cos^2\varphi_v + \sigma_{vv}\cos^2\varphi_u - 2\tau_{xy}\cos\varphi_u\cos\varphi_v}{\sin^2(\varphi_v - \varphi_u)} \tag{6.49}$$

$$\tau_{xy} = -\frac{\sigma_{uu}\sin2\varphi_v + \sigma_{vv}\sin2\varphi_u - 2\tau_{xy}\sin(\varphi_u + \varphi_v)}{2\sin^2(\varphi_v - \varphi_u)} \tag{6.50}$$

如同式(6.46),可对 $\varphi_u = 0°$ 的特殊情况进行简化。相应的结果则可适用于图 6.5 所示的情况。尤其是对于 $\varphi_v - \varphi_u = 90°$,上式可简化为式(6.9)~式(6.11)。

上述导出式(6.48)~式(6.50)的运算是基于已知湍流应力 σ_{uu}、σ_{vv} 和 τ_{uv} 所进行的。实际上,湍流剪切应力 τ_{uv} 通常因不同测量技术和环境条件的限制而无法得到。为消除参数 τ_{uv},通常采取两种方法。首先,需增加额外的测量,如速度分量 u_x 的测量。连同速度分量 u 和 v 的测量(图 6.6),理论上可得到所有湍流量。对于特殊情况 $\varphi_v + \varphi_u = 0°$,如随后所述,也能实现。其次,应用 $\varphi_m \approx \bar{\varphi}$ 近似法,其含义已于 6.1 节最后部分作了讨论。此法将会引出零相关法(ZCM),具体内容可详见第 8 章。

对于 $\varphi_v + \varphi_u = 0°$ 的特殊情况:

考虑存在着 $\varphi_v + \varphi_u = 0°$,亦即 $\varphi_v = -\varphi_u = -\varphi$ 关系且布局特殊的测量,其对应着对称于 x 轴的两种测量方式,如图 6.7 所示。对此特殊情况,可将

---

① 基于图 6.6,本节提出了另一种将湍流应力从非正交坐标系转换至正交坐标系的可能性。在应用式(6.41)和式(6.42)计算各自速度分量的速度脉动过程中存在着:

$$u' = u'_x\cos\varphi_u + u'_y\sin\varphi_u$$
$$v' = u'_x\cos\varphi_v + u'_y\sin\varphi_v$$

相应地存在着:

$$u'v' = u'^2_x\cos\varphi_u\cos\varphi_v + u'^2_y\sin\varphi_u\sin\varphi_v + u'v'\sin(\varphi_u + \varphi_v)$$

对应脉动的样本均值按下式计算:

$$\sigma_{uu} = \overline{u'^2} = \sigma_{xx}\cos^2\varphi_u + \sigma_{yy}\sin^2\varphi_u + \tau_{xy}\sin2\varphi_u$$
$$\sigma_{vv} = \overline{v'^2_x} = \sigma_{xx}\cos^2\varphi_u + \sigma_{yy}\sin^2\varphi_u + \tau_{xy}\sin2\varphi_u$$
$$\tau_{uv} = \sigma_{xx}\cos\varphi_u\cos\varphi_v + \sigma_{yy}\sin\varphi_u\sin\varphi_v + \tau_{xy}\sin(\varphi_u + \varphi_v)$$

湍流应力 σ_{xx}、σ_{yy} 和 τ_{xy} 可由所给定湍流量 σ_{uu}、σ_{vv} 和 τ_{uv} 的三个公式解出,可得到与式(6.48)~式(6.50)相一致的结果。

式(6.48)、式(6.49)和式(6.50)简化为

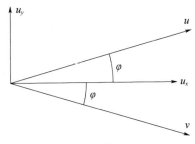

图 6.7　通过测量速度分量 u、v 和 u_x 来求解
湍流应力 u'^2_y 的 LDA 测量特殊安排

$$\sigma_{xx} = \frac{\sigma_{uu} + \sigma_{vv} + 2\tau_{uv}}{4\cos^2\varphi} \qquad (6.51)$$

$$\sigma_{yy} = \frac{\sigma_{uu} + \sigma_{vv} - 2\tau_{uv}}{4\sin^2\varphi} \qquad (6.52)$$

$$\tau_{xy} = \frac{\sigma_{uu} - \sigma_{vv}}{2\sin2\varphi} \qquad (6.53)$$

通过消除参数 τ_{uv}，由式(6.51)和式(6.52)可得到

$$\sigma_{yy} = \frac{\sigma_{uu} + \sigma_{vv} - 2\sigma_{xx}\cos^2\varphi}{2\sin^2\varphi} \qquad (6.54)$$

式(6.54)表明，法向应力 σ_{yy} 可通过对有效法向应力 σ_{xx} 所对应速度分量 u_x 的额外测量而获得。连同由式(6.53)得到的剪切应力，全二维的湍流流动状态是可获得的。关于式(6.53)和式(6.54)的相关应用最早可参见 Tropea(1983)的相关文献。

本节所介绍的测量技术假设有三个互不相关的关于 σ_{uu}、σ_{vv} 和 σ_{xx} 的测量。这仅仅是基于流量脉动的统计评估，没有任何简化。由此，该技术不仅普遍适用于 LDA 测量，还适用于其他方式的测量。然而，该方法有时显得成本过高。这是因为要想得到 $x-y$ 平面内的平均速度分布，两个简单的基本测量已经足够，具体可参见式(6.46)。简化湍流测量的近似方法将在第 8 章予以阐述。

6.3　湍流应力的图形表示

6.3.1　湍流度分布的椭圆形式

6.1.3 节已证实，位于角度 φ_m 处的湍流剪切应力消失为零，而相对应的应力矩阵由式(6.22)给出。在两个主法向应力 σ_{11} 和 σ_{22} 的函数中，$x-y$ 平面内法向应力分布可由式(6.34)表示。为能在速度图中图示相关的湍流量，将应用多

个替换关系 $\hat{\varphi} = \varphi - \varphi_m$、$r_{\hat{\varphi}}^2 = \sigma_{\hat{\varphi}\hat{\varphi}}$、$a^2 = \sigma_{11}$ 和 $b^2 = \sigma_{22}$。基于对式(2.11)中所给出不同湍流应力的定义,新参数 $r_{\hat{\varphi}}$、a 和 b 的单位均为 m/s。其分别表示各自平均速度的标准偏差,亦即基于式(5.3)的流量脉动均方根。式(6.34)可改写为

$$r_{\hat{\varphi}}^2 = a^2 \cos^2 \hat{\varphi} + b^2 \sin^2 \hat{\varphi} \tag{6.55}$$

式(6.55)可被认为是由下面两个公式创建的:

$$r_{\hat{\varphi},x} = a\cos\hat{\varphi} \tag{6.56}$$

$$r_{\hat{\varphi},y} = b\sin\hat{\varphi} \tag{6.57}$$

式中,参数 $r_{\hat{\varphi},x}$ 和 $r_{\hat{\varphi},y}$ 作为参数 $r_{\hat{\varphi}}$ 的两个分量。显然,精确地表示极坐标系中一个椭圆的径向坐标(半径),椭圆的两个轴分别以 a 和 b 表示,参见图6.8。图6.8(a)所对应的椭圆方位情况在实际流动中会经常遇到。

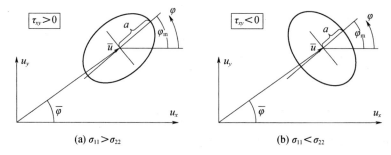

(a) $\sigma_{11} > \sigma_{22}$ (b) $\sigma_{11} < \sigma_{22}$

图6.8　以椭圆图形表示的二维平面湍流分布

6.3.2　湍流应力在莫尔应力圆中的表示

再次考虑二维 $x - y$ 平面内的湍流流动。利用三角恒等式 $\cos2\varphi = 2\cos^2\varphi - 1 = 1 - 2\sin^2\varphi$,式(6.13)可改写为

$$\sigma_{\varphi\varphi} - \frac{1}{2}(\sigma_{xx} + \sigma_{yy}) = \frac{1}{2}(\sigma_{xx} - \sigma_{yy})\cos2\varphi + \tau_{xy}\sin2\varphi \tag{6.58}$$

将式(6.58)平方后,与式(6.14)的平方相加,可得

$$\left(\sigma_{\varphi\varphi} - \frac{\sigma_{xx} + \sigma_{yy}}{2}\right)^2 + \tau_{\varphi,\varphi+90°}^2 = \left(\frac{\sigma_{xx} - \sigma_{yy}}{2}\right)^2 + \tau_{xy}^2 \tag{6.59}$$

式(6.59)在以法向应力和剪切应力作为正交坐标轴的坐标系中精确地表示为一个圆,如图6.9所示。其圆心由 $\sigma = (\sigma_{xx} + \sigma_{yy})/2$ 和 $\tau = 0$ 确定,半径由

$$R = \sqrt{\left(\frac{\sigma_{xx} - \sigma_{yy}}{2}\right)^2 + \tau_{xy}^2}$$

确定。

为显示法向应力 σ_{11} 所对应的角 φ_m,图6.9分别展示了 $\sigma_{11} > \sigma_{22}$ 和 $\sigma_{11} < \sigma_{22}$ 两种情况。相应地,对于图6.9(a)有 $\tau_{xy} > 0$,而对于图6.9(b)有 $\tau_{xy} < 0$。对于上述两种情况,当 $2\varphi = 2\varphi_m$ 时均有 $\sigma_{\varphi\varphi} = \sigma_{11}$。

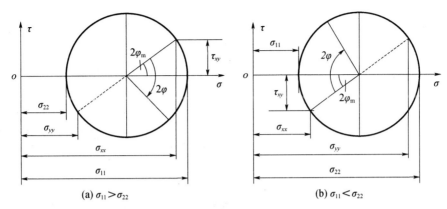

(a) $\sigma_{11} > \sigma_{22}$ (b) $\sigma_{11} < \sigma_{22}$

图 6.9　以莫尔应力圆表示的二维应力圆

　　湍流应力的图示与力学专业的机械应力图示法相类似,后者称此应力圆为莫尔应力圆。需强调,两者的不同点是:流体力学中所有的湍流法向应力始终为正,而力学专业的机械应力可为负值,这取决于外部载荷。

第7章

示踪粒子和粒子运动方程

利用 LDA 技术的流动测量常需要将粒子悬浮在流场中以散射激光。因为要用测得的粒子速度来表示流动速度,所以粒子必须能够跟随流动,尤其是流动脉动。粒子的这种跟随能力取决于粒径和密度。通常,在流体中的粒子并不等同于流体粒子,因为这两者的密度有差异。例如,在测量非定常流动或速度脉动比较大的流动时,粒子就可能有不同于流动的速度。这种速度差也是施加在粒子上各种作用力的根源。因此,粒子对流动脉动的示踪能力可以从粒子尺寸和密度两个方面来说明。

流体中的粒子运动取决于有效施加在粒子上的作用力与粒子惯性力之间的动平衡。在这些有效作用力中,通常,流动黏性产生的阻力是决定性的。因为阻力一般与粒子表面积成正比,而粒子惯性力是粒子体积与粒子物质密度的函数,小粒子总是要比大粒子具有更高的流动跟随能力。具体讲,阻力关系到粒子的流动脉动跟随能力和沿流线的速度变化,作为描述真实流动的结果,流线或许也是弯曲的。因为多数实际流动是用压力脉动和流速脉动表征的湍流,所以流动中粒子也受到压力和其他作用力的影响。例如,对于具有速度脉动的直流,在跟随流动脉动的粒子运动的振幅和相位差中,最后都可以发现影响粒子运动的所有作用力。通过计算振荡流中的粒子运动,以此为例也可以很好的验证这点。

粒子跟踪弯曲流线能力体现了更为复杂的一面。我们知道,流体中的流线曲率通常与垂直于流线的压力梯度有关。这样的横向压力梯度会导致粒子运动与流动流线的偏差。要确定粒子是否跟随流线曲率,这种可能性得取决于如何定义粒子运动与弯曲流线的偏差。不幸的是,这并不像定义直流线流动中粒子的运动偏差那么简单。

实际施加在流体中运动粒子上的各种力的机理并不相同,因此其大小和重要性也不相同。其中,最重要是黏性阻力、压力和与粒子加速相关的作用力。

虽然在多数情况下,自然粒子在流体(如水流)中有足够散射激光的能力,因此可以用于 LDA 测量,但正如本书作者经常经历的那样,对播撒粒子的流动跟踪能力进行量化仍然是不可或缺的。因此,本章将阐述各种流动作用力和各自在不同流动中的重要性。

7.1 流动粒子受到的实际作用力

7.1.1 黏性阻力

作用在粒子上的阻力源自流体黏性和黏性流体与粒子之间的速度差。由于速度差是一个矢量,阻力作为矢量其方向与两个速度矢量差一致。假设球形粒子直径为 d_p,施加在粒子上的黏性阻力可以用下式来计算:

$$\boldsymbol{F}_D = c_D \frac{1}{4} \pi d_p^2 \cdot \frac{1}{2} \rho_f |\boldsymbol{u}_f - \boldsymbol{u}_P| (\boldsymbol{u}_f - \boldsymbol{u}_P) \tag{7.1}$$

式中:阻力系数 c_D 是雷诺数的函数,且在绕粒子的流动为准定常流时,可以表示为

$$c_D = \frac{24}{Re} (Re < 1) \tag{7.2}$$

$$c_D = \frac{24}{Re} (1 + 0.15 Re^{0.687}) (1 < Re < 1000) \tag{7.3}$$

式(7.2)称为斯托克斯定律(Stokes'law)。在有关流体流动的粒子运动中,式(7.3)中的雷诺数是用粒子与流体的相对速度计算的。因为 LDA 测量经常使用微小粒子,因此用于这种微小粒子的雷诺数通常很小。以水流($v = 1.0 \times 10^{-6} \mathrm{m^2/s}$)中相对速度为 $u_f - u_p = 0.1 \mathrm{m/s}$,直径为 $d_p = 0.02 \mathrm{mm}$ 的粒子为例,雷诺数可以计算出,即 $Re = 2$。阻力系数,如果根据式(7.3)计算则是 15,这比式(7.2)的计算结果约大 25%。由于式(7.2)所示斯托克斯定律比较简单,所以该式经常用于流体中微小粒子动力特性的理论研究。示例中的流体可以假定为时间的正弦函数,在假定流体中可以通过选择高振荡频率来模拟湍流。事实上,当 $Re > 1$ 时,根据式(7.3)计算出的阻力系数要比式(7.2)计算出的大,这点清楚地表明粒子的流动跟随真实能力要比依据式(7.2)的计算结果高。更多关于不同类型流体中粒子的动力特性描述参见 7.2 ~ 7.5 节。

当粒子运动方向与流动方向相同并应用斯托克斯流阻定律时,由式(7.1)计算得到的作用在粒子上的黏性阻力是

$$F_D = 3 \pi \mu d_p \cdot (u_f - u_p) \tag{7.4}$$

式中:$\mu = \rho_f v$ 表示流体的动力黏度。阻力与粒径和速度差成正比,显然表明,阻力是施加在粒子上的最重要的作用力。只要存在粒子与流动的速度差就会产生阻力。

通常流动都有速度脉动或不稳定性,因此也存在其他作用力(如压力、附加质量力,参见下述一些章节),这些作用力与粒子直径的三次方成正比。当粒子足够小时,与粒径成线性关系的阻力显然在影响流动粒子运动中起着主导作用。

7.1.2　重力和升力

流动中的示踪粒子的运动受到重力的影响,相关的引力用 $F_{\text{gravity}} = m_{\text{p}}g$ 表示。这里 m_{p} 是粒子质量,g 是重力加速度。另外,粒子还受到方向与重力相反的升力的影响。它们之间的区别用下式来表示:

$$F_{\text{gravity}} - F_{\text{lift}} = \frac{1}{6}\pi d_{\text{p}}^3 \rho_{\text{p}} g - \frac{1}{6}\pi d_{\text{p}}^3 \rho_{\text{f}} g = \frac{1}{6}\pi d_{\text{p}}^3 g (\rho_{\text{p}} - \rho_{\text{f}}) \tag{7.5}$$

对于密度与流体密度并没有太大不同的粒子,重力和升力的整个影响可以忽略不计。通常,选择合适的粒子用于水的流动测量并不困难。但在进行密度约为 1.2kg/m^3 的空气流动测量时,这点恰恰相反,可能适合的粒子非常有限。可用的粒子可能是中空的固体粒子或雾化器喷出的液体粒子。通常情况下,只要用的粒子足够小,流体与粒子之间较大的密度差可以忽略不计。通过比较重力与流体黏性产生的阻力,这点可以得到证明。

$$重力与阻力之比 \sim \frac{d_{\text{p}}^3}{d_{\text{p}}} = d_{\text{p}}^2 \tag{7.6}$$

因为粒子小,与阻力相比,包括引力和升力在内的体积力可以忽略不计,所以它们对粒子运动影响也可以相应忽略不计。因此,空气流动测量经常使用直径为 $1\mu\text{m}$ 的气雾微粒。

7.1.3　压力

作用在粒子上的压力是由流体中局部压力梯度产生的,压力梯度可能是由与湍流和周期流这两者相关的流动脉动、沿流线的速度变化和重力变化引起的。为了简化,只考虑沿直线流即一维流的速度变化和湍流脉动。根据欧拉方程,对于沿 x 方向的不可压缩流体,沿流线的压力梯度可以表示为

$$-\frac{1}{\rho_{\text{f}}}\frac{\partial p}{\partial x} = \frac{\mathrm{d}u_{\text{f}}}{\mathrm{d}t} = \frac{\partial u_{\text{f}}}{\partial t} + u_{\text{f}}\frac{\partial u_{\text{f}}}{\partial x} \tag{7.7}$$

式(7.7)等号右边第一项表示瞬时流动脉动的影响,第二项是沿流线的流动加速度。对于无速度脉动的流动($\partial u_{\text{f}}/\partial t = 0$),当用于定常流时,上述式也可以由伯努利方程推导出来。

在微小粒子周围的纵向区域内,可以假定是线性压力分布。通过对作用于球形粒子表面上的所有无穷小压力进行积分,计算出来的压力合力是

$$F_{\text{p}} = -\frac{\pi}{6}d_{\text{p}}^3 \frac{\partial p}{\partial x} = \frac{\pi}{6}d_{\text{p}}^3 \rho_{\text{f}}\left(\frac{\partial u_{\text{f}}}{\partial t} + u_{\text{f}}\frac{\partial u_{\text{f}}}{\partial x}\right) \tag{7.8}$$

正好可以将该压力的计算与式(7.5)中流动粒子升力的计算相比较。显而易见,两者有着相似性,因为升力的确以同样的方式由压力梯度 $\mathrm{d}p/\mathrm{d}z = \rho_{\text{f}}g$ 产生,而压力梯度是由重力引起的。

通常,与沿流线的速度加速度 $u_f \mathrm{d}u_f/\mathrm{d}x$ 相关的压力梯度可能与重力引起的压力梯度为相同量级,或者比重力引起的压力梯度更大。以流经圆形截面喷管流动为例,应用伯努利方程,与体积流量 $\dot{Q} = Au_f = $ 常数相关的压力梯度可由下式计算:

$$\frac{\mathrm{d}p}{\mathrm{d}x} = -\frac{1}{2}\rho_f u_f^2 \frac{8}{d}\tan\varphi \tag{7.9}$$

式中:d 和 φ 分别表示喷管的直径和半收缩角。如果大流速 u_f 通过小口径喷管,压力梯度 $\mathrm{d}p/\mathrm{d}x$ 可能要比重力引起的压力梯度 $\rho_f g$ 大许多倍。另外,作用于粒子上的压力合力推动粒子作加速运动。根据牛顿第二运动定律,粒子的相应加速度与 $F_p = m_p \mathrm{d}u_p/\mathrm{d}t$ 表示的压力有关,式中 m_p 是粒子质量。将这种作用力与用于定常流的式(7.8)的相应项结合,当 $\mathrm{d}u_p/\mathrm{d}t = u_p \mathrm{d}u_p/\mathrm{d}x$ 时,得到

$$\frac{\mathrm{d}u_p}{\mathrm{d}x} = \frac{\rho_f}{\rho_p} \frac{u_f}{u_p} \frac{\mathrm{d}u_f}{\mathrm{d}x} \tag{7.10}$$

压力产生的粒子加速度与粒子的大小无关,但取决于使用粒子的密度。通过观察水中上升的气泡可以很好地验证这点。大小不同的气泡(虽然不是球形)上升速度几乎相等。必须指出的是,在实际流动中,粒子受到压力、黏性阻力、附加质量产生的力等作用力的共同影响,本章7.4和7.5节将予以阐述。

7.1.4 附加质量产生的作用力

当处理流体流动中球形粒子的等速运动时,粒子受到的阻力用 Stokes 流动阻力来描述,该 Stokes 流动阻力常用来解释粒子周围流体的规律性变化以及因此而产生的粒子与流体之间恒定的动量交换。在特殊情况下,如在非黏性势流中,等速运动的球形粒子并没有受到流体产生的任何阻力,这就是众所周知的 d'Alembert 悖论。但是,在流体中自由粒子受到譬如重力作用或者 Stokes 阻力引起的加速度时,粒子周边的规律性和定常流结构可能不会保持不变。随着粒子加速,周围更多的流体会带入到粒子运动中去。这恰恰表明粒子和流体之间产生了额外的动量交换。因此,即使是非黏性流体中,粒子运动也要受到一个额外阻力。另一方面,当粒子在流体中减速时,粒子还受到一种保持粒子运动的附加力。

因粒子加速而额外转移的质量称为附加质量或虚拟质量。根据势流理论和有关附加质量与粒子加速度理论,附加质量等于粒子排开流体质量的一半。一般情况下,当粒子在速度为 u_f 的流体中运动,并且与流动流线一致时,施加在粒子上的相关作用力可以表示为

$$F_{\mathrm{add}} = -\frac{1}{2} \frac{\pi}{6} d_p^3 \rho_f \frac{\mathrm{d}(u_p - u_f)}{\mathrm{d}t} \tag{7.11}$$

由于附加质量,相关的作用力起到负向力的作用,用来抵消速度差的变化。

7.2　粒子运动方程

流体中粒子运动由施加在粒子上的各种作用力的合力来决定。因为这种合力通常关系到流动方向,为简化起见,将忽略不计垂直方向的重力与升力。实际上,重力与升力相互抵消,并且如果粒子密度与流体密度没有太大差异时可以忽略不计剩余作用影响。伴随粒子非定常运动的其他一些作用力不太重要,因此这里并不考虑。

作为粒子受到的有效作用力,需要考虑 $Re<1$ 时的 Stokes 摩擦阻力、压力和随附加质量产生的作用力。根据牛顿第二运动定律,直流中粒子的运动用下式表示:

$$\frac{\pi}{6}d_p^3\rho_p\frac{du_p}{dt}=3\pi\mu d_p(u_f-u_p)+\frac{\pi}{6}d_p^3\rho_f\frac{du_f}{dt}-\frac{1}{2}\frac{\pi}{6}d_p^3\rho_f\frac{d(u_p-u_f)}{dt} \quad (7.12)$$

该式已经应用了由式(7.2)在低雷诺数即 $Re<1$ 时得出的 Stokes 摩阻。当粒子足够小或者粒子与流动之间的相对速度足够小时,$Re<1$ 这一条件的确能够满足。对于 $Re>1$ 的粒子流动,需要应用式(7.3),该式设考虑了有关黏性阻力的附加项。由于这一特点,在假设 $Re<1$ 时,式(7.12)确实表示了有关流动中示踪粒子适应性最糟糕的一种情况。

式(7.12)将用于揭示粒子跟随流动变化能力的一些特殊流动。

7.3　恒速直线流动中的粒子运动

在有粒子的实际流动中要经常碰到的是一维定常载运流动。播撒到流动中的粒子它们本身就有初始速度,该初始速度通常并不等同于流速。在各种作用力的影响下,给定直径和初始速度的粒子会被一直加速或减速,直到其恒定速度等于流速为止。

为了简便,假定粒子运动只是受到阻力和附加质量产生的作用力的影响。这意味着,粒子运动涉及的是一个压力恒定的流场。因为粒子与流动之间速度差,粒子将被加速或减慢速度。由式(7.12)可以得到重新整理后粒子运动式:

$$\left(1+\frac{1}{2}\frac{\rho_f}{\rho_p}\right)\frac{du_p}{dt}=\frac{18\mu}{\rho_p d_p^2}(u_f-u_p)=\frac{1}{\tau}(u_f-u_p) \quad (7.13)$$

式中:时间 τ 为

$$\tau=\frac{\rho_p d_p^2}{18\mu} \quad (7.14)$$

这就是所谓的弛豫时间,是一个表示粒子和流体特性的常数。以水流($\mu=1.0\times10^{-6}$Pas)中直径为 $d_p=0.01$mm 和密度为 $\rho_p=1.5$gr/cm³ 的粒子为例,计算

56

出来的弛豫时间 $\tau = 8.3 \times 10^{-6} \mathrm{s}$。

就恒定速度 $u_\mathrm{f} = \mathrm{const}$ 的载运流动来说,粒子与流动之间初始速度差可以假定为 $u_\mathrm{f} - u_\mathrm{p0}$,对式(7.13)进行积分,可以得到

$$\frac{u_\mathrm{p} - u_\mathrm{p0}}{u_\mathrm{f} - u_\mathrm{p0}} = 1 - \mathrm{e}^{-t/A\tau} \tag{7.15}$$

式中:$A = 1 + \dfrac{1}{2}\rho_\mathrm{f}/\rho_\mathrm{p}$,是关于粒子与载运流体之间密度比的一个常数。

图 7.1 作为一个不同密度比粒子($d_\mathrm{p} = 0.02\mathrm{mm}$)的算例,表示的是粒子速度相对于恒定流速的发展过程。例如,对于 $\rho_\mathrm{p}/\rho_\mathrm{f} = 2$(即 $A = 1.25$)的粒子,在 $t = 2A\tau = 1.1 \times 10^{-4}\mathrm{s}$ 这一时段后,粒子速度将至少达到定常流速的 86.5%($1 - \mathrm{e}^{-2} = 0.865$)。由于这通常是一个非常短的时间,因此尽管最初的速度差比较大,给定直径的粒子仍然可以视为较好地跟随着流动。

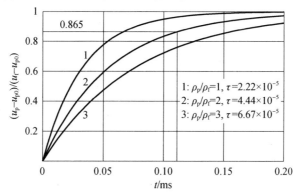

图 7.1　$d_\mathrm{p} = 0.02\mathrm{mm}$, $\rho_\mathrm{f} = 1000\mathrm{kg/m}^3$ 和 $\mu = 0.001\mathrm{Pa \cdot s}$ 时,
相对于恒定流速的粒子运动速度的发展过程

根据式(7.15),弛豫时间 τ 可以用作评估粒子流动跟随能力的一个非常有用的参数。它只不过是粒子与流体特性的函数,但并不是流动特性的(如雷诺数)函数。具有确定弛豫时间的粒子是否能够用作 LDA 测量的示踪粒子,这取决于每个独立流动和测量准确度需求。总之,弛豫时间已经被广泛用来评估粒子对测量的适用性,也用来评估流动的类型。需要指出的是,式(7.15)给出的是 $Re < 1$ 时的推导结果。无论如何,当粒子速度达到一个接近载运流动速度的数值时,这都是合理的。

7.4　喷管和扩散器内的粒子运动

流动中粒子运动取决于流体流动的状态。当流动方向不会快速改变时,粒子运动基本上可以被认为是沿流线的。由于沿流线的流体速度通常并不恒定,

所以粒子运动一般不同于流体流动。因为密度差异,粒子对沿流线的速度变化作出响应时经常会有一个时间延迟。喷管或扩散器内的流动可能是沿流线速度有变化的最简单流动,其沿流线的流动因压力梯度要么加速要么减速。正如7.1.3 节已经指出的那样,作用于粒子的压力对粒子加速度的作用与粒子大小无关。显然,其他作用力是黏性阻力和由于附加质量所产生的作用力。确定这些具体流动中的粒子运动还是非常有趣的。为了简单起见,假定流体流动沿喷管或扩散器轴线呈线性变化,其流动速度可表示如下:

$$u_f = ax + u_{f0} \tag{7.16}$$

对于喷管内的流动,$a > 0$,而在扩散器流动中,$a < 0$。在喷管和扩散器入口,粒子和流动这两者具有相同的速度:$u_{p0} = u_{f0} = u_0$。根据 $du_f/dt = u_p du_f/dx \approx u_f du_f/dx$ 和 $du_p/dt \approx u_f du_p/dx$ 以及由式(7.14)得出的弛豫时间,可根据式(7.12)得出

$$\frac{du_p}{dx} = \frac{1}{\tau}\left(1 - \frac{u_p}{u_f}\right) + \frac{\rho_f}{\rho_p}\frac{du_f}{dx} - \frac{1}{2}\frac{\rho_f}{\rho_p}\frac{d(u_p - u_f)}{dx} \tag{7.17}$$

因为 $du_f/dx = a$,因此,$dx = du_f/a$,则上述式可以变为

$$\left(1 + \frac{1}{2}\frac{\rho_f}{\rho_p}\right)\frac{du_p}{du_f} = -\frac{1}{a\tau}\frac{u_p}{u_f} + \left(\frac{3}{2}\frac{\rho_f}{\rho_p} + \frac{1}{a\tau}\right) \tag{7.18}$$

我们知道,喷管中、粒径、密度、动力黏性、流动加速度对粒子的综合影响只能用一个无量纲的数积 $a\tau$ 来表示。

为了便于下一步计算,需要应用到下述缩写式:

$$A = 1 + \frac{1}{2}\frac{\rho_f}{\rho_p}, B = \frac{1}{a\tau}, C = \frac{3}{2}\frac{\rho_f}{\rho_p} + \frac{1}{a\tau} \tag{7.19}$$

用参数 $\frac{u_p}{u_f} = \bar{u}_p$ 代入,得 $\frac{du_p}{du_f} = u_f\frac{d\bar{u}_p}{du_f} + \bar{u}_p$,式(7.18)可以进一步写为

$$\frac{d\bar{u}_p}{du_f} = \frac{C - (A + B)\bar{u}_p}{Au_f} \tag{7.20}$$

有 A、B、C 这 3 个常数的上述式可以用来表示粒子运动对直喷管或扩散器流动速度变化的响应。因为参数 $\bar{u}_p$ 和 u_f 已经被独立分开,对式(7.20)进行积分,首先得出

$$\ln\frac{C - (A + B)\bar{u}_p}{C - (A + B)\bar{u}_{p0}} = \frac{A + B}{A}\ln\frac{u_{f0}}{u_f} \tag{7.21}$$

当 $t = 0$,即 $x = 0$ 时,$\bar{u}_{p0} = 1$,所以,粒子速度可以由下式给出:

$$\bar{u}_p = \left(1 + \frac{C}{A + B}\right)\left(\frac{u_{f0}}{u_f}\right)^{1 + B/A} + \frac{C}{A + B} \tag{7.22}$$

值得注意的是,式(7.22)适用于直喷管和扩散器这两种流动。对于喷管流动,根据式(7.16)有 $a > 0$,而对于扩散器流动则 $a < 0$。应该指出的是,目前的

计算旨在评估粒子对流动速度变化的响应能力。

　　为了简化计算,假设流动速度对喷管和扩散器这两者中的流动路径呈线性依存关系。实际上,根据体积流量 $\dot{Q} = u_f A_f$(A_f 是流动截面面积),喷管或扩散器采用非线性设计才会有这种流动速度的线性关系。

7.4.1　喷管内的流动

　　直喷管中流动速度的线性变化用式(7.16)来表示,其中 $a > 0$。假设在喷管入口粒子与流体流动的速度相等,基于此,沿粒子流线的粒子速度可以被推导出来,并用式(7.22)来表示。以 $a = 20(\text{m/s})/\text{m}$ 的某喷管流动为例,图 7.2 所示为不同密度的粒子,其粒子速度与沿流动路径的流动速度之比。在喷管进气口,因为每一粒子加速度相比流动加速度都要有些延迟,所以有 $\bar{u}_p < 1$。在喷管入口,$u_{f0} = u_0$ 和 $\bar{u}_{p0} = 1$,正好这里的粒子加速度相对于流动加速度可以直接通过式(7.20)得出:

$$\left(\frac{\mathrm{d}\bar{u}_p}{\mathrm{d}u_f} \right)_{x=0} = \frac{1}{u_{f0}} \frac{C - (A + B)}{A} \tag{7.23}$$

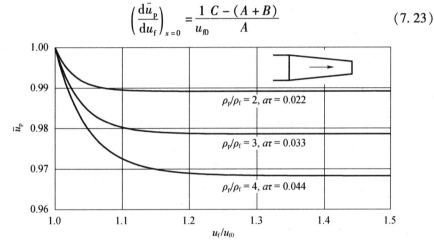

图 7.2　在流动加速度等于 $a = 20(\text{m/s})/\text{m}$ 的喷管中直径 $d_p = 0.1\text{mm}$ 示踪粒子对水流($\mu = 0.001\text{Pa} \cdot \text{s}$)的跟随能力

　　此外,因为 $\bar{u}_p = u_p / u_f$,故上述式可以改写为

$$\left(\frac{\mathrm{d}u_p}{\mathrm{d}u_f} \right)_{x=0} - \frac{u_{p0}}{u_{f0}} = \frac{C - (A + B)}{A} \tag{7.24}$$

根据喷管入口 $u_{p0}/u_{f0} = 1$,可以得出

$$\left(\frac{\mathrm{d}u_p}{\mathrm{d}u_f} \right)_{x=0} = \frac{C - B}{A} = \frac{3}{1 + 2\rho_p/\rho_f} \tag{7.25}$$

　　这只是粒子相对密度的函数,且与粒径和流动黏性无关。的确这样的结果也可以由式(7.17)得出。因为在喷管入口粒子和流动之间的速度差为零,所以

没有黏滞阻力。因此，去掉式(7.17)等号右边第一项，仅仅根据密度比 ρ_p/ρ_f 就可以确定粒子运动。

如图7.2所示，因为示例中示踪粒子密度比 $\rho_p/\rho_f < 2$，最终粒子速度仅比流动速度小了大约1%。对于大多数实际应用来说，似乎这点差异实际上可以忽略不计。

在图7.2给出的示例中，也可以进一步发现：短暂时间后，当流动速度大约达到 $u_f/u_{f0} \approx 1.1 \sim 1.2$ 这个值时，粒子速度与流动速度之比趋于一个定值。设 $u_{f,\infty} = \infty$，由式(7.22)可以得出相关恒定速度比为

$$\bar{u}_{p,\infty} = \frac{C}{A+B} \tag{7.26}$$

这个最终的粒子速度可视为 LDA 测量中所用示踪粒子适用性的量度。根据式(7.19)，显然最终的粒子速度是密度比 ρ_p/ρ_f 与数积 $a\tau$ 的函数。图7.3给出了这种对应关系。最终粒子速度与参数 $a\tau$ 几乎是线性依赖关系，式(7.26)显然可以利用这点来进行简化。当 $a\tau = 0$ 时有 $\bar{u}_{p,\infty} = 1$，因此式(7.26)在 $a\tau = 0$ 可以进行线性化处理。根据式(7.19)，由式(7.26)得到

$$\left.\frac{\mathrm{d}\bar{u}_{p,\infty}}{\mathrm{d}(a\tau)}\right|_{a\tau=0} = -\left(1 - \frac{\rho_f}{\rho_p}\right) \tag{7.27}$$

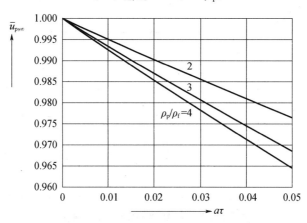

图7.3 喷管流动中最终可以达到的粒子与流动的速度比，是粒子密度和组合参数 $a\tau$ 的函数

式(7.26)的线性化结果如下：

$$\bar{u}_{p,\infty} = 1 - \left(1 - \frac{\rho_f}{\rho_p}\right)a\tau \tag{7.28}$$

该关系式可用来快速评估将要用于喷管流动 LDA 测量的示踪粒子的适用性。粒子的弛豫时间 τ 可根据式(7.14)计算得到。喷管流中的流动加速度 a 不仅取决于喷管的几何形状，也取决于流动速度本身。根据流经喷管的体积流

量 $\dot{Q} = u_f A_f$，喷管内的流动加速度可计算如下：

$$a = \frac{\mathrm{d}u_f}{\mathrm{d}x} = -\frac{u_f}{A_f}\frac{\mathrm{d}A_f}{\mathrm{d}x} \qquad (7.29)$$

通常，小尺寸喷管的流动加速度比几何形状类似的大喷管内的流动加速度大。

7.4.2 扩散器内的流动

在本书中，扩散器内的流动用式(7.16)来表示，其中 $a<0$。假设在扩散器入口处粒子速度和流动速度相等，这时，扩散器内流动中的粒子运动用式(7.22)来描述。例如，图 7.4 给出的是某扩散器流动加速度 $a = -20\mathrm{m/s}^2$ 条件下，不同粒子密度比时的粒子速度与流动速度沿流动路径之比。由于粒子速度比流速要减慢一点，所以有 $\bar{u}_p > 1$。在扩散器入口，粒子减速与流动减速之比也可以用式(7.25)表示。

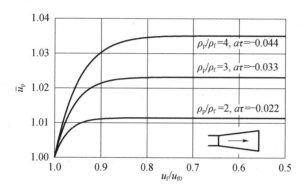

图 7.4　扩散器内水流($\mu = 0.001\mathrm{Pa} \cdot \mathrm{s}$)中，流动加速度为 $a = -20\mathrm{m/s}^2$ 时，直径 $d_p = 0.1\mathrm{mm}$ 粒子的示踪能力

在给出的实例中，当示踪粒子密度比 $\rho_p/\rho_f < 2$ 时，最终粒子速度大约只比流动速度快1%。在大多数应用中，这点差异看来实在可以忽略不计。

如图 7.4 所示，粒子流动的状态，即粒子速度与流动速度之比在经过短暂时间后趋于恒定。根据 $1 + B/A < 0$ 且 $u_{f,\infty} = 0$，该恒定的相关速度比可以由式(7.22)得出：

$$\bar{u}_{p,\infty} = \frac{C}{A+B} \qquad (7.30)$$

式(7.30)尽管形式上与式(7.26)等同，其中常数 A、B 和 C 可再次由式(7.19)计算得到，但对于扩散器内流动 $a\tau < 0$。图 7.5 所示为从式(7.30)得到的对应关系。可以再次用最终粒子速度对参数 $a\tau$ 的几乎线性相依关系来简化式(7.30)。这类似 $a\tau \ll 1$ 时式(7.28)的计算，相应算式总结如下：

$$\frac{\mathrm{d}\bar{u}_{p,\infty}}{\mathrm{d}(-a\tau)}\bigg|_{a\tau=0} = 1 - \frac{\rho_f}{\rho_p} \qquad (7.31)$$

$$\bar{u}_{p,\infty} = 1 - \left(1 - \frac{\rho_f}{\rho_p}\right)a\tau \qquad (7.32)$$

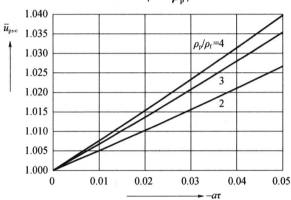

图7.5 扩散器流动中最终可以达到的粒子与流动的速度比,
是粒子密度与组合参数 $a\tau$ 的函数

最终的关系式形式上与式(7.28)等同。因为扩散器内流动 $a\tau < 0$ 时,有
$\bar{u}_{p,\infty} > 1$。因此,可以找到一个快速而且直接的方法,以评估扩散器内利用 LDA
方法进行流动测量要用的示踪粒子的适用性。

7.5 振荡流动中的粒子运动

粒子对湍流速度脉动的跟随能力是 LDA 测量用示踪粒子最重要的特点之
一。通常,高频速度脉动高达数千赫,因此需要确定采用什么类型的示踪粒子,
以便能够对每个具体流动中真实的速度脉动进行分析。粒子对流动脉动的反作
用表现基本上可以用解决空间均匀脉动流动那样的方法来评估。最简单的情况
是,假设流动脉动是平均速度 u_0 的正弦函数,则角频率 ω 和振幅 A_f 可以表示
如下:

$$u_f = u_0 + A_f \sin\omega t \qquad (7.33)$$

空间均匀流动的假设目前而言是必需的,因为这样,式(7.8)中的空间压
力分布函数 $\partial u_f/\partial x$ 就消除掉了。引入正弦流动模型的目的是为了模拟流动函
数 $\partial u_f/\partial t \neq 0$ 的非定常特性,这样施加在粒子上的压力就可以与它直接关联。
需要指出的是,只要粒径相对湍流结构足够小,就可以假定粒子周围源自脉动
速度 $\partial u_f/\partial t$ 的局部压力梯度 $\partial p/\partial x$ 是恒定的,脉动速度 $\partial u_f/\partial t$ 可根据式(7.8)
得到。

将式(7.33)代入式(7.12),可以得到整理后的粒子运动式:

$$\frac{\mathrm{d}(u_p - u_0)}{\mathrm{d}t} + a(u_p - u_0) = b\sin\omega t + c\cos\omega t \qquad (7.34)$$

其中,相应的粒子与流体常数为

$$a = \frac{36\mu}{d_p^2(2\rho_p + \rho_f)}, b = \frac{36\mu A_f}{d_p^2(2\rho_p + \rho_f)}, c = \frac{3\rho_f \omega A_f}{2\rho_p + \rho_f} \qquad (7.35)$$

将式(7.34)积分,得到:

$$u_p - u_0 = \frac{(ab + c\omega)\sin\omega t + (ac - b\omega)\cos\omega t}{a^2 + \omega^2} + C \cdot \mathrm{e}^{-at} \qquad (7.36)$$

式中:C 为积分常数。

特别有趣的是,根据式(7.33)可以知道粒子在这个假定振荡流动中的最终状态。因为通过设定 $t \to \infty$,可以由式(7.36)得出这点,所以等号右边的最后一项能够消除掉。因而,粒子在流动中的振荡与流动和粒子之间的初始速度差无关,这一点可以用下式描述:

$$u_p - u_0 = \frac{(ab + c\omega)\sin\omega t + (ac - b\omega)\cos\omega t}{a^2 + \omega^2} \qquad (7.37)$$

显然,粒子运动呈现出纯振荡运动。为了简化该式,利用关系式 $(ab + c\omega)^2 + (ac - b\omega)^2 = (a^2 + \omega^2)(b^2 + c^2)$,这样可用下述关系式对上式进行代换:

$$\frac{ab + c\omega}{\sqrt{(a^2 + \omega^2)(b^2 + c^2)}} = \cos\varphi_p, \frac{b\omega - ac}{\sqrt{(a^2 + \omega^2)(b^2 + c^2)}} = \sin\varphi_p \qquad (7.38)$$

式(7.37)因而可简化为

$$u_p - u_0 = \sqrt{\frac{b^2 + c^2}{a^2 + \omega^2}}(\sin\omega t\cos\varphi_p - \cos\omega t\sin\varphi_p) = A_p\sin(\omega t - \varphi_p) \qquad (7.39)$$

可以看到,该式中粒子振荡与流体流动振荡频率一致,但存在振幅变化和相位差。粒子振荡的振幅可根据式(7.35)计算如下:

$$A_p = \sqrt{\frac{b^2 + c^2}{a^2 + \omega^2}} = \sqrt{\frac{1 + \frac{1}{12^2}\left(\frac{\omega d_p^2}{\nu}\right)^2}{1 + \frac{1}{36^2}\left(1 + 2\frac{\rho_p}{\rho_f}\right)^2\left(\frac{\omega d_p^2}{\nu}\right)^2}} \cdot A_f \qquad (7.40)$$

或者

$$\frac{A_p}{A_f} = \sqrt{\frac{1 + \frac{1}{12^2}N_s^4}{1 + \frac{1}{36^2}\left(1 + 2\frac{\rho_p}{\rho_f}\right)^2 N_s^4}} \qquad (7.41)$$

式中应用的 Stokes 数由下式定义:

$$N_s = \sqrt{\frac{\omega d_p^2}{\nu}} \qquad (7.42)$$

式中:ν 为流动的运动黏度。

相应地,式(7.39)中的相位差计算如下:

$$\tan\varphi_{\mathrm{P}} = \frac{b\omega - ac}{ab + c\omega} = \frac{24(\rho_{\mathrm{p}}/\rho_{\mathrm{f}} - 1)N_{\mathrm{S}}^2}{432 + (2\rho_{\mathrm{p}}/\rho_{\mathrm{f}} + 1)N_{\mathrm{S}}^4} \qquad (7.43)$$

Stokes 数与流动脉动频率、粒子大小和流体运动黏度一并对流动中的粒子运动产生影响。在有示踪粒子的常见流动中,可以估算出 Stokes 数。例如假设流动脉动频率是 1000Hz,对于粒径 $d_{\mathrm{p}} = 0.1\mathrm{mm}$,且($p = 1\mathrm{bar}$ 和 $T = 20°\mathrm{C}$ 的水)运动黏度为 $1.0 \times 10^{-6}\mathrm{m}^2/\mathrm{s}$ 流动来说,计算得到的 Stokes 数是 $N_{\mathrm{S}} \approx 8$。这个值可以视为 LDA 流动测量常用示踪粒子的上限值。表 7.1 给出了水流($\nu = 1.0 \times 10^{-6}$)中不同情况下的 Stokes 数变化范围。

表 7.1   水流中用尺寸与流动脉动速率(频率)函数表示的 Stokes 数

频率/Hz	粒径/mm				
	$d_{\mathrm{p}} = 0.02$	$d_{\mathrm{p}} = 0.04$	$d_{\mathrm{p}} = 0.06$	$d_{\mathrm{p}} = 0.08$	$d_{\mathrm{p}} = 0.1$
100	0.5	1.0	1.5	2.0	2.5
200	0.7	1.4	2.1	2.8	3.5
500	1.1	2.2	3.4	4.5	5.6
1000	1.6	3.2	4.8	6.3	7.9

在应用式(7.42)所定义的 Stokes 数时,已经区分开了粒径大小和粒子密度对流动中粒子振荡幅度的影响。这清楚地表明其较使用弛豫时间具有更大优势,式(7.14)所定义的弛豫时间基本上用于定常流动而不用于振荡载运流动。

作为密度比 $\rho_{\mathrm{p}}/\rho_{\mathrm{f}}$ 函数的振幅比用式(7.41)表示,图 7.6 所示为大范围的 Stokes 数。通常,密度比 $\rho_{\mathrm{p}}/\rho_{\mathrm{f}} < 1.2$ 的粒子,即便在振荡频率较高粒径较大的情况下,对流动振荡的跟随性还是比较好。振荡幅度的最大缩减量约为 10%。对

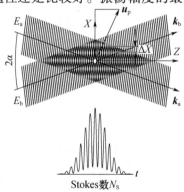

图 7.6   不同粒子密度比时,用 Stokes 数表示的
振荡载运流动中的粒子振荡振幅

于 $\rho_p = \rho_f$ 情况，有 $A_p = A_f$ 且 $\varphi_p = 0$。不管粒子大小怎样，粒子完全跟随流动。这种情况如用流体粒子。

随着 Stokes 数增大，振幅比 A_p/A_f 趋于一个常数，该常数恰是密度比函数。这点很容易得到证实，当 Stokes 数非常大时，该振幅比常数可由式（7.41）得出：

$$\frac{A_p}{A_f} = \frac{3}{1 + 2\rho_p/\rho_f} \tag{7.44}$$

例如，对于 $\rho_p/\rho_f = 1.2$ 的粒子，有 $A_p/A_f = 0.88$。

图 7.7 给出了粒子与振荡流动之间的相位差。对于密度比 $\rho_p/\rho_f < 1.2$ 的粒子，相位差可以保持在 3.5° 以内。应当指出的是，对于湍流测量，实际上相位差无关紧要。对于每一给定粒子密度比 ρ_p/ρ_f，最大相位差的存在也没有什么意义。

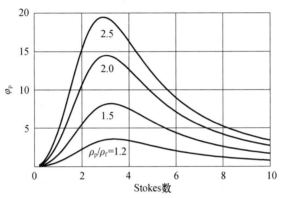

图 7.7　不同粒子密度比时，用 Stokes 数表示的振荡载运流动中的粒子振荡相位差

基于上述有关振荡流动模型，粒子跟随流动脉动的能力及其限制条件这两方面都可以很好地得到验证。根据式（7.33）获得的计算结果可以用来对湍流中的粒子特性进行模拟。一方面，流动的湍流强度，用 $|u'|/\bar{u}$ 表示，可以用正弦波动的振幅比来模拟；另一方面，通常湍流的频率达到几百到几千赫，可以用角频率 ω 来模拟。对于每个给定尺寸的粒子，相关的 Stokes 数可以根据式（7.42）计算出来。因此，通过式（7.41）可以进一步确定粒子与流动脉动的振幅比。图 7.8 给出的是湍流水流中不同粒子流动振荡的一个算例，其中假定速度脉动的频率是 500Hz。对于密度比低于 2.0（玻璃球的约为 2.4）和粒径小于 30μm 的粒子，计算得到的粒子振荡与流动脉动的振幅比要大于 95%。就绝大多数工程流动及流动评估来说，这一量级的测量精度是完全可以接受的。

就振荡流计算出来的粒子运动而言，这里有两个特殊情况需要说明。其一，当粒子非常小时，流动中的粒子运动由黏性阻力主导，7.1 节已经指出了这点；其二，当粒径较大，即 Stokes 数较大时，体积力在粒子动力方面占主导地位。下面对这两种特殊情况进行说明。

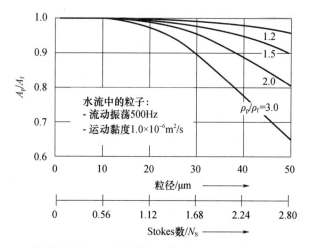

图 7.8　不同粒子密度比时,用粒径函数表示的粒子与振荡水流振幅比

7.5.1　Stokes 数较小时的粒子流动

小尺寸粒子对流动和流动脉动的跟随能力强,因此多用于 LDA 测量。通常,小尺寸粒子用小 Stokes 数来限定。当 $N_S < 1$ 时,忽略不计泰勒级数展开式中高阶项 N_S^8,式(7.41)可以简化成:

$$\frac{A_p}{A_f} = 1 - \frac{1}{288}\Big[\frac{1}{9}\Big(1 + 2\frac{\rho_p}{\rho_f}\Big)^2 - 1\Big]N_S^4 \qquad (7.45)$$

另外,如前面提到的,当粒子足够小时,黏滞阻力是影响粒子运动的主要因素。为了量化这种情况下,在式(7.12)中只考虑黏滞阻力。再次假设与式(7.33)一样的正弦振荡流动,用同样的计算步骤可以算出相应的振幅比如下:

$$\frac{A_p}{A_f} = \frac{1}{\sqrt{1 + \frac{1}{18^2}\frac{\rho_p^2}{\rho_f^2}N_S^4}} \approx 1 - \frac{1}{648}\frac{\rho_p^2}{\rho_f^2}N_S^4 \qquad (7.46)$$

同样需要指出的是,当使用根据式(7.14)得出的弛豫时间时,式(7.46)中的平方根表达式也可以写成 $\sqrt{1 + \omega^2\tau^2}$。在早期发表的一些文献中可以发现如卡特等人(2001)引述的有关 ρ_p/ρ_f 的表达式。

图 7.9 给出了式(7.45)和式(7.46)之间的比较。该图清楚地表明:对于小粒子来说,黏滞阻力占主导地位。由于在推导式(7.46)中,根据式(7.7)源自流动脉动 $\partial u_f/\partial t$ 产生的压力和因附加质量产生的作用力这两者都被忽略不计了,所以振幅比 A_p/A_f 不会一致,即使在密度比 $\rho_p/\rho_f = 1$ 时,亦然如此。因此,式(7.45)要比式(7.46)更精确,并且可以视为只是黏滞阻力影响的结果。

当 $N_S < 1$ 时,式(7.43)表示的相应相位差可以简化为

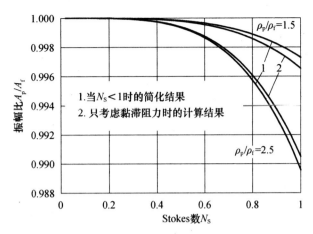

图 7.9 分别在小 Stokes 数和只考虑黏滞阻力时的计算结果比较

$$\tan\varphi_p \approx \frac{1}{18}\left(\frac{\rho_p}{\rho_f} - 1\right)N_S^2 \qquad (7.47)$$

当 $N_S \ll 1$，如预期的那样，有 $A_p = A_f$ 且 $\varphi_p = 0$。

7.5.2 Stokes 数较大时的粒子流动

除了黏滞阻力，空间均匀流动中粒子受到的有效作用力还有来自局部流动脉动速率 $\partial u_f/\partial t$ 产生的压力和因为附加质量产生的作用力。正如在第 7.1 节已经指明的那样，最后这两个作用力与粒径的三次方成正比。粒子的这种动力特性意味着，对于大粒子来讲，这两个体积力相对于黏滞阻力，主要影响粒子运动，而黏滞阻力的影响可以忽略不计。图 7.6 已经证实这一情况，当 Stokes 数较大时 ($N_S > 10$)，粒子振幅与 Stokes 数无关，即根据式 (7.42) 与流体黏度无关。相应计算结果已可由式 (7.44) 获得。实际上，通过直接忽略不计黏滞阻力，即设定 $a = 0$ 且 $b = 0$，式 (7.34) 也可以得出同样的结果。由于粒子运动与粒径大小无关，式 (7.44) 也可以用来解释为什么水中气泡的上升速度与气泡大小无关，这点在 7.1.3 节中已经提到。

67

第 8 章

零相关法(ZCM)

8.1 非同步 LDA 的剪切应力测量

大多数重要的湍流参数都是用矩阵式(2.11)给定的相应雷诺应力来表示。按照式(5.7),关于湍流剪切应力(如 τ_{uv})的认识需要对两个速度分量 u 和 v 进行同步测量。为了同步测量这两个速度分量,通常应用二维 LDA 系统,并设置光路来测量 u 和 v(见第 4 章)。这一点是非常可靠的,因为大多数 LDA 系统就是这样设计的。尽管如此,在测量所有三个速度分量时,将会遇到不同的情况。在这种情况下,第三速度(如轴向上速度分量),常常通过偏离轴线布置的 LDA 测量头独立测量。第三速度分量既可以根据图 8.1(a)的方法直接获得,也可以根据图 8.1(b)的方法间接获得。在间接测量的情况下,轴线上速度分量可通过速度分量 u_x 和 u_φ 变换计算获得:

$$u_y = \frac{u_\varphi - u_x \cos\varphi}{\sin\varphi} \tag{8.1}$$

式(8.1)已由式(6.40)给出。

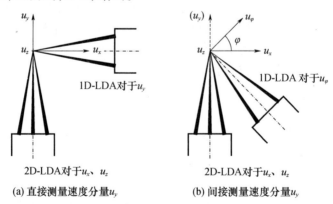

(a) 直接测量速度分量 u_y　　　(b) 间接测量速度分量 u_y

图 8.1　使用重新布置的 LDA 光头独立测量轴线速度分量 u_y,
速度分量 u_z 垂直于图示平面

68

由于涉及速度分量 u_x 和 u_y 的非同步测量,因此湍流剪应力 $\overline{u'_x u'_y}$ 不能够直接根据式(5.7)获得。为了间接得到所有的湍流剪应力,可考虑再次应用式(2.11)所表示的雷诺应力矩阵。因为有 $\tau_{xy} = \tau_{yx}$,$\tau_{xz} = \tau_{zx}$,$\tau_{yz} = \tau_{zy}$,存在六个独立的雷诺湍流应力。根据 Durst 等(1981)的论述,在大多数情况下对于非同步 LDA 测量,为了在三维空间分解全部六个雷诺应力,需要进行六次单独的测量。在二维平面流场的条件下,仅需要三次单独测量。相应的测量方法在 6.2 节中进行了说明,参考图 6.7。

尽管如此,在二维平面流场完整的湍流应力测量还可利用合理性很高的湍流假设进行简化。零相关法(ZCM)(Zhang 和 Eisele 1998a,Zhang 1999)仅仅进行两次单独测量,就能确定二维平面流场全部应力分量。这一测量方法并不需要更多的花费,因为为了获得平均速度的量值和方向,无论如何必须进行两次独立测量。这种方法将在下面讲述。

8.2 零相关法基础

湍流的一个主要特征就是随机速度脉动。对于定常湍流,流动脉动主要由速度矢量的大小和方向脉动两部分构成,图 8.2 所示为使用 LDA 方法测量湍流。由于流动脉动的随机特征,在 $x-y$ 平面速度方向脉动可以被认为对称分布于方向角为 $\overline{\varphi}$ 的平均速度矢量两边。进一步考虑,把沿着平均速度矢量的速度分量表示为 u_1,其垂直方向上速度分量用 u_2 表示,显然有 $\overline{u_2} = 0$。速度脉动围绕平均速度矢量的对称分布可以用速度分量 u_1 和 u_2 间流动脉动的零相关性通过下面给定的数学关系式表示:

$$C = \overline{u'_1 u'_2} = 0 \tag{8.2}$$

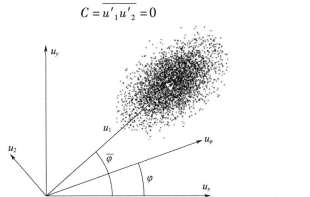

图 8.2　使用 LDA 测量湍流和速度脉动

根据速度分量 u_1 和 u_2,可以通过 6.1 节讲述的正交坐标变换获得速度分量 u_x 和 u_y。相同的变换也被应用于流动脉动。事实上,在这种情况下,式(6.6)和式(6.7)可以被直接用来表示脉动速度:

$$u'_x = u'_1 \cos\bar{\varphi} - u'_2 \sin\bar{\varphi} \tag{8.3}$$

$$u'_y = u'_1 \sin\bar{\varphi} - u'_2 \cos\bar{\varphi} \tag{8.4}$$

平均流动方向可用下式计算的角度 $\bar{\varphi}$ 来表示：

$$\tan\bar{\varphi} = \frac{\bar{u}_y}{\bar{u}_x} \tag{8.5}$$

为了今后使用方便,式(8.5)也可被表示为

$$\tan 2\bar{\varphi} = \frac{2\tan\bar{\varphi}}{1 - \tan^2\bar{\varphi}} = \frac{2\bar{u}_x \bar{u}_y}{\bar{u}_x^2 - \bar{u}_y^2} \tag{8.6}$$

具有统计特点的湍流特性包括雷诺法向应力和剪应力,均可由式(8.6)给出的速度脉动 u'_x 和 u'_y 计算得出。结合式(8.2)给出零相关条件,可以得到下面的方程式：

$$\overline{u'^2_x} = \overline{u'^2_1}\cos^2\bar{\varphi} + \overline{u'^2_2}\sin^2\bar{\varphi} \tag{8.7}$$

$$\overline{u'^2_y} = \overline{u'^2_1}\sin^2\bar{\varphi} + \overline{u'^2_2}\cos^2\bar{\varphi} \tag{8.8}$$

$$\overline{u'_x u'_y} = \frac{1}{2}(\overline{u'^2_1} - \overline{u'^2_2})\sin 2\bar{\varphi} \tag{8.9}$$

也如前面提到的一样,这三个方程也可直接由式(6.9)、式(6.10)和式(6.11)获得。只不过其速度分量 u 和 v 必须被分别看作在主流方向 $\bar{\varphi}$ 和它的垂直方向上的速度分量。根据式(8.2)预先确定的零相关条件,则有 $\tau_{uv} = 0$。

基于类似的计算,与任一其他分量 u_φ 相联系的湍流特性,均可根据式(8.2)由下式给出：

$$\overline{u'^2_\varphi} = \overline{u'^2_1}\cos^2(\varphi - \bar{\varphi}) + \overline{u'^2_2}\sin^2(\varphi - \bar{\varphi}) \tag{8.10}$$

$$\overline{u'_\varphi u'_{\varphi+90°}} = -\frac{1}{2}(\overline{u'^2_1} - \overline{u'^2_2})\sin 2(\varphi - \bar{\varphi}) \tag{8.11}$$

由于正应力 $\overline{u'^2_1}$ 和 $\overline{u'^2_2}$ 为正,因此正应力 $\overline{u'^2_\varphi}$ 在所有方向均为正。事实上,$\overline{u'^2_1}$ 和 $\overline{u'^2_2}$ 表述了两个主正应力,而 $\overline{u'^2_\varphi}$ 位于这两者之间。由式(8.7)和式(8.8)可知,两个主正应力可由下式表示：

$$\overline{u'^2_1} = \frac{1}{2}(\overline{u'^2_x} + \overline{u'^2_y}) + \frac{1}{2\cos 2\bar{\varphi}}(\overline{u'^2_x} - \overline{u'^2_y}) \tag{8.12}$$

$$\overline{u'^2_2} = \frac{1}{2}(\overline{u'^2_x} + \overline{u'^2_y}) - \frac{1}{2\cos 2\bar{\varphi}}(\overline{u'^2_x} - \overline{u'^2_y}) \tag{8.13}$$

式(8.12)与在 $x - y$ 平面以角 φ_m 表示的主正应力式(6.18)完全相等(参见图6.3)。显然,根据式(8.2)给定的零相关条件可假设表示主正应力的 φ_m 与主流方向一致。

将上述两个方程式分别代入式(8.10)和式(8.11),可以获得如下方程式：

$$\overline{u'^2_\varphi} = \frac{1}{2}(\overline{u'^2_x} + \overline{u'^2_y}) + \frac{\cos 2(\varphi - \bar{\varphi})}{2\cos 2\bar{\varphi}}(\overline{u'^2_x} - \overline{u'^2_y}) \tag{8.14}$$

$$\overline{u'_\varphi u'_{\varphi+90°}} = -\frac{\sin2(\varphi-\bar\varphi)}{2\cos2\bar\varphi}(\overline{u'^2_x} - \overline{u'^2_y}) \tag{8.15}$$

最后两个方程式说明,在 $x-y$ 平面完整的雷诺应力完全可由两个独立测量,也就是说非同时测量求解获得($\overline{u'^2_x}$和$\overline{u'^2_y}$)。与6.2节针对图6.7提出的三次测量比较,这里提出的方法在简化湍流测量方面明显表现出了优越性。这种可达性仅仅建立在如式(8.2)详细说明的零相关性条件$\overline{u'_1 u'_2} = 0$的基础之上。因为这个原因,以上提出的方法被称为零相关法。

在式(8.15)中令 $\varphi=0$,可获得湍流剪应力如下:

$$\overline{u'_x u'_y} = \frac{1}{2}\tan2\bar\varphi(\overline{u'^2_x} - \overline{u'^2_y}) \tag{8.16}$$

结合式(8.6)可得到:

$$\overline{u'_x u'_y} = \frac{\bar u_x \bar u_y}{\bar u_x^2 - \bar u_y^2}(\overline{u'^2_x} - \overline{u'^2_y}) \tag{8.17}$$

式(8.16)类似于式(6.15),它可直接用于图8.1(a)。

8.3 零相关法的拓展

8.3.1 非正交速度分量

8.2节介绍的零相关法将用于二维平面如 u_x 和 u_y 的正交速度分量,就像图8.1(a)所示的情况一样。由于如图8.1(b)所示的LAD布置也常常会用到这样的方法,因此ZCM必须进行改进以便扩展它的应用。

由式(8.14),湍流正应力$\overline{u'^2_y}$可被定义为

$$\overline{u'^2_y} = \frac{\cos\varphi\cos(2\bar\varphi - \varphi)\overline{u'^2_x} - \cos2\bar\varphi\,\overline{u'^2_\varphi}}{\sin\varphi\sin(2\bar\varphi - \varphi)} \tag{8.18}$$

式(8.18)表明,由二维平面获得的两个非正交湍流分量$\overline{u'^2_x}$和$\overline{u'^2_\varphi}$的测量结果,也可以获得同一平面的湍流分量$\overline{u'^2_y}$。我们再一次遇到正交正应力的情况,在8.2节,特别是式(8.16)获得的所有结果均可被应用。平均流向角可根据式(8.5)计算获得,同时,平均速度分量$\bar u_y$可由式(8.1)获得。

8.3.2 三维流动湍流度

以上介绍的计算方法用于二维湍流特性的计算。为了把ZCM用于笛卡儿坐标系内的三维湍流,可考虑把式(8.17)作为其他湍流分量的参考。所有湍流应力可以矩阵形式表示如下:

$$\overline{u'_i u'_j} = \begin{vmatrix} \overline{u'^2_x} & \dfrac{\bar{u}_x \bar{u}_y}{\overline{u}^2_x - \overline{u}^2_y}(\overline{u'^2_x} - \overline{u'^2_y}) & \dfrac{\bar{u}_x \bar{u}_z}{\overline{u}^2_x - \overline{u}^2_z}(\overline{u'^2_x} - \overline{u'^2_z}) \\[4mm] \dfrac{\bar{u}_x \bar{u}_y}{\overline{u}^2_x - \overline{u}^2_y}(\overline{u'^2_x} - \overline{u'^2_y}) & \overline{u'^2_y} & \dfrac{\bar{u}_y \bar{u}_z}{\overline{u}^2_y - \overline{u}^2_z}(\overline{u'^2_y} - \overline{u'^2_z}) \\[4mm] \dfrac{\bar{u}_x \bar{u}_z}{\overline{u}^2_x - \overline{u}^2_z}(\overline{u'^2_x} - \overline{u'^2_z}) & \dfrac{\bar{u}_y \bar{u}_z}{\overline{u}^2_y - \overline{u}^2_z}(\overline{u'^2_y} - \overline{u'^2_z}) & \overline{u'^2_z} \end{vmatrix} \quad (8.19)$$

显然，三个非同步测量就足以获得带有 9 个参数的雷诺应力矩阵，在这里，由三个非同步测量就可获得流场中某一固定点的平均速度($\bar{u}_x$、$\bar{u}_y$ 和 $\bar{u}_z$)和湍流分量($\overline{u'^2_x}$、$\overline{u'^2_y}$ 和 $\overline{u'^2_z}$)。ZCM 的优势再一次得到验证。

8.4　零相关法(ZCM)的限制及验证

应用零相关法可以简化湍流度测量，但其只是一种近似方法，因此需要考虑各自的应用限制和准确度。由式(8.14)和式(8.15)，很明显主流方向角 $\bar{\varphi}$ 不应当等于或非常接近45°。这种限制在完成 u_x 和 u_y 测量时由式(8.16)也能得到证实。因此，推荐在进行测量时布置合适的 $x-y$ 坐标系，最好 x 轴与主流方向设置成接近一致。

由 ZCM 引起的测量误差大小取决于被测流场湍流度的均匀性。事实上，只要根据式(8.2)确定的零相关条件得到充分满足，这种方法即可获得准确的测量结果。但也始终存在着这样一种情况，局部流动对流场内刚性表面或者边界层的影响不敏感。此时，可引入一种实践检验方法(Zhang 和 Eisele 1998a，Zhang 1999)，通过强制循环测量湍流通道流场。在验证测量中，使用了二维同步 LDA 系统，以便直接获得湍流应力$\overline{u'^2_x}$、$\overline{u'^2_y}$和$\overline{u'_x u'_y}$。基于这样的测量方法，ZCM 的验证也可通过下面的计算完成：

(1) 由同步测量速度分量 u_x 和 u_y，对于每一个给定的方向角 φ，其他的速度分量 u'_φ 和 $u'_{\varphi+90°}$可根据式(6.4)经由坐标变换计算如下：

$$u_\varphi = u_x \cos\varphi + u_y \sin\varphi \quad (8.20)$$

$$u_{\varphi+90°} = -u_x \sin\varphi + u_y \cos\varphi \quad (8.21)$$

然后计算协方差，也就是速度脉动 u'_φ 和 $u'_{\varphi+90°}$ 之间的相关性如下：

$$\overline{u'_\varphi u'_{\varphi+90°}} = \sum_{i=1}^{N}(u_\varphi - \bar{u}_\varphi)(u_{\varphi+90°} - \bar{u}_{\varphi+90°}) \quad (8.22)$$

该协方差不但真实表述了湍流剪应力，而且是方向角 φ 的函数。

(2) 对于每个给定的方向角 φ，协方差$\overline{u'_\varphi u'_{\varphi+90°}}$也可根据式(8.15)由两个正应力$\overline{u'^2_x}$和$\overline{u'^2_y}$直接计算获得。由于这个方程是应用零相关法的结果，因此其计算结果被认为是近似的。

（3）比较（1）和（2）各自获得的计算结果。

这种验证程序被应用于验证测量（Zhang 和 Eisele 1998a, Zhang 1999）。图 8.3（a）给出了给定方向角 φ 的前提下各自计算结果的对比。显然，ZCM 具有较好的测量结果。

对于湍流分量 $\overline{u_\varphi'^2}$，同样的验证也可被完成。一方面，该分量可由获得的速度测量数据根据式（8.20）进行计算，这种方法可获得偏差的准确值。另一方面，该分量也可根据式（8.12）由 $\overline{u_x'^2}$ 和 $\overline{u_y'^2}$ 直接计算获得，这种方法可获得偏差的近似值。根据提到的验证测量方法，两种计算结果的对比如图 8.3（b）所示，显然，也可获得同样的满意结果。

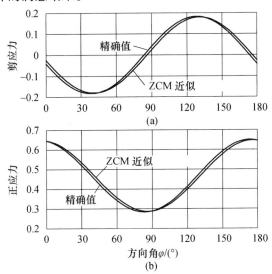

图 8.3 通过在定向分布上的精确湍流应力与 ZCM 计算获得的湍流应力
（Zhang 和 Eisele 1998a）对比，实现 ZCM 的实验验证

如果 ZCM 应用于湍流边界层，严格地讲，根据式（8.2）确定的零相关条件并不满足。考虑到在主流方向上 $u_1 = u_x$，在垂直方向上 $u_2 = u_y$，在湍流边界层，虽然在 ZCM 中做了假设，但协方差 $\overline{u_1'u_2'}$ 即 $\overline{u_x'u_y'}$ 是到壁面距离的函数，因此它不会消失。当把 ZCM 应用于湍流边界层，由于假设 $\overline{u_x'u_y'} = 0$ 而导致误差增加的这一情况，Zhang 和 Zhang（2002）已经进行了分析。大家知道，关于在某一确定壁面距离 y^+ 的湍流应力 $\overline{u_x'^2}$、$\overline{u_y'^2}$ 和 $\overline{u_x'u_y'}$，正应力和剪应力的定向分布可以分别根据式（6.13）和式（6.14）进行计算。另一方面，这些定向分布也可根据假设 $\overline{u_x'u_y'} = 0$ 来计算，这个假设事实上模拟 ZCM 的应用。图 8.4 所示为在湍流边界层上对壁面距离 $y^+ = 90$ 的湍流状态，根据上述方法分别计算获得的湍流应力计算结果比较图。可以肯定地说，在这个应用中，ZCM 提供了十分满意的结果。这显然主要归功于这样一个事实，即在计算正应力和剪应力的三角函数中，其幅

值主要由正应力$\overline{u_x'^2}$和$\overline{u_y'^2}$决定。在 ZCM 中假设$\overline{u_x'u_y'}=0$仅仅导致不同湍流应力在定向分布上的平移。在实际应用中,这确实是一个应用需求问题,即产生的最终误差能否被接受或者不被接受。

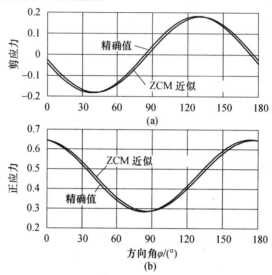

图 8.4 对于壁面距离$y^+=90$的湍流边界层流动,在定向分布上的精确湍流应力与 ZCM 计算获得的湍流应力对比(Zhang 和 Zhang 2002)

第9章

双测量法(DMM)

9.1　分辨二次流的可能性

　　LDA 测量是速度分量的测量。这意味着,测出来的速度分量总是用作 LDA 光学系统的坐标。直接测量流场坐标系中的速度分量时,LDA 的坐标要与流场坐标一致。在其他情况下,可以通过坐标变换得出流场中所有相关速度分量,这在第 6 章中已有介绍。相应地,在实际应用中 LDA 用户总是尽量确保两个坐标系之间能够精确重合或者精确旋转一定的角度。对准误差通常都认为比较小而忽略不计。绝大多数流动测量都是这样认定,因此尽管存在测量误差,流动测量中得出的结果仍然可以反映出实际流场。然而,与此相反,也有这样的情况,LDA 坐标与流场坐标之间小小的对准误差可能会导致完全曲解实际流场。例如,Zhang 和 Parkinson(2001,2002)对水斗式水轮机(Pelton)的高速射流中非常微弱但非常重要的二次流结构进行测量时(图 9.1),就遇到过这样的情况。主要问题是,通常,要将 LDA 测量时的速度分量 u 和 v 与射流的速度分量 u_x(轴向)和 u_t(切向)完全重合是不可能的。因此,必然有小的对准误差 $\tau \neq 0$,这意味着:测得

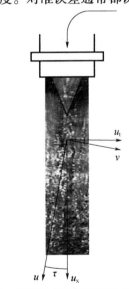

图 9.1　可能没有准确对准的 LDA 系统与高速射流之间的坐标以及射流交叉区域二次流分解的有关问题

的速度分量 v 另外还包含一部分轴向速度分量,即

$$v = u_t \cos\tau + u_x \sin\tau \qquad (9.1)$$

　　虽然偏角 τ 这一误差参数通常非常小,但由于高速射流中轴向速度分量 u_x

的值比较高,上述方程中 $u_x \sin\tau$ 这一项可能仍然非常大。这时,该项相当于甚至大于 $u_t \cos\tau \approx u_t$ 项,所以用 u_t 表示的二次流流态将会比较容易甚至完全曲解测量结果。正因为这个原因,上述高速射流交叉区域的二次流无法直接或间接地通过坐标变换得出。

只有精确地确定对准误差即偏角 τ 并修正计算持续测量时间,才能从根本上解决因 LDA 无法精确对准而产生的这一问题。针对上述水流高速射流的二次流结构测量,已经开发出一种称为双测量法(DMM)的测量方法,用该测量法准确地确定了 LDA 与射流对准的几何偏差。找出对准误差后,就可以正确评估测量数据了。这涉及可用 DMM 检测到的一个相当有趣的流动现象。

双测量法源自两向测量原理,该原理有时也称"两步法"。最有名的例子是 Michelson - Morley(迈克尔逊 - 莫雷)实验(Hecht,1990),如果光速在不同方向上有差异,那么使用该实验原理,将装置在水平方向上旋转 90° 后可以测出这种差异。另外一个与 LDA 技术直接相关的例子是准确地检测出了产生在激光束对中两束激光之一的恒定移频,这在第 18 章会进行介绍。

本章将首先介绍双测量法在具有复杂二次流结构的高速射流中的首次应用(Zhang 和 Parkinson,2001,2002)。然后对可以应用到其他特殊情况下的 DMM 拓展形式进行介绍(Zhang,2005)。

读者可能比较关心的是如何让激光束射入有湍流并且表面不透明的射流中。第 18 章将介绍一些运用光楔的相关测量技术应用实例。

9.2　双测量法的基本形式

最初开发双测量法的目的是为了准确分解水斗式水轮机高速射流的二次流结构。如图 9.2(a)所示,射流由与弯管相连的喷嘴喷出。如图 9.2(b)所示的基于切向速度分量的 LDA 测量,由于弯管的作用以及因此产生的流动状态变化,经弯管后的流动呈现出管道横截面上二次流结构的特点。这是一个典型的二次流流态,该流态清楚地呈现出了有流动旋转的两个相同区域。虽然这里暂时没有指出怎样测量二次流结构,但是先从测量后的结果可以看出流体流经喷嘴的过程中流动结构没有发生变化,如图 9.2(c)所示。尽管这只是一个小尺度的二次流结构,但它体现出了射流不稳定性的主要原因。如图 9.2(a)所示,相关二次流导致射流表面产生水滴串是射流受到扰动的最主要因素之一。对这里提及的高速射出水流的二次流结构进行测量是一件非常艰巨的任务,这也只能用 DMM 来完成。

如图 9.3(a)所示,为了便于 LDA 系统对射流轴线周围所有方向的射流进行测量,该系统上有一个用来安装 LDA 测量头的支撑台。安装在该支撑台板上的 LDA 测量头可以来回移动,以便测量射流的速度剖面。有关激光束射入和对带湍流且表面粗糙的射流进行测量的技巧方法,读者可以参阅第18章。

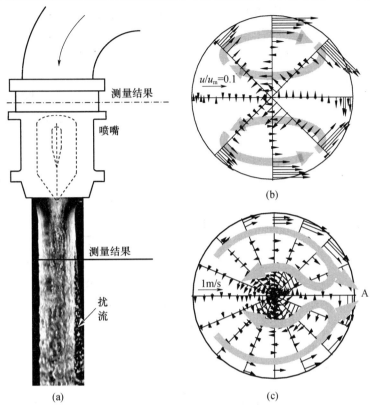

图9.2 用双测量法(DMM)准确分解水轮机高速射流
二次流的应用实例(Zhang 2009)

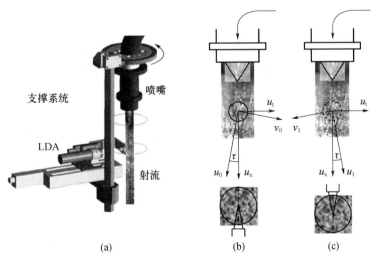

图9.3 用DMM准确分解水轮机高速射流二次流结构的原理

该 LDA 光学系统对准后可以用来直接测量切向速度分量而不用坐标变换。如图9.3(b)所示,假设对准误差即偏角 $\tau \neq 0$ 时,测得的速度分量为

$$v_0 = u_t \cos\tau + u_x \sin\tau \tag{9.2}$$

定义图9.3所示的方向为正偏角方向。

这样构架双测量法的目的是为了通过简单地绕射流轴180°旋转 LDA 测量头对其他流动进行测量(图9.3(c))。旋转测量系统时,该对准误差即偏角 τ 可以认为是常数。这时在同一点上测得的射流速度分量 v 就可以用下式来表示:

$$v_1 = -u_t \cos\tau + u_x \sin\tau \tag{9.3}$$

式(9.3)等号右边第二项就是轴向速度分量 u_x 产生的那部分结果。当实际 LDA 装置在 $\tau = 0$ 时,有

$$v_1 = -v_0 \tag{9.4}$$

该方程是评判 LDA 是否无瑕对准以直接测量速度分量 u_t 的依据。v_1 和 v_0 这两个值是关于 $v = 0$ 的镜像值。这两个理想"镜像"中的速度分量 v_1 和 v_0 或多或少要受到 LDA 系统对准 $\tau \neq 0$ 时的误差的影响。因此,可以这样认为:式(9.4)得出的任何偏差都是偏角 τ 的定量关系。既然偏角 τ 实际上是几何或机械装置误差,因此,它本质上会导致系统误差,根据式(9.2)和式(9.3),该系统误差为 $u_x \sin\tau$。速度测量中的这种系统误差称为速度漂移,因为在式(9.2)和式(9.3)这两个方程中它都表示一个附加量。

由式(9.2)和式(9.3)得出

$$v_{sh} = u_x \sin\tau = \frac{v_0 + v_1}{2} \tag{9.5}$$

而且当 $\tau \ll 1$ 时

$$u_t = \frac{v_0 - v_1}{2} = v_0 - v_{sh} \tag{9.6}$$

已经明确的是,通过对同一流动进行两次测量,可以准确地测出速度漂移,该速度漂移结果代表了 LDA 对准误差。采用这种射流双测量法可以准确测定切向速度分量,而用其他方法是无法准确测出来的。因此,称这种测量方法为双测量法(DMM)。

因为认为速度漂移 v_{sh} 是 LDA 装置涉及的一种系统误差,所以只需要利用 DMM 对流动中的某一定点进行测量就可以确定该误差结果。然后,可以根据式(9.6)直接应用这一测量结果来修正流动中其他测量点上得到的测量结果。

在上述示例中,用双测量法来确定偏角 τ 和相关速度漂移。图9.4(a)给出的是从穿过射流的同一速度剖面中已经测出的两条数据曲线。因为测量的是同一速度剖面,所以可以得到两次测量结果的"镜像"。也就是说,如果偏角 τ 为零,两个速度剖面应该对称地分布在 $v = 0$ 这条中线的两侧。关于 $v = 0$ 对称的偏差,测量结果对应于方程(9.5)计算出来的速度漂移结果如图9.4(a)所示。

本示例中,速度漂移的读数是 0.4m/s,它对应的偏角是 $\tau = 0.92°$($u_x = 25m/s$ 时)。显然,这一角度非常小。然而,相关速度漂移结果较现有速度分量本身属于同一量级甚至更高量级。如图 9.4(b)所示,根据图 9.4(a)中测定的速度漂移结果,可以迅速对测量结果进行修正。随后,就可以发现修正后的这两次测量结果不出所料,以 $v = 0$ 互为镜像。

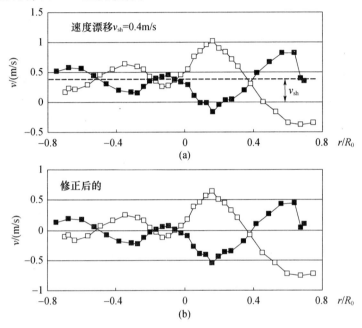

图9.4　利用 DMM 测定的速度漂移结果和修正后的
跨射流测量结果

根据现有系统中恒定系统误差 $v_{sh} = 0.4$,图 9.2(c)已经给出了射流截面区域的整个二次流结构的测定与修正结果。显然,该二次流包含了两个对转涡流,这两个涡流呈现出来的流动结构与管道中喷嘴前流动的相同。两个流动区域的两股水流在 A 点汇合。由于没有任何刚性边界可以导引射流,流体从射流中溢出,并因此形成一串串的水滴,早在半个多世纪以前,在水力电站的水斗式水轮机中就可以经常观察到这种现象(Zhang 2009)。

图 9.4(a)与 9.4(b)之间的比较可以说明:小的偏角 τ 也可能导致对流动的完全曲解。实际上,9.4(a)中的这两个测量结果哪一个都没有真实地反映出流动。射流截面区域的真实流态包含旋涡流结构(图 9.2(c)),每个未修正测量结果(图 9.4(a))只表明的是几乎 $v > 0$ 的流体的横向运动。

基本上,在流动中某一单点用 DMM 就足以测出偏角 τ 和因此产生的以速度漂移形式 v_{sh} 表示的系统误差。在图 9.4 所示的现有示例中,双测量法已经应用于整个射流研究。按照图 9.3 所示构架的测量系统,完全可以实现这点。整个射流速度漂移结果恒定,这直接证实了DMM的可靠性。因此,由于存在系统误差而引起的速度漂移已经可以得到证实。

需要强调的是:当偏角τ恒定并旋转LDA支撑系统时,速度漂移只能认为是一个恒定的系统误差。因此,DMM应用的前提条件是需要偏角τ具有一致性。

9.3　双测量法的坐标变换

9.4节会介绍直接双测量法。它之所以称为直接法,是因为在该应用实例中首先设定LDA坐标与流动坐标重合,即$u = u_x$,$v = u_y$和$w = u_z$。有时,需要相对流动系统将LDA坐标系旋转α角度,这样,在这两个坐标系之间通常就会存一个坐标变换矩阵$\boldsymbol{R}(\alpha)$(见第6章)。

一个坐标系相对另一坐标系的旋转角度并非都会很精确,因此认为其真实值中会包含一个小的LDA对准误差即偏角$\tau(\ll 1)$,所以,如图9.5所示,有$\alpha + \tau$。在一般情况下,二次流中要测量的速度分量记为u_y,而不是9.2节示例中用到的u_t。

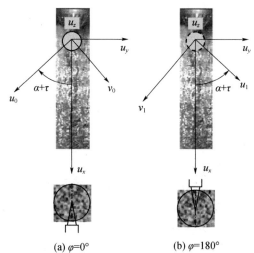

(a) $\varphi = 0°$　　　　(b) $\varphi = 180°$

图9.5　用来精确分解高速射流二次流结构的DMM原理

如图9.5(a)所示,对准双分量LDA测量头就可以用来测量速度分量u_0和v_0。因而,容易得出流动系统中的速度分量u_x和v_y:

$$u_x = u_0 \cos(\alpha + \tau) + v_0 \sin(\alpha + \tau) \tag{9.7}$$

$$u_y = -u_0 \sin(\alpha + \tau) + v_0 \cos(\alpha + \tau) \tag{9.8}$$

因为对准误差τ比较小,在轴向速度分量u_x上产生的变化很小,可以忽略不计,所以在式(9.7)中可以认为$\tau = 0$。这样,u_x就可以当作一个不受对准误差τ

影响的分量。因为 $\tau \ll 1$，所以将近似值 $\sin(\alpha + \tau) \approx \sin\alpha + \tau\cos\alpha$ 和 $\cos(\alpha + \tau) \approx \cos\alpha - \tau\sin\alpha$ 代入式(9.8)，然后可以得出

$$u_y = (-u_0\sin\alpha + v_0\cos\alpha) - u_x\tau \tag{9.9}$$

并且因为速度漂移有 $v_{sh} = u_x\tau$，可进一步得出

$$u_y = (-u_0\sin\alpha + v_0\cos\alpha) - v_{sh} \tag{9.10}$$

与式(9.5)类似，因为 $\tau \ll 1$，速度漂移再次以 $v_{sh} = u_x\sin\tau$ 即 $v_{sh} \approx u_x\tau$ 形式出现。并且，可以再次确定正是这一误差导致了测量结果的变化。基本上，速度分量 u_y 取决于式(9.10)中等号右边的首项，如果 $\tau = 0$ 为真时，这点才会成立。对准误差 τ 导致的速度漂移 v_{sh} 会明显影响速度分量 u_y 的确定，本章最后一节将对此进行介绍。

要检查式(9.10)中的速度变化量，就需要再次运用双测量法。这意味着，如图9.5(b)所示，LDA 装置需要绕 x 轴转动180°。这里注意要让作为系统误差的偏角 τ 保持不变。

如图9.5(b)，仿照式(9.8)，速度分量 u_y 可以直接写成

$$u_y = u_1\sin(\alpha + \tau) - v_1\cos(\alpha + \tau) \tag{9.11}$$

根据推导式(9.10)的类似算法，以及刚得到的关系式 $u_x = u_1\cos\alpha + v_1$，可以得出

$$u_y = (u_1\sin\alpha - v_1\cos\alpha) + v_{sh} \tag{9.12}$$

这证明式(9.10)和式(9.12)是分解速度漂移和速度分量 u_y 的基本方程，因此得出

$$v_{sh} = u_x\tau = \frac{v_0 + v_1}{2}\cos\alpha - \frac{u_0 + u_1}{2}\sin\alpha \tag{9.13}$$

$$u_y = \frac{u_1 - u_0}{2}\sin\alpha + \frac{v_0 - v_1}{2}\cos\alpha \tag{9.14}$$

当 $\alpha = 0$ 时，可以分别得出式(9.5)和式(9.6)。

基本上，DMM 坐标变换在这种情况下的应用才算完成。虽然，看起来式(9.14)中的速度分量 u_y 没有通过速度漂移计算而是直接通过双测量法得出的，但是，它还是明显反映出了 LDA 对准的误差。在同一套 LDA 系统和相同光路下，它也将按照式(9.10)来修正流动中其他点的测量结果。实际应用中，可以在开展 LDA 测量之前通过先假设可能的对准偏差 τ，然后根据 $v_{sh} = u_x\tau$ 来估算出可能的速度漂移结果。当估算出来的速度漂移结果相比速度分量 u_y 可以忽略不计时，就不必要再用双测量法。

有时采用速度分量 u_x 进行计算可能更加方便，因为 u_x 通常假定是已知的。出于这一目的，须要重新考虑图9.5所示的两种情况。LDA 系统的速度分量 v 可以表示为

$$v_0 = u_x\sin(\alpha + \tau) + u_y\cos(\alpha + \tau) \tag{9.15}$$

$$v_1 = u_x\sin(\alpha+\tau) - u_y\cos(\alpha+\tau) \tag{9.16}$$

由这两个方程,且 $\sin(\alpha+\tau)\approx\sin\alpha+\tau\cos\alpha$,有

$$\frac{v_0+v_1}{2} = u_x\sin(\alpha+\tau) = u_x\sin\alpha + u_x\tau\cos\alpha \tag{9.17}$$

因此,速度漂移可以分解成

$$v_{sh} = u_x\tau = \frac{v_0+v_1}{2\cos\alpha} - u_x\tan\alpha \tag{9.18}$$

式(9.18)与式(9.13)完全等价。

尤其由式(9.15)和式(9.16)可以直接得出

$$u_y = \frac{v_0-v_1}{2\cos(\alpha+\tau)} \approx \frac{v_0-v_1}{2\cos\alpha} \tag{9.19}$$

该方程完全等价于式(9.14)。而且,当 $\alpha=0$ 时,还可以再次得出式(9.6)。

9.4　双测量法的拓展

两次测量结果成"镜像视图"是双测量法(DMM)构建的基础。通过直接比较同一速度分量的两次测量结果,可以准确地确定 LDA 的对准误差和由此引起的速度漂移。然而,在180°时往往不可能对用于第二次测量的 LDA 测量头进行定位。这会迫使 LDA 测量头以另一个角度定位以便开展 DDM 应用,采取这样一种方式得出的测量结果就不能与第一次的测量结果进行比较,因为这时测得的是两个不同的速度分量。这意味着,两次测量一般不足以用来确定对准误差和相关的速度漂移结果。Zhang(2005)已经开发并实验验证了这样一种 DMM 应用扩展方法,即从三个不同方位角 φ 任意地对流动中某一定点进行三次测量。该方案是对于流场中的一个固定点,从三个不同的方位角测得的三个速度分量必须位于同一平面内,并因此与某个特殊的平面向量相关,这时 LDA 坐标系与流动坐标系对准就没有误差。否则,就不会存在这个特殊的平面向量,这时,LDA 坐标系与流动坐标系对准有误差 $\tau\neq0$。实际上,这一概念在图9.3中已经清晰地反映出来了。由于对准误差 $\tau\neq0$,测量出来的这两个测量速度分量 v_0 和 v_1 并不位于垂直于射流轴线的平面上。

9.4.1　分量的直接测量

流动坐标系上的流动用 $\boldsymbol{u}_{flow} = (u_x, u_y, u_z)$ 来表示,其中用 u_x 表示主要流动方向上的分量。图9.3所示为带轴向分量 u_x 的射流。速度向量 $\boldsymbol{u}_{LDA} = (u, v, w)$ 包含了一些与 LDA 有关的速度分量。在应用双分量 LDA 系统时,测得的速度分量通常分别用 u 和 v 来表示。LDA 坐标系与流动坐标系之间理论上的精确重合记为 $u = u_x$ 和 $v = v_y$。测量流动用的 LDA 测量头的有关装置(图9.6(a)、(b))

是 LDA 系统的基础装置。这一基础装置的偏差取决于：

（1）偏角 $\tau \neq 0$。该参数未知,需要通过测量来确定。这里 τ 是图9.3中速度分量 u 和 u_x 之间的夹角。

（2）LDA 绕 x 轴的旋转角度,绕轴旋转是为了从其他两个方位进行测量（图9.6(c),$\varphi = \varphi_1$ 和 $\varphi = \varphi_2$）。

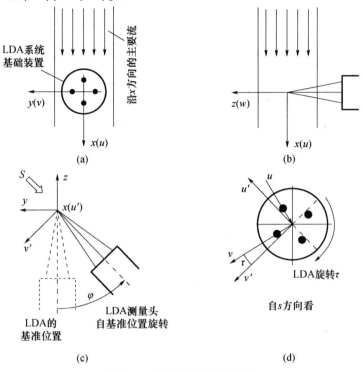

图9.6　双测量拓展法示意图

从定义为 τ 和 φ 的两个偏差角,应该可以构建出两个坐标系上速度分量之间的大致关系。预计速度漂移将再次以 $v_{sh} = u_x \tau$ 形式出现。相继分步根据基础装置（图9.6(a),$u = u_x$ 和 $v = u_y$）求出 τ 和 φ,这样就可以将 LDA 对准在数学上简化为以 τ 和 φ 为参数的对准。第一步,当 LDA 测量头按照 φ 角度绕 x 轴旋转时（图9.6(c)）,LDA 系统和流动系统这两者的速度分量之间的关系可以表示为

$$u' = u_x \tag{9.20}$$

$$v' = u_y \cos\varphi - u_z \sin\varphi \tag{9.21}$$

或者是下述矩阵这种形式：

$$\begin{bmatrix} u' \\ v' \end{bmatrix} = \boldsymbol{R}' \begin{bmatrix} u_x \\ u_y \\ u_z \end{bmatrix} = \begin{bmatrix} 1 & 0 & 0 \\ 0 & \cos\varphi & -\sin\varphi \end{bmatrix} \begin{bmatrix} u_x \\ u_y \\ u_z \end{bmatrix} \tag{9.22}$$

随后,LDA 测量头绕其轴以 τ 角度旋转(图 9.6(d))。速度分量之间的相应关系用下式来表示:

$$\begin{bmatrix} u \\ v \end{bmatrix} = \boldsymbol{R}'' \begin{bmatrix} u' \\ v' \end{bmatrix} = \begin{bmatrix} \cos\tau & -\sin\tau \\ \sin\tau & \cos\tau \end{bmatrix} \begin{bmatrix} u' \\ v' \end{bmatrix} \tag{9.23}$$

根据式(9.22)和式(9.23),得到以角度 τ 和 φ 为参数的两个坐标系的速度分量之间的大致关系:

$$\begin{bmatrix} u \\ v \end{bmatrix} = \boldsymbol{R} \begin{bmatrix} u_x \\ u_y \\ u_z \end{bmatrix} = \begin{bmatrix} \cos\tau & -\cos\varphi\sin\tau & \sin\varphi\sin\tau \\ \sin\tau & \cos\varphi\cos\tau & -\sin\varphi\cos\tau \end{bmatrix} \begin{bmatrix} u_x \\ u_y \\ u_z \end{bmatrix} \tag{9.24}$$

且 $\boldsymbol{R} = \boldsymbol{R}''\boldsymbol{R}'$。

式(9.24)反映出了基准 DDM(如 9.2 节所述)和 DDM 拓展法这两者的原理。事实上,当 $\varphi_0 = 0$ 和 $\varphi_1 = 180°$,能得出 v_0 和 v_1,这两者分别等于式(9.2)和式(9.3)。相应地也可以得出式(9.5)和式(9.6)。

正如本节开头提到的,在 $\varphi_1 = 180°$ LDA 测量头定位无效时,需要在流动中某一个固定点进行三次单独的测量,以确定速度漂移结果。例如,要实现这一目的,就需要把测量体定位于 x 轴($y = 0, z = 0$)设定 LDA 三个方位角 $\varphi = 0$、φ_1 和 φ_2。根据测量结果得出速度分量之间的下述关系式,并根据式(9.24)得出实际流场:

$$v_0 = u_x\sin\tau + u_y\cos\tau \tag{9.25}$$

$$v_1 = u_x\sin\tau + u_y\cos\varphi_1\cos\tau - u_z\sin\varphi_1\cos\tau \tag{9.26}$$

$$v_2 = u_x\sin\tau + u_y\cos\varphi_2\cos\tau - u_z\sin\varphi_2\cos\tau \tag{9.27}$$

这三个速度分量表示的是应用 LDA 方法在流动中某一定点从三个不同方位角测出的那些结果。它们将用于确定 LDA 对准误差和相关速度漂移,以便最终精确地确定速度分量 u_y。

消掉式(9.26)和式(9.27)中的 $u_z\cos\tau$,可以得出

$$v_1\sin\varphi_2 - v_2\sin\varphi_1 = u_x\sin\tau(\sin\varphi_2 - \sin\varphi_1) + u_y\cos\tau\sin(\varphi_2 - \varphi_1) \tag{9.28}$$

式(9.28)中的 $u_y\cos\tau$ 项将用式(9.25)的同项来替换。速度漂移最后可以分解为

$$v_{sh} = u_x\sin\tau = \frac{(v_1\sin\varphi_2 - v_2\sin\varphi_1) - v_0\sin(\varphi_2 - \varphi_1)}{(\sin\varphi_2 - \sin\varphi_1) - \sin(\varphi_2 - \varphi_1)} \tag{9.29}$$

这样,由式(9.25)以及 $\cos\tau \approx 1$ 可以得出实际速度分量为

$$u_y = v_0 - \sin\tau \cdot u_x = v_0 - v_{sh} \tag{9.30}$$

式(9.29)表示的是用三次单独的测量来确定速度漂移的 DMM 扩展法。只要速度漂移是通过这种方式得到的,就可以代入式(9.30),以确定的速度分量 u_y,得出的这个速度分量与式(9.6)中的完全相同并且是二次流的速度分量。适用该方法的前提是需要保持偏角 τ 在测量系统中是一个恒定的系统误差。例

如,可以通过图 9.3(a)所示的这类适当的机械系统来确保这点。

建议把 LDA 测量体定位于 x 轴,以确定 LDA 系统设置误差以及相关速度漂移。这样,LDA 用户只需要旋转 LDA 支撑系统,而无需重新对准测量体。

利用图 9.2(c)给出的测量结果,可以相继验证式(9.29)的可靠性,如图所示,射流轴线上的流动测量了 8 次。根据式(9.29),只需三个初始测量的任意组合就可以计算用作系统误差的速度漂移。相应计算(共 56 种组合)证明了速度漂移的一致性比较好,在 $v_{sh} = 0.4 \text{m/s}$ 时的最大不确定度大约是 14%。

此外,式(9.29)也说明:要确定速度漂移,仅需测量 v 分量就可以了。换句话说,可以应用单分量 LDA 测量系统。

最后,也可以推导出测量点的速度分量 u_z。例如,根据式(9.26),这一速度分量为

$$u_z = \frac{u_x \sin\tau + u_y \cos\varphi_1 \cos\tau - v_1}{\sin\varphi_1 \cos\tau} \tag{9.31}$$

根据 $v_{sh} = u_x$ 和自式(9.30)得出的 u_y,以及因 $\tau \ll 1$ 得 $\cos\tau \approx 1$,上述方程可以化为

$$u_z = \frac{(v_0 - v_{sh})\cos\varphi_1 - (v_1 - v_{sh})}{\sin\varphi_1} \tag{9.32}$$

相应地,也可以根据式(9.27)计算出这一速度分量:

$$u_z = \frac{(v_0 - v_{sh})\cos\varphi_2 - (v_2 - v_{sh})}{\sin\varphi_2} \tag{9.33}$$

合并式(9.32)和式(9.33),消去 v_0,得出

$$u_z = \frac{(v_1 - v_{sh})\cos\varphi_2 - (v_2 - v_{sh})\cos\varphi_1}{\sin(\varphi_2 - \varphi_1)} \tag{9.34}$$

最后这三个方程式完全等价。

9.4.2　坐标变换的方法

9.2 节介绍的是这样一种 DMM 应用情况,即 LDA 坐标系相对流场坐标系旋转角度 $\alpha + \tau$(见图 9.5),旋转角包括未知的对准偏差 τ。基于两个速度的"镜像"及其比较,可以对视为系统误差的速度漂移进行确定。如果在 $\varphi = 180°$ 不可能定位 LDA 测量头时,"镜像"就可能会受到约束。像最后一节中示例一样处理,需要在流动中某一个固定点进行三次单独的测量,以确定因对准误差产生的速度漂移。显然,转过 $\alpha + \tau$ 角度的测量头(图 9.5(a))需要先后定位于 $\varphi = 0$、φ_1 和 φ_2 等三个位置。LDA 系统与流场系统中的速度分量之间的关系式可通过 $\alpha = 0$ 时的式(9.24)来建立。因为角度 α 总是以 $\alpha + \tau$ 的形式出现,所以目前的用法是将偏角 τ 用 $\alpha + \tau$ 整个替换,以直接应用式(9.24)。根据式(9.25)~式(9.27),得到测量值与实际流动之间的如下关系式:

$$v_0 = u_x \sin(\alpha + \tau) + u_y \cos(\alpha + \tau) \tag{9.35}$$

$$v_1 = u_x \sin(\alpha + \tau) + u_y \cos\varphi_1 \cos(\alpha + \tau) - u_z \sin\varphi_1 \cos(\alpha + \tau) \tag{9.36}$$

$$v_2 = u_x \sin(\alpha + \tau) + u_y \cos\varphi_2 \cos(\alpha + \tau) - u_z \sin\varphi_2 \cos(\alpha + \tau) \tag{9.37}$$

应用 LDA 法,自三个不同方位角,从流动中某一固定点测出来的这些结果就是速度分量。

合并式(9.36)和式(9.37)以消除 $u_z \cos(\alpha + \tau)$ 项。得出以下结果,该结果类似于式(9.28):

$$v_1 \sin\varphi_2 - v_2 \sin\varphi_1 = u_x \sin(\alpha + \tau)(\sin\varphi_2 - \sin\varphi_1) + u_y \cos(\alpha + \tau)\sin(\varphi_2 - \varphi_1) \tag{9.38}$$

式(9.38)中的 $u_y \cos(\alpha + \tau)$ 用式(9.35)中的同项来替换,得到

$$u_x \sin(\alpha + \tau) = \frac{v_1 \sin\varphi_2 - v_2 \sin\varphi_1 - v_0 \sin(\varphi_2 - \varphi_1)}{\sin\varphi_2 - \sin\varphi_1 - \sin(\varphi_2 - \varphi_1)} \tag{9.39}$$

因为 $\tau \ll 1$,且 $\sin(\alpha + \tau) \approx \sin\alpha + \tau\cos\alpha$,所以速度漂移最后分解成

$$v_{sh} = u_x \tau = \frac{1}{\cos\alpha} \cdot \frac{(v_1 \sin\varphi_2 - v_2 \sin\varphi_1) - v_0 \sin(\varphi_2 - \varphi_1)}{(\sin\varphi_2 - \sin\varphi_1) - \sin(\varphi_2 - \varphi_1)} - u_x \tan\alpha \tag{9.40}$$

当 $\alpha = 0$ 时,式(9.40)简化成式(9.29)。LDA 测量头定位在 $\varphi_1 = 180°$ 时,上述方程又进一步变成与式(9.5)一样,式(9.5)表示的是 DDM 的基本形式。

当速度漂移由式(9.40)确定后,就可以根据式(9.35)得出速度分量 u_y。因为 $\tau \ll 1$,且 $\sin(\alpha + \tau) \approx \sin\alpha + \tau\cos\alpha$ 以及 $\cos(\alpha + \tau) \approx \cos\alpha$,所以得出

$$u_y = \frac{1}{\cos\alpha}(v_0 - u_x \sin\alpha) - v_{sh} \tag{9.41}$$

当 $\alpha = 0$ 时,上述方程简化成式(9.30)。

因为在式(9.40)和式(9.41)这两个方程中出现了速度分量 u_x,所以在 $\alpha \neq 0$ 的现有情况下要求用双分量 LDA 系统。

第 10 章

三维速度对称测量法

大多数激光多普勒风速仪（LDA）为二维速度测量系统。如遇需要测量三个速度分量的情况，则必须在进行必要的激光多普勒测速光学对准前提下实施两次单独的测量。这种需要光学对准的测量总是会导致成本高和耗时长。在一些特殊流动中，流动测量须在较短的时间内完成，此时，这种测量是不适用的。本质上，采用一个未经对准的二维激光多普勒测速系统直接测量三维速度分量的方法是不可靠的。然而，如果可以巧妙地利用流动分布的对称性，就可以成功完成所需的流动测量。本章主要涉及进行简单二维测量的方法，以及对测量数据客观的评估。

显然，最简单的实例是诸如燃烧室（器）流出的旋流。根据图 10.1，采用二维速度分量的激光多普勒测速光学系统进行全三维速度分量的测量方法是：首先沿 z 轴方向完成激光多普勒测量端部的定位，以保证能够实现轴向和径向速度分量的测量；然后完成沿 y 轴方向的定位，以保证能够实现切向速度分量的测量。这样即可在无需光学对准的情况下完成全部测量过程。本实例作为直接测量全三维速度分量的特例，无需对试验数据进行再处理。

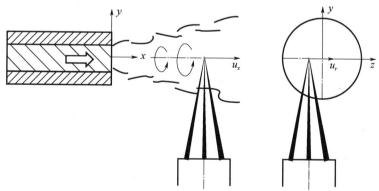

图 10.1   轴对称流动和全三维速度分量测量方法

实际上，上述测量的可能性存在于实际的任一种轴对称流动。图 10.2 给出了一种实际的水雾化工艺流程，其中雾化区域的流动具有明显的三维特征，却也

是关于 x – z 平面对称的。本实例(Zhang 等 1998,Zhang 和 Eisele 1999,Zhang 和
Ziada 2000)中,采用作为激光多普勒测速法拓展的相位多普勒测速法对雾化区
域内水滴分布进行测量。为定量评估相关雾化过程,当地的水滴质量流量是非
常重要的物理量。但这以测量流动流体中的各点全三维速度分量为前提。本章
介绍在不重新设置光学系统的情况下应用二维激光多普勒测速系统进行全三维
速度分量测量的方法,其中的主要工作就是测量设备的布置及其数据处理。这
似乎比图 10.1 所显示的实例更为复杂。

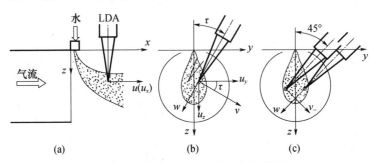

图 10.2　对称雾化流动和全三维速度分量测量方法

　　为显示这种测量方法广泛的适用性,本章将讨论由图 10.2 给出的测量实
例。对于其他测量实例和其他光学系统布置,使用者或许会找出关于测量数据
后处理的各种关系。

　　如图 10.2 所示,流体流动关于 x – z 平面对称。需要对二维的激光多普勒
测量端进行调准处理,使得光轴倾斜并与 y – z 平面形成夹角 τ。两个激光束组
件用来测量平行于 x 轴的速度分量 u 和在平行于 y – z 面的平面内的速度分量
v。其所处的二维坐标系(即激光多普勒测速系统坐标系)如图 10.2 所示,各个
速度分量分别由 u、v 和 w 表示;在流动坐标系中各个速度分量则分别以符号
u_x、u_y 和 u_z 表征。显然,$u_x = u$。流动坐标系中,因流动关于 x – z 平面对称,而有
$u_x(+y) = u_x(-y)$、$u_y(+y) = u_y(-y)$ 和 $u_z(+y) = u_z(-y)$。通过增减 y 轴坐
标值,保证测量时可在流动区域中连续和对称地设置确定测量体的位置
(图 10.2(b))。这种测量可通过将激光多普勒测量端口安装于精确移动机构
的方式较为容易地实现。

　　当流动坐标系中的速度分量 u_x 可直接测量获得时,由于存在 $u_x = u$,只要测
得速度分量 v 就可得到其他两个速度分量 u_y 和 u_z。通常,激光多普勒测速系统
坐标系中的速度分量 v 可由流动坐标系中的速度分量来表征。速度变换取决于
v 分量在 y 轴的正区域(+)还是负区域(–),且分别表示如下:

$$v_+ = u_y(+y) \cdot \cos\tau + u_z\sin\tau \tag{10.1}$$

以及

$$v_- = u_y(-y) \cdot \cos\tau + u_z\sin\tau \tag{10.2}$$

对称流动条件下,有 $u_y(+y) = -u_y(-y) = u_y$,就能够利用如下两个公式来获得速度分量 u_y 和 u_z。将式(10.1)减去式(10.2),或者两者相加,可得到

$$u_y = \frac{v_+ - v_-}{2\cos\tau} \tag{10.3}$$

$$u_z = \frac{v_+ + v_-}{2\sin\tau} \tag{10.4}$$

连同 $u_x = u$,上述公式可完全描述测量点在 $y > 0$ 的流动区域内的三维流动状态。由于特别规定了 $u_y = u_y(+y)$,则其适用于 $y > 0$ 的流动区域。上述公式中的速度分量 v_- 特指 $y < 0$ 区域内对称的共轭测量点。作为关于 $x-z$ 平面流动对称分布的结果,能够立即得到相对应的 $y < 0$ 区域内三维流动状态。

在如图 10.2(b)所示的激光多普勒测速系统坐标系中,当 $y > 0$ 时,第三个速度分量可由下式获得:

$$w = u_z \cdot \cos\tau - u_y\sin\tau = \frac{v_+ + v_-}{2\tan\tau} - \frac{v_+ - v_-}{2}\tan\tau \tag{10.5}$$

实际上,这是一个在轴上的速度分量。应用该方法的限制在于激光多普勒测速端口的倾斜角度不能为 $\tau = 0°$ 或 $\tau = 90°$。理想的倾斜角度显然是大约 $\tau = 45°$(图 10.2(c))。当 $\tau = 45°$ 时,则可由式(10.5)得到

$$w = v_- \tag{10.6}$$

这表明,在 $y < 0$ 区域流体内测量获得的速度分量 v 等于速度分量 w,亦即 $y < 0$ 流动区域内的在轴上的速度分量。这就是流场的对称性和激光多普勒测速时倾斜角 $\tau = 45°$ 的必然结果。

上面概述的方法说明,至少在激光多普勒调准中,全三维速度分量测量实现的可能性很大。显然,数据处理和算法同时取决于激光多普勒测速系统和流体流动的坐标系。如果激光多普勒测速系统得到的速度分量 u 与流动坐标系中的速度分量 u_x 不一致,则计算将会变得较为复杂。上面所介绍的计算过程显然是最为简单的。对于其他对称流动测量的实例,使用者可根据激光多普勒测速系统的实际布置情况自主进行计算处理。

第11章

非定常湍流

11.1 实际的非定常湍流

流动开始或停止的过程中,通常会出现不稳定的湍流流动现象。现实生活中也存在着诸如往复式发动机内部的周期性流动以及通过人工心脏瓣膜的脉冲式流动(Hirt 等 1994)。即便在定常(稳定)流动中,也会存在着局部非定常流动。如来自机翼尾缘处的交替涡流或离心泵叶轮出口流,如图11.1所示。

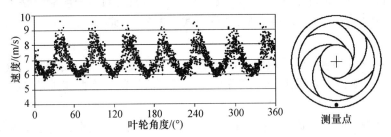

图11.1　由 LDA 测量的离心泵工作叶轮出口处不稳定流动速度
及其随叶轮角度变化的分布图

由此,这种非定常流动被表示为时间相关或相位相关的流动。大多数情况下,非定常流动也是湍流。因此,非定常流动现象通常被认为是由固有的(亦即强迫的)或由流动湍流所导致的流动不稳定性决定,通常,在气流形成和停止过程中,甚至在局部非定常流动中,流动湍流可被认为是局部非定常小尺度气流脉动,而不是强迫的流动状态变化。在评估非定常流动过程时,强迫的流动状态变化及其关于时间的相关特性更引起研究者的兴趣和关注。如图11.2所示,对于常见的非定常流动,流场中某个局部点(区域)的流动可由相应的速度分量来表示:

$$u(t) = \hat{u}(t) + u'(t) \tag{11.1}$$

强迫非定常流动速度 $\hat{u}(t)$ 由不规则的流动脉动叠加而成,而这种不规则的流动脉动则由强迫流动的速度分布通过速度偏差方式定量获得。借助于激光多普勒风速仪(LDA)方法,可实现对不稳定流动速度快速变化的高分辨率测量,并获得按时间序列变化的流动速度,由此可重构强迫非定常速度 $\hat{u}(t)$,亦即可通过最小二乘拟合法实现强迫非定常速度 $\hat{u}(t)$ 的回归。此种方法被广泛应用在基于实验测量的数据分析方面。

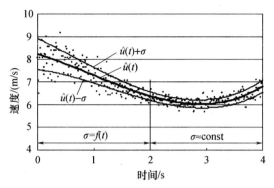

图 11.2　不稳定湍流流动及其数据处理方法

不符合拟合曲线的测量数据对应着速度脉动 $u'(t)$，由于其具有随机性，所以可认为是由流动紊流造成的。在处理非定常流动相关数据过程中，所采用的关于流动湍流的统计估计方法备受关注。对于具有时间相关性的流动脉动，可按照以下两种脉动类型加以区分：

（1）速度脉动的强度几乎恒定；

（2）速度脉动的强度随时间而变化。

第一种形式的速度脉动特点是关于流动脉动的回归曲线频带宽度近似恒定。这一点可以在时间周期为 2～4s 的流动中证实，如图 11.2 所示。这时存在一个表征该带宽的特殊值，该值可以用来代表这种形式的流动湍流。通常将平均速度的标准差 σ 作为该特殊值（见第 2 章）。第二种形式的湍流分布可以在时间周期为 2～4s 的流动中证实，如图 11.2 所示。然而，在这种情况下并不存在一个可以代表流动湍流统计结果的特殊值。湍流的法向或切向应力均不能通过各自的平均值予以清晰表达。同时，这种非定常流动中的流动湍流对相关流动过程（比如关于热力学的或化学的现象）的物理表征方法并不明确。正是因为无法获知这种流动现象的本质，任何一种复杂的数据处理方法并不具有较大的实用价值和实际作用。因此，开展预先研究，并谨慎弄清各湍流量物理意义的做法是十分必要的。以计算流体力学（CFD）所涉及的湍流模型为例，湍流动能及完整的雷诺应力被认为是最重要的湍流量。从图 11.2 所给出的具有不恒定湍流量的实例中可以发现，研究者基本上均能计算出以时间为函数的速度标准差带宽。这种计算的确仅能提供进一步评估自然和工程流动过程测量数据的前置条件。

工程实践中出现的非定常流动可分为两类：前一类与流动过程的起始与结束相关，其流动状态完全是时间相关的；另一类则与强迫周期流动相关，可表征为相位角的函数，如图 11.1 所示。

11.2　时间分辨的非定常湍流

11.2.1　最小二乘线性拟合

在分析非定常湍流流动时,需要从一开始关注强迫流动的时间相关性。基于 LDA 测量,通过曲线拟合法可很好地解析这类时间相关的流动。在众多已有趋近测量数据的数学函数方法中,最小二乘线性拟合法是最为基本的方法。只要所关注时间间隔内测量获得的流速具有明显的线性特性(即在图 11.2 中的时间间隔为 0～2s),这种拟合方法就可用来分析估计非定常湍流流动。强迫流动的线性回归函数可表示为

$$\hat{u}(t) = at + b \tag{11.2}$$

那么,式(11.1)可变换为

$$u(t) = at + b + u'(t) \tag{11.3}$$

为了能够对测量数据进行最小二乘线性拟合,以时间为自变量,速度为因变量的样本首先按下式计算:

$$\bar{t} = \frac{1}{N}\sum_{i=1}^{N} t_i, \bar{u} = \frac{1}{N}\sum_{i=1}^{N} u_i \tag{11.4}$$

其他所需要的量为

$$s_{tt} = \frac{1}{N}\sum_{i=1}^{N}(t_i - \bar{t})^2, s_{uu} = \frac{1}{N}\sum_{i=1}^{N}(u_i - \bar{u})^2, s_{ut} = \frac{1}{N}\sum_{i=1}^{N}(u_i - \bar{u})(t_i - \bar{t}) \tag{11.5}$$

所有的此类计算中,均没有采用权重系数。此类计算因而会存在一些误差,如由速度偏差效应所导致的不确定度(第 17 章)。特别地,在 LDA 测量中,因速度偏差或其他原因、非恒定数据连续采样速率等而存在 $\bar{t} \neq (t_1 + t_N)/2$。由于其作用可以忽略,所以简单起见,这里没有计及速度偏差的影响。

LDA 测量中,时间是自变量,由于其与速度密切相关,所以应准确考虑。

最小二乘拟合法可表示为

$$\sum_{i=1}^{N}(u_i - \hat{u}_i)^2 \rightarrow \min \tag{11.6}$$

在上述数据处理过程中,可按式(11.2)的定义进行关于 $\hat{u}$ 的估计,常数 a 和 b 可由下式确定:

$$a = \frac{s_{ut}}{s_{tt}}, b = \bar{u} - a\bar{t} \tag{11.7}$$

$t_N - t_1$ 时段内包含 N 个速度事件的非定常强迫流动可基于最小二乘线性拟合法进行计算。这种纯粹的数学计算还提供了关于自变量和因变量之间线性度的信息,以相关系数表示:

$$R = \frac{s_{ut}}{\sqrt{s_{uu}s_{tt}}} \tag{11.8}$$

$R = 1$ 的特殊情况是在所有测量数据满足拟合曲线 $\hat{u}(t) = at + b$ 前提下而存在的。这意味着可忽略流速的随机脉动。正如 11.2.2 节将要阐述的那样，相关系数内包含了 $t_N - t_1$ 时段内平均流动紊流的相关信息，其值小于 1。

因速度梯度的正负取决于 a，式(11.8)中相关系数也同样如此。在诸如数据表形式的应用中，相关系数简单地由 R^2 给出。

11.2.2 速度的线性趋势及其计算方法

对于给定的速度分量，非定常流动的随机速度脉动可表征为 $u'(t)$。相关联的动能可表示为湍流法向应力，或等效地用统计参数——方差 $\overline{u'^2}$ 予以表征。就 $t_N - t_1$ 时段内的测量数据而言，可由式(11.3)和 $b = \overline{u} - a\overline{t}$ 进行如下相关计算：

$$\overline{u'^2} = \frac{1}{N} \sum_{i=1}^{N} \left[(u_i - \overline{u}) - a(t_i - \overline{t}) \right]^2 \tag{11.9}$$

这里只是简单地给出了基于算术平均的计算方法，对于 $t_N - t_1$ 时段内采用了 $b = \overline{u} - a\overline{t}$ 且具有速度线性的流动过程实质上是适定的。

式(11.9)可进一步改写为

$$\overline{u'^2} = \frac{1}{N} \sum_{i=1}^{N} (u_i - \overline{u})^2 - \frac{2a}{N} \sum_{i=1}^{N} (u_i - \overline{u})(t - \overline{t}) + \frac{a^2}{N} \sum_{i=1}^{N} (t_i - \overline{t})^2 \tag{11.10}$$

并且可由式(11.5)变换为

$$\overline{u'^2} = s_{uu} - 2as_{ut} + a^2 s_{tt} \tag{11.11}$$

由式(11.5)可知有 $as_{ut} = a^2 s_{tt}$，替换式(11.11)中等号右侧第二项，则该式可变为

$$\overline{u'^2} = s_{uu} - a^2 s_{tt} \tag{11.12}$$

这样就可以假定 $t_N - t_1$ 时段内数据即速度分量分布有一定规律，这意味着 $\overline{t} \approx (t_N + t_1)/2$。这样，则可将 s_{tt} 由累加形式转换至积分形式进行进一步的计算，从而有

$$s_{tt} = \frac{1}{N} \sum_{i=1}^{N} (t_i - \overline{t})^2 = \frac{1}{t_N - t_1} \int_{t_1}^{t_N} (t - \overline{t})^2 \mathrm{d}t = \frac{(t_N - \overline{t})^3 - (t_1 - \overline{t})^3}{3(t_N - t_1)}$$

$$\tag{11.13}$$

因存在 $\overline{t} \approx (t_N + t_1)/2$，则有

$$s_{tt} = \frac{1}{12}(t_N - t_1)^2 \tag{11.14}$$

并且由式(11.9)可得

$$s_{ut} = as_{tt} = \frac{a}{12}(t_N - t_1)^2 \tag{11.15}$$

式(11.12)还可变换为

$$\overline{u'^2} = s_{uu} - a^2 \frac{1}{12}(t_N - t_1)^2 \tag{11.16}$$

式中：s_{uu} 由式(11.5)给出。

此外，式(11.16)也可由式(11.2)所给出的因式 $\Delta \hat{u} = \hat{u}_N - \hat{u}_1 = a(t_N - t_1)$ 表示为

$$\overline{u'^2} = \frac{1}{N} \sum_{i=1}^{N} (u_i - \overline{u})^2 - \frac{1}{12}(\hat{u}_N - \hat{u}_1)^2 \tag{11.17}$$

在非稳定湍流流动中的法向应力计算中，式(11.17)等号右侧第二项作为第一项的校正项。值得一提的是，式(11.17)所给出的关系是以 $t_N - t_1$ 时间间隔内速度线性趋势为假设而得出的。

与最小二乘线性拟合算法类似，表征湍流剪切应力的两个正交速度分量(u 和 v)的协方差可按下式计算：

$$\overline{u'v'} = s_{uv} - \frac{a_u a_v}{12}(t_N - t_1)^2 \tag{11.18}$$

其中，s_{uv} 可按所对应的算术平均方法由下式给出：

$$s_{uv} = \frac{1}{N} \sum_{i=1}^{N} (u_i - \overline{u})(v_i - \overline{v}) \tag{11.19}$$

式(11.18)中，等号右侧第二项也是校正项。常量 a_u 和 a_v 分别与式(11.2)中的常量 a 类似。这些常量分别与速度分量 u 和 v 相关，并按下式计算：

$$a_u = \frac{s_{ut}}{s_{tt}}, a_v = \frac{s_{vt}}{s_{tt}} \tag{11.20}$$

由于存在 $\hat{u}_N - \hat{u}_1 = a_u(t_N - t_1)$ 和 $\hat{v}_N - \hat{v}_1 = a_v(t_N - t_1)$，可将式(11.18)表示为

$$\overline{u'v'} = s_{uv} - \frac{1}{12}(\hat{u}_N - \hat{u}_1)(\hat{v}_N - \hat{v}_1) \tag{11.21}$$

在最后一节，相关系数按式(11.8)计算。通常通过最小二乘线性拟合来得到该相关系数，如利用具有表格功能的图形工具进行相关处理。实际上，所获得的相关系数因包含着 $t_N - t_1$ 时间间隔内方差 u^2 的相关信息，可用来确定湍流法向应力。

根据式(11.14)中的 s_{tt} 和式(11.16)中的 s_{ut} 及式(11.7)中的 $s_{ut} = a s_{tt}$，式(11.8)可表示为

$$R^2 = \frac{s_{ut}^2}{s_{uu} s_{tt}} = \frac{a^2}{12} \cdot \frac{(t_N - t_1)^2}{\overline{u'^2} + \frac{a^2}{12}(t_N - t_1)^2} \tag{11.22}$$

相应的方差可由下式得出：

$$\overline{u'^2} = \frac{a^2}{12} \left(\frac{1}{R^2} - 1 \right)(t_N - t_1)^2 \tag{11.23}$$

对于数据线性拟合,存在着 $\hat{u}_N - \hat{u}_1 = a(t_N - t_1)$,式(11.23)也可表示为

$$\overline{u'^2} = \frac{1}{12}\left(\frac{1}{R^2} - 1\right)(\hat{u}_N - \hat{u}_1)^2 \qquad (11.24)$$

式(11.23)和式(11.24)可直接从相关系数 R 来估算各个速度分量的方差,而相关系数则源自数据线性拟合。显然,相关系数 R 总是以 R^2 形式来表明其在动力学意义上的重要性。需要注意的是,当 $a = 0$ 时,并不能根据式(11.23)来推出 $\overline{u'^2} = 0$,这是因为当 $a = 0$ 时,$s_{ut} = 0$ 且 $R = 0$。

考虑到式(8.16),则按同一时间序列测得的两个正交的速度分量可以很快获得

$$\overline{u'v'} = \frac{1}{24}\tan2\overline{\varphi}\left[\left(\frac{1}{R_u^2} - 1\right)(\hat{u}_N - \hat{u}_1)^2 - \left(\frac{1}{R_v^2} - 1\right)(\hat{v}_N - \hat{v}_1)^2\right] \qquad (11.25)$$

即便存在非定常流动,如果强迫流动的方向,亦即速度分量 u 和 v 平面上的气流角 $\overline{\varphi}$ 保持恒定,则式(11.25)是目前唯一可用的关系式。否则,该式是无效的。

上述计算是基于最小二乘线性拟合方法。然而在其他涉及非定常流动的情形中,强迫非定常流可通过其他数学函数得到较好近似。因此,本节所阐述的计算并不具备适用性。

11.2.3　时间相关的流动湍流度

本节阐述了数据处理中的线性回归法。该方法适用于时间间隔 $t_N - t_1$ 内每个备受关注的非定常流动,而非定常流动可按线性速度分布加以近似。在这个时间间隔内,每个脉动量可由平均值来表征,正如式(11.9)所表示的湍流法向应力那样。此类处理方法通常出现在广泛的湍流实际应用中。

连同非定常湍流脉动量的确定,通常现有方法的应用在两种情形下受到限制:

(1)对相应时间间隔内测量数据进行的线性或其他逼近方式尚不能再现非定常流动(图11.2)。

(2)湍流是高度时间相关的,并且沿着时间函数的回归曲线有略微的变化(如图11.2中时间间隔0～2s)。在这种情况下,流动紊流应通过进行时间解析,而不能仅通过平均来近似。

对于处理时间相关湍流量的两种情形,必须给出适当的数据处理方法。通常,非定常湍流流动的数据处理需要在预先所确定时间步长(时间平均窗口)内对测量数据进行分类(图11.3)。在小尺度的时间窗口中,湍流流动可视为准平稳的。但是这种处理唯一有效的前提是时间窗口内的流动状态不会发生显著的变化。这种先决条件通常可通过设置足够小的时间窗口 Δt 加以保证。否则,必须对时间窗口内的变速流动予以关注。由于在小尺度的时间窗口内处理数据,

其中的变速流动可按线性速度分布进行较为满意的逼近。对于时间窗口 Δt 内的准定常流动状态或变速流动状态，必须有充足的测量数据来保证能够进行可靠的流动参数统计分析。

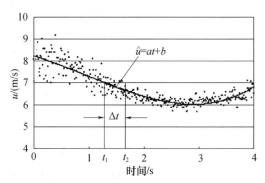

图 11.3 通过适当设置时间平均窗口
来评估非定常湍流动力的方法

时间窗口 Δt 内 n 个速度的平均值可通过如下的样本平均方式得到：

$$\bar{u} = \frac{1}{n} \sum_{i=1}^{n} u_i \tag{11.26}$$

实际上，平均速度近似等同于时间窗口 Δt 内的中值 $\hat{u}$，与线性速度分布的斜率无关，几乎对时间窗口 Δt 不敏感。相比之下，不同时间窗口内湍流量的确定很大程度上取决于其间的流动分布和时间尺度。为简单起见，应考虑时间窗口 Δt 内存在有规律的速度脉动条件下的线性速度分布常见情况。11.2.2 节中采用最小二乘线性拟合法在 $t_N - t_1$ 时间间隔内所进行的计算分析可在小尺度时间窗口 $\Delta t = t_n - t_1$ 条件下直接运用。由式（11.16）和式（11.18）可通过 $\Delta t = t_n - t_1$ 直接得到时间窗口内平均的雷诺法向和剪切应力：

$$\overline{u'^2} = \frac{1}{n} \sum_{i=1}^{n} (u_i - \bar{u})^2 - \frac{a_u^2}{12} (\Delta t)^2 \tag{11.27}$$

$$\overline{u'v'} = \frac{1}{n} \sum_{i=1}^{n} (u_i - \bar{u})(\bar{v}_i - \bar{v}) - \frac{a_u a_v}{12} (\Delta t)^2 \tag{11.28}$$

时间窗口内速度分量 u 和 v 关于时间的梯度可分别表示为 a_u 和 a_v。上述两个公式中的等号右侧第二项是校正项。显然，时间窗口 Δt 内实际的雷诺应力并不简单地等同于上述公式所表征的 $(u_i - \bar{u})$ 和 $(v_i - \bar{v})$ 累加算术平均。所给出的两个公式等号右侧第一项被命名为伪湍流应力或表观湍流应力。表观湍流应力明显隐含了对流动脉动的过度估计。因此，源于算术平均的湍流应力通常应分别通过诸如 $a_u^2/12 \cdot \Delta t^2$ 所表征的法向应力项加以修正。然而对于足够小的时间窗口，很明显所有修正项不复存在。同时，对于可靠统计分析而言，小尺度时间窗口通常也暗示存在着测量数据稀少或不够充分的问题。正因如此，时间窗口应足够大,使得实际的湍流量可通过相应的校正项而得到准确的确定。对于定常流动,有 $a_u = 0$ 和 $a_v = 0$。

值得一提的是,式(11.27)和式(11.28)中相应校正项的必要性取决于计算分析的精度要求,也因此取决于相应湍流量的工程应用目的。如在式(11.28)中可能存在这样的情形,即所在坐标系中表观剪切应力(等号右侧第一项)等于或趋于零,此时校正项作用是决定性的。然而,在式(11.27)中的法向应力足够小的条件下可忽略校正项。如图8.3和图8.4所示,湍流的流动性态与其相应湍流量的方向相关,并非沿着特定的空间方向。换言之,湍流应力的方向相关性主要由湍流法向应力来决定。

11.3 相位分辨的非定常湍流

工程应用中最常见的非定常流动是周期性流动。作为非定常流动的经典范例,图11.1已给出了离心泵叶轮出口的脉动速度。图中的速度数据是由激光多普勒测速仪(LDA)获得的,并按相位分辨(即离心叶轮角度位置的函数)进行了重新整理。显然,强迫的周期性流动由多个随机流动脉动叠加而成。评估和处理此类测量数据的主要目的是既能确定流动的周期性,也可解析湍流脉动。图11.1所示的实例中,离心泵每转动1周,其内部流动就重复7次,对应离心泵7个叶轮通道中的流动。由于所有7个通道中的流动基本上是相同的,测量数据也可被重新整理为相位角范围0° ~ 51.4°的亚周期,如图11.4(a)所示。这样的数据重构有助于使得后续数据处理简便。为能够解析相位相关的平均速度,通常采用适当的数据非线性回归进行计算分析。图11.4(a)所示的实例中,测量数据的回归采用了3阶多项式的形式。

原则上,任何由速度分布拟合所产生的偏差可视为不规则流动脉动的结果。然而,这种偏差实际上可能来自周期性流动的重复性,因而并非是由湍流造成的速度脉动随机性。通常认为这种情形所产生的结果只有在低湍流度流动中才会存在,此时不应简单地将流动重复性误差视为湍流脉动。

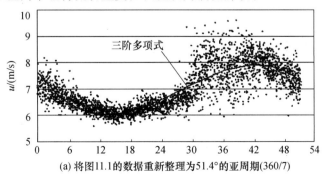

(a) 将图11.1的数据重新整理为51.4°的亚周期(360/7)

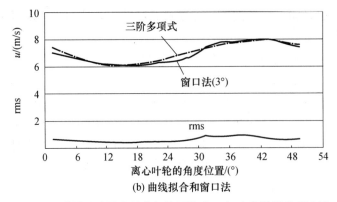

图 11.4　采用无重叠小尺度相位平均窗口(3°)的数据处理方法

在测量技术方面,如旋转机械中的各种周期性流动用相位角表示,这可便捷地通过在旋转机械转轴安装旋转编码器,并将其与数据采集单元相连接的方式实现。

11.3.1　最小二乘线性拟合

根据前文所述以及图 11.4(a)所示,一个完整周期内非定常湍流的强迫速度分布可通过对测量数据进行适当形式的二阶以上多项式回归而得到较好的近似。为充分利用最小二乘线性拟合法评估相位相关湍流的优势,可将所关注的周期性流动的每一个流动周期分解为部分周期长度加随后以 $\hat{u}(\varphi) = a\varphi + b$ 设定速度线性分布的形式。该方法与 11.2.1 节和 11.2.2 节所描述的方法相类似。为便于直接应用,类似算法如下所述。

假定部分长度为 $\varphi_N - \varphi_1$ 的强迫流动线性分布过程中,具有脉动特征的速度分量 u 可表示为

$$u(\varphi) = (a\varphi + b) + u'(\varphi) \tag{11.29}$$

如 11.2.1 节所示,常数 a 和 b 分别按下式计算:

$$a = \frac{s_{u\varphi}}{s_{\varphi\varphi}}, b = \bar{u} - a\bar{\varphi} \tag{11.30}$$

式(11.30)的第二个公式中,$\bar{u}$ 和 $\bar{\varphi}$ 为涉及所关注相位间隔(即部分长度 $\varphi_N - \varphi_1$)内 N 个速度事件的样本均值,并按下式计算:

$$\bar{u} = \frac{1}{N}\sum_{i=1}^{N} u_i, \bar{\varphi} = \frac{1}{N}\sum_{i=1}^{N} \varphi_i \tag{11.31}$$

其他可用的算术均值分别为

$$s_{\varphi\varphi} = \frac{1}{N}\sum_{i=1}^{N}(\varphi_i - \bar{\varphi})^2, s_{uu} = \frac{1}{N}\sum_{i=1}^{N}(u_i - \bar{u})^2, s_{u\varphi} = \frac{1}{N}\sum_{i=1}^{N}(u_i - \bar{u})(\varphi_i - \bar{\varphi})$$

$$\tag{11.32}$$

实施数据回归计算时,表征自变量和因变量之间线性度的相关系数由下式给出:

$$R = \frac{s_{u\varphi}}{\sqrt{s_{uu}s_{\varphi\varphi}}} \qquad (11.33)$$

相关系数描述了诸如电子数据表格等常用计算工具可提供的统计量,通常表征为 R^2,也可表示为相位间隔 $\varphi_N - \varphi_1$ 内平均湍流信息的参量,可参见后续的11.3.2节。

假设数据按照间隔为 $\varphi_N - \varphi_1$ 的相位差有规律的分布,所有上述公式可进一步简化。上述假设近似认为 $\overline{\varphi} \approx (\varphi_N + \varphi_1)/2$。计算采用与11.2.2节所述的相似算法,即有

$$s_{\varphi\varphi} = \frac{1}{12}(\varphi_N - \varphi_1)^2 \qquad (11.34)$$

$$s_{uu} = \overline{u'^2} + \frac{a^2}{12}(\varphi_N - \varphi_1)^2 \qquad (11.35)$$

$$s_{u\varphi} = as_{\varphi\varphi} = \frac{a}{12}(\varphi_N - \varphi_1)^2 \qquad (11.36)$$

上述所有的计算中,假定角度测量(φ)是精确的。同样值得一提的是,式(11.35)实质上是确定雷诺法向应力 $\overline{u'^2}$ 的算式。

11.3.2 速度的线性趋势及其计算方法

为能够在所关注的相位间隔 $\varphi_N - \varphi_1$ 内计算各湍流量,不规则流动脉动 $u'(\varphi)$ 应由式(11.29)确定。与11.2.2节相似或直接依据式(11.35),相位间隔内的雷诺法向应力可由下式获得:

$$\overline{u'^2} = \frac{1}{N}\sum_{i=1}^{N}(u_i - \overline{u})^2 - \frac{a^2}{12}(\varphi_N - \varphi_1)^2 \qquad (11.37)$$

由于存在 $\hat{u}_N - \hat{u}_1 = a(\varphi_N - \varphi_1)$,式(11.37)也可表示为

$$\overline{u'^2} = \frac{1}{N}\sum_{i=1}^{N}(u_i - \overline{u})^2 - \frac{1}{12}(\hat{u}_N - \hat{u}_1)^2 \qquad (11.38)$$

式中:$\hat{u}_1$ 和 $\hat{u}_N$ 分别表示 $\varphi = \varphi_1$ 和 $\varphi = \varphi_N$ 时的线性化速度。

与之相对应,由两个正交速度分量的协方差所给出的湍流剪切应力可按下式计算:

$$\overline{u'v'} = s_{uv} - \frac{a_u a_v}{12}(\varphi_N - \varphi_1)^2 \qquad (11.39)$$

式中

$$s_{uv} = \frac{1}{N}\sum_{i=1}^{N}(u_i - \overline{u})(v_i - \overline{v}) \qquad (11.40)$$

a_u 和 a_v 分别为速度分量 u 和 v 经最小二乘线性拟合所得到的常数,如

式(11.30)所示。与11.2.2节的相关内容类似,按式(11.33)式计算的相关系数可用来直接计算方差,即雷诺法向应力。至于速度分量 u,可由式(11.23)和式(11.24)立即得到如下关系:

$$\overline{u'^2} = \frac{a^2}{12}(\frac{1}{R^2} - 1)(\varphi_N - \varphi_1)^2 \tag{11.41}$$

$$\overline{u'^2} = \frac{1}{12}(\frac{1}{R^2} - 1)(\hat{u}_N - \hat{u}_1)^2 \tag{11.42}$$

需要再次说明的是,上面所有关于周期性流动的计算过程中,忽略了每个周期之间的平均速度分布重复性误差。另外,所有计算均假定在相位间隔 $\varphi_N - \varphi_1$ 内数据呈规则分布,使得 $\overline{\varphi} \approx (\varphi_N + \varphi_1)/2$ 成立。当由时间域向相位域整理测量数据时,由于存在着非线性,这种假定的线性分布状态不同程度会发生畸变。当关联效应大得引人注目时,才会考虑这种情形的存在。

11.3.3 相位相关的流动湍流度

当用复杂速度分布和不规则速度脉动解释周期性流动时,需要应用更复杂的数据处理方法。求解关于相位角的函数时不仅需要考虑平均速度,还需要考虑湍流度。由于最小二乘线性拟合法只适用于相位间隔 $\varphi_N - \varphi_1$ 内线性速度分布和几乎始终如一的流动湍流,所以11.3.2节所介绍的这种线性方法已不适用了。

如11.2.3节中所介绍的应用小尺度时间平均窗口处理时间域范围的测量数据,具有复杂速度分布和不规则速度脉动的周期性流动可通过确定适合的小尺度相位平均窗口的方式来处理。当相位角窗口足够小时,可假定窗口内的速度和湍流流量是恒定的,可由算术平均的方式来计算。在具体操作过程中,可采取重叠方式设置相位角窗口,以获得平滑的计算数据。

图11.4(b)给出了采用窗口法计算非定常湍流的实例,其依赖图11.4(a)所给出的经整理的测量数据。在指定无叠加窗口的尺寸为 $\Delta\varphi = 3°$ 条件下计算得出相应的平均速度分布。速度脉动范围通过时间相关的均方根标准差形式来表示。

原则上,平均速度分布的计算通常较少受到预先确定相位平均窗口尺寸的影响。然而,当窗口中的速度梯度足够大时,流动湍流计算结果则明显取决于所选择的窗口尺寸大小。这与时间相关的流动速度数据处理过程相类似(11.2.3节)。当窗口尺寸足够小时,就可忽略速度梯度对数据处理的影响。否则,就要假定相位角窗口 $\Delta\varphi$ 内线性速度分布 $\hat{u} = a\varphi + b$,使得

$$u(\varphi) = (a\varphi + b) + u'(\varphi) \tag{11.43}$$

11.3.2节在相位间隔 $\varphi_N - \varphi_1$ 内基于最小二乘线性拟合法的计算可直接用于当前小尺度相位角窗口 $\Delta\varphi = \varphi_n - \varphi_1$ 的情形,此时 n 表示所涉及的速度事件

数目。根据式(11.37)和式(11.39),并以 $\Delta\varphi = \varphi_n - \varphi_1$ 取代 $\varphi_N - \varphi_1$,可立即获得如下相位角窗口内的表征雷诺法向和切向应力的湍流量:

$$\overline{u'^2} = \frac{1}{n}\sum_{i=1}^{n}(u_i - \overline{u})^2 - \frac{a_u^2}{12}\Delta\varphi^2 \qquad (11.44)$$

$$\overline{u'v'} = \frac{1}{n}\sum_{i=1}^{n}(u_i - \overline{u})(v_i - \overline{v}) - \frac{a_u a_v}{12}\Delta\varphi^2 \qquad (11.45)$$

式(11.44)、式(11.45)分别与式(11.27)、式(11.28)相当(Zhang 等 1996, 1997)。相位角窗口内速度的时间梯度分别表示为 a_u 和 a_v,分别对应速度分量 u 和 v。两式中等号右侧第二项还是作为校正项。与之相对应,两式中采用 $(u_i - \overline{u})$ 和 $(v_i - \overline{v})$ 的累加方式的算术平均称为伪湍流应力或表观雷诺应力。然而很明显的是,这两个校正项在窗口尺度足够小的条件下可忽略。此时,就可以直接采用各自的算术平均计算来表示实际的湍流应力($\overline{u'^2}$ 和 $\overline{u'v'}$)。另一方面,对于可靠的统计计算而言,小尺度窗口通常也暗示包含在窗口内的数据很少或不足。正因如此,每个指定的相位角窗口就足够大,并且相关湍流量应由上述公式给出的各自校正项来确定。对于相位窗口内准稳态湍流流动,则有 $a_u = 0$ 和 $a_v = 0$。

如 11.3.2 节所述,进行上述计算时可忽略周期性流动中每个周期之间的速度分布重复性误差。

第 12 章

具有空间速度梯度的湍流

大多数 LDA 应用中,由于测量体尺寸较小,LDA 被视为局部流动速度的测量手段。典型的 LDA 测量体厚度约为 0.1mm,其有限长度约为 0.3~3mm,测量体的具体尺寸主要取决于 LDA 光学器件的布局形式,相关内容可参见 3.8 节和 4.2 节。测量体的这种几何特性允许这样的假设,即流体均匀地通过 LDA 测量体。从仪器设备角度,LDA 组件在设计中未被赋予分辨测量体内部可能存在速度梯度的能力。当测量体距边界层足够远或者由涡旋引起的速度梯度在统计学意义上可忽略不计时,LDA 测量体内部流动均匀性的假设是有效的。在上述所有情况下,无需特别关注测量体的尺寸。由于测量体尺寸小,LDA 方法已被公认是流场测量中具有较高空间分辨率的测量方法。

LDA 方法空间分辨率高的特性可用于特殊的流动研究。著名的应用实例就是湍流边界层近壁区域流动分布的测量。由于在较薄边界层内速度梯度大,在设定 LDA 测量体时应确保 LDA 光学平面与边界层平面完全平行(图 12.1)。这样,通过沿壁面法线(z轴)方向移动 LDA 测量端,可很好地对边界层速度分布进行测量。如此测量布局通常能够确定近壁区域内的速度

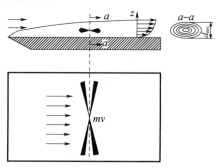

图 12.1 用于边界层近壁区域速度分布测量的 LDA 光学排列

分布。然而,由于湍流边界层的亚层厚度与 LDA 测量体厚度相当或者更小,则黏性亚层区域内速度分布的测量仍可能会相当困难。在具有非均匀速度分布且不能忽略其对测量精度影响的实际应用中,假定测量体厚度范围内速度梯度是恒定的。由此可自然而然认为,测量数据(速度)的算术平均值位于测量体的中心。一旦接受该假设,估计湍流量的测量数据评估需要特殊的处理过程。这与对非均匀湍流测量所获得的表观湍流强度相类似,详细内容请参见第 11 章。尤其是,两者均有总是高估湍流强度的情况。如果非均匀速度分布是沿测量体长度方向的,相关联的加宽效应在湍流测量中就会显得十分明显,关于该现象及其

特性的定量描述可参见 Albrecht 等人(2003)和 Durst 等人(1998)的相关文献。

如图 12.1 所示,尽管 LDA 方法可令人满意地用于近壁区域的流动测量,但对于具有速度梯度的流动所采用的 LDA 测量布局并非总是有效的。此种情况可能会在对圆形管流的测量中出现,此时 LDA 测量体的长度总是被设置为与圆管壁相垂直。由于此时速度梯度是沿测量体长度分布的,因而表观湍流强度是有效的。对于并不进行湍流边界层近壁区域的 LDA 测量而言,沿测量体长度方向或在其内的线性速度分布亦即恒定速度梯度仍是初始估算的假设条件。该假设对于大多数具有速度梯度的复杂工程流动是适用的,且有助于增加提取表观湍流强度实部的简易性。

另一种与测量体中内非均匀速度分布相关且影响测量精准度的现象是,流体中示踪粒子均匀分布前提下其流体速度的采样速率与流速本身的大小成正比。该现象在对相应的测量数据应用算术平均算法计算平均速度和湍流速度时将会引起一些特别特征。由于该现象纯粹与流动速度相关,且在流动不稳定性影响测量方面具有相同的机理,因此这种现象也由此被称为速度偏差,普遍存在于在非定常流动和具有高湍流度(参见第 17 章)流动的测量中。在沿测量体长度方向存在较大速度梯度的情况下,速度偏差效应可能会十分显著。值得一提的是,不同于传统观点,速度偏差实质上还不能简单地归类于测量误差。关于这方面的具体内容请参见 12.2 节和第 17 章。

可得出这样的结论,即在解决 LDA 测量体中存在速度梯度的流动问题时,流动测量及相应的数据处理会受到两种效应的制约:

(1) 引起表观湍流度的效应;

(2) 引起所有流动量中的速度偏差效应。

本书采用两种表述方式详述这两个不同的效应。对 LDA 用户而言,明晰各个效应及其综合影响是有利的。对于实际工程流动并出于简便目的,进行后续的流动分析时假设在 LDA 测量体内流动速度呈线性分布。在相关的图示例证中,则假设沿 LDA 测量体长度方向的局部速度呈非均匀流动分布(图 12.2)。上述结果也同样适用于沿测量体厚度的速度分布,只需以厚度代换长度尺寸即可。为便于理解,优先考虑不含速度偏差效应的表观湍流度实例。

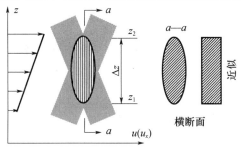

图 12.2　用于测量在沿着 LDA 光轴方向具有速度梯度流动的光学安排

12.1 表观湍流度及其相关量

用于测量具有速度梯度流动的 LDA 光学器件布局如图 12.2 所示。在应用坐标系内，被测湍流视为是沿测量体的时均线性速度分布 $\hat{u} = \bar{u}_1 + a(z - z_1)$ 与随机的速度脉动的叠加，且可表示为

$$u(z) = \bar{u}_1 + a(z - z_1) + u'(z) \tag{12.1}$$

速度脉动的随机性还暗示各速度样本总量的 z 值是随机的。线性速度分布用恒定速度梯度来描述，以 a 表示，而有 $a = (\bar{u}_2 - \bar{u}_1)/(z_2 - z_1)$。假定在垂直于绘图平面方向测量体的单位厚度上，$\Delta z = z_2 - z_1$ 面积内体积平均的速度可由下式计算：

$$\bar{u} = \frac{1}{z_2 - z_1} \int_{z_1}^{z_2} u \mathrm{d}z = \frac{1}{2}(\bar{u}_1 + \bar{u}_2) \tag{12.2}$$

体积平均的速度等于测量体中心平均速度。计算中，由于速度脉动的随机性及其沿测量体长度方向分布的随机性，存在 $u'\mathrm{d}z = 0$。

将式（12.2）与 $a = (\bar{u}_2 - \bar{u}_1)/(z_2 - z_1)$ 结合并消去 $\bar{u}_2$，可得

$$\bar{u}_1 = \bar{u} - \frac{1}{2}a(z_2 - z_1) \tag{12.3}$$

则式（12.1）也可表示为

$$u(z) = \bar{u}_1 - \frac{1}{2}a(z_1 + z_2 - 2z) + u'(z) \tag{12.4}$$

为方便进一步计算湍流法向应力，式（12.4）中的随机脉动速度可推导出来，并以平方的形式表示如下：

$$u'^2 = (u - \bar{u})^2 + a(u - \bar{u})(z_1 + z_2 - 2z) + \frac{1}{4}a^2(z_1 + z_2 - 2z)^2 \tag{12.5}$$

式（12.5）等号右边第二项中的速度差 $u - \bar{u}$ 可通过 z 函数方式由式（12.4）来描述，如此，经再整理可得

$$u'^2 = (u - \bar{u})^2 - \frac{1}{4}a^2(z_1 + z_2 - 2z)^2 + a(z_1 + z_2 - 2z)u' \tag{12.6}$$

这样通过对式（12.6）等号右边全部三项进行完全平均计算，可得 LDA 测量体长度内的平均湍流法向应力。实质上，该方法涉及测量数据的算术平均算法。由于速度脉动的随机性及其沿 z 轴分布的随机性，预期第三项消失为零。相应地，第二项的计算可转换为在沿测量体速度样本总量均匀分布假设下的积分运算（速度样本总量的非均匀分布将在 12.2 节阐述）。测量体区域内平均湍流法向应力则可由下式计算获得：

$$\overline{u'^2} = \frac{1}{N}\sum_{i=1}^{N}(u_i - \bar{u})^2 - \frac{1}{4}\frac{a^2}{z_2 - z_1}\int_{z_1}^{z_2}(z_1 + z_2 - 2z)^2 \mathrm{d}z \tag{12.7}$$

积分运算可很容易地实现。以 $\Delta z = z_2 - z_1$ 表示测量体长度,则有

$$\overline{u'^2} = \frac{1}{N}\sum_{i=1}^{N}(u_i - \overline{u})^2 - \frac{1}{12}a^2(\Delta z)^2 \tag{12.8}$$

式(12.8)等号右边第一项对应直接算术平均值(样本均值)。因为该值不能作为相关湍流量的真值,其被称为伪法向应力,或表观法向应力。

应用 $a\Delta z = \Delta\overline{u}$,式(12.8)进一步变换为

$$\overline{u'^2} = \overline{u'^2_{\mathrm{app}}} - \frac{1}{12}(\Delta\overline{u})^2 \tag{12.9}$$

对当前待研究的湍流,由算术平均算法计算得到的具有表观性质的法向应力,需经过由计及空间速度差量 $\Delta\overline{u} = \overline{u}_2 - \overline{u}_1$ 即测量体中线性速度分布的部分修正。该算法相似于或等同于将在第 11 章涉及的非定常湍流,可参见式(11.27)和式(11.44)。只有在低空间速度分布和具有相当高湍流速度的流体中,或者当进行具有较小尺寸测量体的 LDA 应用时,校正项才是不充分的。出于简便,如式(12.8)那样的算术平均算法可用来表示相关的湍流法向应力实值。

基于同样的计算过程,湍流剪切应力可以两个正交速度分量协方差的形式表示:

$$\overline{u'v'} = \frac{1}{N}\sum_{i=1}^{N}(u_i - \overline{u})(v_i - \overline{v}) - \frac{a_u a_v}{12}\Delta z^2 \tag{12.10}$$

式(12.10)与式(11.28)和式(11.45)相当。

上面给出的运算完成了沿长度为 $\Delta z = z_2 - z_1$ 的 LDA 测量体内流动分布计算。此结果也同样适用于流动分布被确定为沿测量体横截面(图 12.1)的情形。需要做的仅仅是以测量体厚度 d_{mv} 代换所有上述公式中的测量体长度 Δz。如由式(12.8),可立即得到:

$$\overline{u'^2} = \overline{u'^2_{\mathrm{app}}} - \frac{1}{12}a^2 d_{\mathrm{mv}}^2 \tag{12.11}$$

由于测量体厚度 d_{mv} 通常非常薄,为此无论是法向应力,还是剪切应力,两者各自的修正项均可忽略不计。

需要注意的是,上述运算是基于沿 LDA 测量体速度样本总量均匀分布的假设。实际上,存在着两个因素与假设矛盾。第一个因素是速度偏差效应,这暗示 LDA 光学器件能更频繁地检测到高的流动速度而非低流速。该效应将在 12.2 节详细讨论。第二个因素与 LDA 横截面的形状相关。由于 LDA 测量体呈椭圆形状,以及其横截面宽度沿 z 轴并非恒定(图 12.2),这样速度样本总量均匀分布的假设就不准确(图 12.2)。显然,速度样本总量的最大概率被期望位于测量体中心区域。该情形还适用于如图 12.1 所示的 LDA 布局情况,此时沿 LDA 测量体厚度方向存在着速度梯度。对于 LDA 测量体椭圆形检测区域,按照测量体厚度(d_{mv})范围内流动速度为线性分布的假设,可依据 Albrecht 等人的相关文

献(2003)算出平均法向应力为

$$\overline{u'^2} = \frac{1}{N} \sum_{i=1}^{N} (u_i - \overline{u})^2 - \frac{1}{16} a^2 d_{mv}^2 \tag{12.12}$$

式(12.12)与式(12.11)相比,仅在修正项上存在一点小的差别。

在本节的结尾,无论是流体的动量流率,还是能量流率,在经过测量体时均应加以考虑。由式(12.2)算出的平均速度实质上是体积均值。在针对非均匀速度分布的实际流动应用中,与动量流率或能量流率两者均相关的平均速度都是所有的相关流动量。动量流率作为矢量可通过速度矢量与质量流率的乘积 $\dot{m} \cdot \boldsymbol{u}$ 来计算。其 x 分量则由 $\dot{m} \cdot u_x$ 给出。所谓的动量通量(单位面积的动量流率)所对应的分量则可由 $\dot{J}_x = (\rho u_x) u_x = \rho u_x^2$ 给出。此处 ρu_x 表示质量通量在 x 轴上的分量。相关的体积通量 u_x 以 $m^3/(m^2 s)$ 为单位,由 LDA 测量获得。如图12.2所示的情形,存在着 $u_x = u$。并且还假设测量体单位宽度横截面经简化为矩形截面。如此,经过测量体的平均动量通量的分量可由下式计算:

$$\overline{\dot{J}_x} = \rho \frac{1}{\Delta z} \int_{z_1}^{z_2} u^2 \mathrm{d}z \tag{12.13}$$

对于积分式中的 u^2 项,根据式(12.4),线性速度分布是适用的。进行积分运算时,速度脉动(u')的所有奇数幂项消失,可得

$$\frac{\overline{\dot{J}_x}}{\rho} = \overline{u}^2 + \frac{1}{12} a^2 (z_2 - z_1)^2 + \frac{1}{\Delta z} \int_{z_1}^{z_2} \overline{u'^2} \mathrm{d}z \tag{12.14}$$

另一方面,所关注的动量通量也可表示为 $\dot{J}_x = \rho \overline{u}_J \overline{u}$,其中 $\overline{u}$ 为测定体积通量的均值,$\overline{u}_J$ 为与计算动量通量有关的平均速度。这样,式(12.14)可变换为

$$\overline{u}_J \overline{u} = \overline{u}^2 + \frac{1}{12} a^2 (\Delta z)^2 + \overline{u'^2} \tag{12.15}$$

由于存在 $a\Delta z = \overline{u}_2 - \overline{u}_1 = \Delta \overline{u}$,式(12.15)可进一步变换为

$$\overline{u}_J \overline{u} = \overline{u}^2 + \frac{1}{12} (\Delta \overline{u})^2 + \overline{u'^2} \tag{12.16}$$

正如将在12.2节给出的那样,在历经速度偏差效应的样本均值与平均速度 $\overline{u}_J$ 精确吻合。

实际应用中,可采用动量通量修正因子 β 来表示经修正的平均速度 $\overline{u}_J$,即有 $\overline{u}_J = \beta \overline{u}$。由式(12.16),该修正因子满足:

$$\beta = \frac{\overline{u}_J}{\overline{u}} = 1 + \frac{1}{12} \frac{(\Delta \overline{u})^2}{\overline{u}^2} + \frac{\overline{u'^2}}{\overline{u}^2} \tag{12.17}$$

上式表明,修正因子 β 大于1。

出于完整性考虑,与表示能量通量相关的平均速度可由下式计算:

$$\overline{u_E^2} \cdot \overline{u} = \frac{1}{\Delta z} \int_{z_1}^{z_2} u^3 \mathrm{d}z \tag{12.18}$$

采用相似的算法并忽略速度脉动(u')的所有奇次幂,可得

$$\overline{u_{\mathrm{E}}^2} = \overline{u}^2 + \frac{1}{4}(\Delta \overline{u})^2 + 3\,\overline{u'^2} \tag{12.19}$$

相应地,程量通量的修正因子 α 可由下式计算:

$$\alpha = \frac{\overline{u_{\mathrm{E}}^2}}{\overline{u}^2} = 1 + \frac{1}{4}\frac{(\Delta \overline{u})^2}{\overline{u}^2} + 3\,\frac{\overline{u'^2}}{\overline{u}^2} \tag{12.20}$$

式(12.20)表明修正因子 α 大于 1。

12.2 速度偏差的组合效应

已十分明确的是,速度偏差作为一种流动现象,取决于应用 LDA 测量的速度大小与速度采样速率的相关性。传统意义上,速度偏差被视为与非定常流动相关的流动,或是存在速度脉动的流动(McLaughlin 和 Tiederman 1973)。目前已证实,流体中示踪粒子均匀分布前提下高流速的测量需要比低流速更高的采样频率。大量的研究工作瞄准对速度偏差的评估和修正,并已取得成果。关于对于速度偏差在传统意义上的详细描述及其量化可参见第 17 章。

事实上,相似形式和相同机制的速度偏差同样也存在于具有空间速度梯度的流动。即使如此,流场中不均匀速度分布将会引起不均匀的粒子抵达率,由此会导致沿 LDA 测量体的速度样本总量非均匀分布。所期望的是,流速高的位置应检测更多的速度样本总量。如果与体积平均速度均值相比,算术平均的速度均值将会稍微发生偏差,其偏差方向指向速度上限。与 LDA 测量体有限长度及其非均匀速度空间分布相关的速度偏差将会影响平均速度和所有湍流应力的实验确定。不同算法之间异同关系的评估是合理和必要的。为简单起见,由式(12.4)并如图 12.2 所示,可提出沿测量体速度线性分布的假设。此外,还可作如下进一步假设:

(1)流场中示踪粒子均匀分布;

(2)流动方向沿测量体长度恒定;

(3)速度采样速率取决于被测速度分量的大小。

根据假设(2),假设作为绝对速度函数的速度偏差可以速度分量的比例函数来表示。

自假设(3)开始,沿测量体长度方向的速度采样速率概率分布可以概率密度函数表示:

$$p_u = \frac{1}{N}\frac{\mathrm{d}N}{\mathrm{d}z} = ku \tag{12.21}$$

式中:必须在测量中所有速度样本概率等于 1 的前提下确定常数 k。由式(12.4)并按照线性速度分布,可得

$$\int_{z_1}^{z_2} p_u \mathrm{d}z = k \int_{z_1}^{z_2} \Big[\bar{u} - \frac{1}{2}a(z_1 + z_2 - 2z) + u' \Big] \mathrm{d}z = 1 \qquad (12.22)$$

常数 k 可由式(12.22)方便求解。将 $\Delta z = z_2 - z_1$ 代入式(12.22),可得

$$k = \frac{1}{\bar{u}\Delta z} \qquad (12.23)$$

12.2.1 平均速度

通过 LDA 测量的直接数据处理而无需任何加权方式,经算术平均计算的速度均值可表征偏差的速度均值,并由下式给出:

$$\bar{u}_{\text{bias}} = \frac{1}{N} \sum_{i=1}^{N} u_i \qquad (12.24)$$

另一方面,历经速度偏差效应的平均速度可应用速度样本总量的概率密度函数进行计算,即有

$$\bar{u}_{\text{bias}} = \int_{z_1}^{z_2} p_u u \mathrm{d}z = \frac{1}{\bar{u}\Delta z} \int_{z_1}^{z_2} u^2 \mathrm{d}z \qquad (12.25)$$

式(12.25)积分运算已在式(12.13)中出现,且可按前面给出的式(12.14)进行计算。于是可得

$$\bar{u}_{\text{bias}} \bar{u} = \bar{u}^2 + \frac{1}{12}(\Delta \bar{u})^2 + \overline{u'^2} \qquad (12.26)$$

显然,该平均速度向速度上限方向偏差 $\bar{u}_{\text{bias}} > \bar{u}$。只有当式(12.26)等号右边第 2 项和第 3 项忽略不计时,速度偏差效应才会消失。正因如此,这种与流动相关的现象被称为速度偏差。传统上认为速度偏差与第 3 项即 $\overline{u'^2}$ 相关。

通过将式(12.26)与式(12.16)比较后可以发现,有偏差的平均速度精确地表示了用来计算流经测量体的平均动量流率或平均动量流量的速度均值。在流体动力学领域及其相关的研究中,有偏差的平均速度常被用来辨别体积平均速度和分别与动量通量及能量通量相关的平均速度。应用质量守恒定律时,将会考虑采用体积平均速度,当求解诸如欧拉方程、N - S 方程和雷诺数方程(参见 2.2 节)等动量方程时,应采用相应的平均速度。正因如此,当按照式(12.24)算术平均速度 $\bar{u}_{\text{bias}}$ 被用作体积平均速度时,速度偏差就表示为测量的误差。

与此相应,有偏差的平均速度与体积平均速度的比值等于动量通量修正因子,亦即有 $\beta = \bar{u}_{\text{bias}}/\bar{u}$。

对于不存在速度梯度($a = 0$)流动的特殊情况,流体经过测量体时有 $\Delta \bar{u} = 0$。这样,式(12.26)则可被简化为

$$\bar{u}_{\text{bias}} = \bar{u} \Big(1 + \frac{\overline{u'^2}}{\bar{u}^2} \Big) = \bar{u}(1 + \text{Tu}^2) \qquad (12.27)$$

只有当速度分量 u 近似表示为主流速度时,本书所采用的湍流强度表示方式 $\text{Tu}^2 = \overline{u'^2}/\bar{u}^2$ 才有效。有偏差的速度仅与湍流度相关这个事实则同从传统层

面评估速度偏差的偏差效应相一致(可参见第 17 章)。正因存在这种一致性,可得出如下结论,即关于速度偏差效应的式(12.26)既考虑了湍流的传统影响(湍流度),也考虑了 LDA 测量体有限范围和沿测量体的不均匀速度分布两个方面的影响。

正如所见,式(12.26)也可作为确定体积平均速度 u 的公式(二阶多项式)。当有偏差的平均速度 $\bar{u}_{bias}$ 按式(12.24)通过速度算术平均算法得出时,实际湍流量 $\overline{u'^2}$ 仍是未知的。该湍流量的确定方法将在 12.2.2 节阐述,读者可发现体积平均速度 u 能比式(12.26)更为简便地获得。读者可参见式(12.32)。

12.2.2 湍流法向应力

沿 LDA 测量体的不均匀速度分布及由此引起速度样本总量不均匀分布的更复杂结果常见于确定诸如湍流法向应力等湍流量实值过程中。首先,不均匀速度分布会导致湍流度增大,以致出现了表观湍流法向应力。其与源于非定常流动及相关数据处理的表观湍流度相类似。其次,速度样本总量和流动湍流度两者的不均匀性引起了组合速度偏差。值得注意的是,关于平均速度的组合速度偏差效应已在 12.2.1 节进行了论述。

速度分量 u 所对应的有偏移的表观湍流法向应力可通过对 LDA 测量结果直接进行数据处理的方式获得,即有

$$\overline{u'^2_{app,bias}} = \frac{1}{N} \sum_{i=1}^{N} (u_i - \bar{u}_{bias})^2 \tag{12.28}$$

式(12.28)被称为表观湍流法向应力,只是因为对于每个速度样本总量速度差 $u_i - \bar{u}_{bias}$ 表示表观速度脉动。正如 12.2.1 节的有偏移的平均速度计算那样,有偏移的表观湍流法向应力可通过把求和算法转换为积分算法的方式进行计算。为此,应通过重新采用含 $k = 1/(\bar{u}\Delta z)$ 的式(12.21)作为概率分布函数的方式考虑沿测量体速度样本总量的不均匀性,因此有

$$\overline{u'^2_{app,bias}} = \int_{z_1}^{z_2} p_u (u - \bar{u}_{bias})^2 dz = \frac{1}{\bar{u}\Delta z} \int_{z_1}^{z_2} u (u - \bar{u}_{bias})^2 dz \tag{12.29}$$

式中,速度分量 u 与式(12.4)相关。其沿测量体呈线性变化,还进一步包含流量脉动。进行积分计算时,所有包含 u' 和 u'^3 的项均因流场脉动的随机性而消失了。由式(12.29)可得

$$\overline{u'^2_{app,bias}} = (\bar{u} - \bar{u}_{bias})^2 + \frac{1}{12}\left(3 - 2\frac{\bar{u}_{bias}}{\bar{u}}\right)(\Delta\bar{u})^2 + \left(3 - 2\frac{\bar{u}_{bias}}{\bar{u}}\right)\overline{u'^2} \tag{12.30}$$

将式(12.30)与式(12.26)合并并消去 $\overline{u'^2}$,可得

$$\overline{u'^2_{app,bias}} = (2\bar{u} - \bar{u}_{bias})(\bar{u}_{bias} - \bar{u}) \tag{12.31}$$

体积平均速度则可由下式给出:

$$\overline{u} = \frac{1}{4}(3\overline{u}_{\text{bias}} + \sqrt{\overline{u}_{\text{bias}}^2 - 8\overline{u'^2_{\text{app,bias}}}})$$ (12.32)

式(12.32)给出了由两个速度的算术均值确定体积平均速度 $\overline{u}$ 的简便方法。按本书的章节次序,这其实属于前面的内容。

进一步考虑式(12.31),可用式(12.26)代换表达项($\overline{u}_{\text{bias}} - \overline{u}$),则可得

$$\overline{u'^2_{\text{app,bias}}} = \left(2 - \frac{\overline{u}_{\text{bias}}}{\overline{u}}\right)\left(\frac{1}{12}(\Delta\overline{u})^2 + \overline{u'^2}\right)$$ (12.33)

按式(12.9)还可变换为

$$\overline{u'^2_{\text{app,bias}}} = \left(2 - \frac{\overline{u}_{\text{bias}}}{\overline{u}}\right) \cdot \overline{u'^2_{\text{app}}}$$ (12.34)

如此,有偏移的表观湍流法向应力就可表示为包含有速度偏差效应修正因子的表观法向应力。这种关系精确地描述了速度偏差效应和沿 LDA 测量体的不均匀速度分布影响的组合作用。此外,将式(12.31)与式(12.34)进行比较,可得

$$\overline{u'^2_{\text{app}}} = \overline{u}(\overline{u}_{\text{bias}} - \overline{u})$$ (12.35)

为消除只在层流($u' = 0$)出现的沿测量体均匀速度分布的速度偏差效应,可采用 $\overline{u}_{\text{bias}} \approx \overline{u}$。因此,可得 $\overline{u'^2_{\text{app,bias}}} \approx \overline{u}_{\text{bias}} \approx \overline{u'^2} \approx 0$。

真实的湍流法向应力可由式(12.26)计算,即有

$$\overline{u'^2} = \left(\frac{\overline{u}_{\text{bias}}}{\overline{u}} - 1\right)\overline{u}^2 - \frac{1}{12}(\Delta\overline{u})^2$$ (12.36)

将 $\Delta\overline{u} = a\Delta z$ 代入式(12.36),可得

$$\overline{u'^2} = \left(\frac{\overline{u}_{\text{bias}}}{\overline{u}} - 1\right)\overline{u}^2 - \frac{1}{12}a^2(\Delta z)^2$$ (12.37)

式中:有偏差的平均速度 $\overline{u}_{\text{bias}}$ 由式(12.24)已知。体积平均速度已由式(12.32)确定。

基于上述所有计算,其他的简化计算方法如下。

12.2.2.1 均匀速度分布

由于沿 LDA 测量体存在 $\Delta\overline{u} = 0$,因而无需考虑表观湍流度,所以存在着 $\overline{u'^2_{\text{app,bias}}} = \overline{u'^2_{\text{bias}}}$ 和 $\overline{u'^2_{\text{app}}} = \overline{u'^2}$。由式(12.34)可得

$$\overline{u'^2_{\text{bias}}} = \left(2 - \frac{\overline{u}_{\text{bias}}}{\overline{u}}\right) \cdot \overline{u'^2}$$ (12.38)

从式(12.38)需要确认的是,因为有 $\overline{u}_{\text{bias}} > \overline{u}$ 及由此导致的 $(2 - \overline{u}_{\text{bias}}/\overline{u}) < 1$,有偏差的湍流法向应力要小于其真实值,该情形已为早期研究(Nobach 1998, Zhang 2002)所证实,读者可参见第 17 章。

12.2.2.2 可忽略的湍流流量脉动 $\overline{u'^2} \approx 0$

这种情况被视为等同于层流的测量。由式(12.33)可得

$$\overline{u'^2_{\text{app,bias}}} = \frac{1}{12}\left(2 - \frac{\overline{u}_{\text{bias}}}{\overline{u}}\right)(\Delta\overline{u})^2 \tag{12.39}$$

式中 $\overline{u}_{\text{bias}}/\overline{u}$ 项可由式(12.26)替换,然后代入 $\Delta\overline{u} = a\Delta z$,即得

$$\overline{u'^2_{\text{app,bias}}} = \frac{1}{12}a^2(\Delta z)^2 - \frac{a^4}{12^2}\frac{(\Delta z)^4}{\overline{u}^2} \tag{12.40}$$

虽然此时流动并未显示任何速度脉动,但当应用式(12.28)进行 LDA 测量数据处理时,已证实的确存在不能消除的法向应力。式(12.40)等号右边第一项是表观部分,已通过将其与式(12.9)相比较而得到证实;等号右边第二项源于速度偏差,是负效应。显然,第二项相对于第一项是可忽略项,当流体以高速流动并且测量体长度相对较短时尤其如此。对于所有应用 LDA 测量的实际流动,当考虑湍流法向应力时,可忽略与沿 LDA 测量体不均匀速度分布相关的速度偏差。值得注意的是,根据式(12.26),该结论并不适用于平均速度。

12.3　非均匀速度分布的求解方法

如前所述,湍流边界层中不均匀速度分布增加了精确测量的复杂程度。无论是平均速度,还是经平均运算的湍流量,两者均不能在 LDA 测量体有限长度内得到精确的测定。只有当 LDA 光学器件按如图 12.1 所示的方式设置时,流动的空间分布才能以大约 0.1mm 的空间分辨率进行更为精确的测量。

为能在 LDA 测量体的有限长度内解析出平均速度剖面和湍流量,可采用分离的光学接收器件,图 12.3 展示了下落水流的薄水膜内速度分布剖面的实例。光学发射器件与壁面相垂直,分离的光学接收器件则对准并聚焦于测量体。此时,应用透明的尖楔来抑制所有可能出现的光学畸变,并以此提高测量系统的光学性能。由于光学接收装置光圈较小,每次只有沿测量体长度方向特定位置的速度才会被测量。通过移动如图 12.3(a)所示的光学接收器件,薄水膜高度内的速度剖面才能被准确地解析出来。这样包含分离光学接收器件的光学布局可参见 Wittig 等人的相关文献(Wittig 等 1996)。

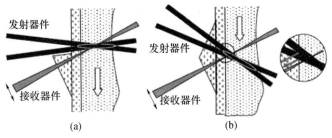

图 12.3　辨识薄水膜下速度剖面的 LDA 配置

另外一种可能的光学配置布局如图 12.3(b)所示。但是,该配置方式存在着重大的缺陷。由于光学发射和接收器件光学装置是对称设置的,由视窗与水流交界面反射的部分激光束将会直接进入光学接收器件。这将会引起所用的光电探测器(如光电倍增管)快速饱和溢出,且增大了光电信号的噪声。此外,两束激光在视窗与水流交界面存在着不规则反射,诸如条纹间距和条纹方向等的测量体光学性能将会受到影响。

第 13 章

平面视窗后的同轴流动测量

相比于其他应用传感器的流动测量,LDA 测量方法的非接触特点具有非常大的技术优势。因此,LDA 测量方法在诸如管道和机械装置内部流动的测量中已得到广泛的应用。在这些应用中,无论是管道还是机械装置,都必须配置观察窗以方便其内部流动状态的光学可达性。LDA 用户均已熟知,在实际应用中,具有两个平行平面的平面视窗永远是工程中应用 LDA 测量方法的第一选择,这是因为平面视窗的采用将会明显简化激光束传导透过视窗和试验流体介质的计算。另一个采用平面视窗的显著优势在于 LDA 测量体内部的条纹间距将会恒定不变,亦即当 LDA 的光轴垂直于视窗表面,或者说光轴与视窗表面法线方向重合(同轴)时,条纹间隔与视窗和流体介质的光学特性无关。这意味着应用平面视窗时将不会产生显著的光学畸变。激光束的折射也不会对测量产生显著的影响。上述特点将在本章予以说明。

13.1 条 纹 间 距

依据式(3.6),介质界面上的光波折射遵从折射定律。当 LDA 测量端轴线与介质界面的平面同轴时,LDA 系统中每对激光束的两束激光均会经历对称折射。如图 13.1 所示,介质 2 中两束折射激光相交而成半角可由下式计算:

$$\sin\alpha_2 = \sin\varepsilon_2 = \frac{n_1}{n_2}\sin\varepsilon_1 \tag{13.1}$$

光在介质 1 和介质 2 中的传播速度由 $c_1 = \lambda_1\nu_1$ 和 $c_2 = \lambda_2\nu_2$ 给定,λ 和 ν 分别是光波的波长和频率。首先,两个介质中光速的比值等于与相应的折射率之比的倒数($c_2/c_1 = n_1/n_2$)。其次,当光波在介质界面发生折射时其频率不变($\nu_1 = \nu_2$)。根据这两个条件,介质 2 中光波的传播波长可由下式计算:

$$\lambda_2 = \frac{n_1}{n_2}\lambda_1 \tag{13.2}$$

依据式(3.46),对于 LDA 光学系统的条纹模式,介质 2 测量体中的条纹间距可以波长 λ_2 和两激光束交角的一半(交叉半角)α_2 来计算。组合应用式(13.1)和式(13.2),测量体内的条纹间距可由下式计算($\alpha_2 = \varepsilon_1$):

$$\Delta x = \frac{\lambda_2}{2\sin\alpha_2} = \frac{\lambda_1}{2\sin\alpha_1} \tag{13.3}$$

式(13.3)表明,同轴状态下,亦即当 LDA 测量端垂直于介质界面时,测量体内中条纹间距与被测流体的特性无关。即使两激光束在到达被测流体前连续穿透不同光学特性的多个视窗,该结论仍然成立。

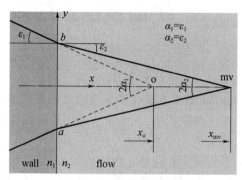

图 13.1 LDA 轴线与介质界面垂直,激光束在流场中的传导

13.2 测量体的移动

激光束在介质界面处出现折射的结果是,两束激光的交点亦即流场内的测量体总是会远离虚拟的光束交点 O(图 13.1)。测量体作为两束激光的实际交点以 mv 表示。显然,测量体的位置是虚拟的激光束交点位置的函数。如图 13.1所示,在考虑沿 y 轴的距离为 $y_b - y_a$ 时容易确定该函数。分别考虑虚拟交点和测量体,则该距离可由下式确定:

$$y_b - y_a = 2x_{mv}\tan\alpha_2 = 2x_o\tan\alpha_1 \tag{13.4}$$

显然,从介质界面至测量体的距离与虚拟的激光束交点所对应的距离成正比,比例系数可简单表示为 $\tan\alpha_1/\tan\alpha_2$,由式(13.4)可得

$$k_{mv} = \frac{dx_{mv}}{dx_o} = \frac{\tan\alpha_1}{\tan\alpha_2} \tag{13.5}$$

式(13.5)也表示实际测量体的移动距离与虚拟交点移动距离的比值。如果 LDA 测量端位于介质 1 内,后者则与 LDA 测量端的移动距离相等。

虽然该运算是存在两种介质的情况下获得的,但式(13.5)也适用于激光束从空气经由玻璃视窗进入被测流体的情况。式(13.5)的应用与两种介质之间所用视窗无关。

由于在大多数 LDA 测量布局中的夹角 α_1 和 α_2 均较小,$\tan\alpha_1$ 和 $\tan\alpha_2$ 可分别以 $\sin\alpha_1$ 和 $\sin\alpha_2$ 来近似表示,采用式(13.1)表示的折射定律,则式(13.5)可

变换为

$$k_{mv} \approx \frac{\sin\alpha_1}{\sin\alpha_2} = \frac{n_2}{n_1} \qquad (13.6)$$

LDA 测量体与 LDA 测量端之间位移之比已证实等于两种介质折射率之比。通过在介质界面上设置测量体的参考点 $x = 0$，可确定流场中 LDA 测量体的精确位置。

由于 LDA 光学器件在同轴条件下具有最简单的几何和光学特性，对平面视窗后的各种内部流动的测量无需特别关注激光束折射问题即可很好地实现。与之相反，当 LDA 光学系统轴线偏离介质界面轴线时，LDA 的光学特性及其测量设备将会变得更为复杂。相关内容将在第 14 章予以详细讨论。

13.3　光学色散及其可忽略的影响

需要强调的是，具有不同激光束波长的 LDA 光学器件中存在着一种特殊的光学现象，亦即光学色散，说明介质折射率主要取决于光的波长。该现象可通过应用色散棱镜分离包含多种波长的白光来加以很好地演示。LDA 测量中光学色散可通过采用不同波长的激光束来加以证实。例如，在二维 LDA 测量装置中，$\lambda = 488nm$ 和 $\lambda = 514.5nm$ 的激光束将会在介质界面产生不同的折射。其结果是，所形成的测量体并不汇聚于同一点。尽管如此，这两个测量体之间的位移通常可以忽略。这可通过如下考虑激光束在水中折射的算例加以说明。

二维 LDA 测量系统所使用的激光束波长分别为 $\lambda = 488nm$ 和 $\lambda = 514.5nm$，假定每对激光束所成的交叉半角为 $\alpha_1 = 6.77°$，假定 LDA 测量端均位于空气中（$n_1 = 1$），对应波长的两束激光在 20℃ 下水的折射率分别为 $n_2 = 1.337$（$\lambda = 488nm$）和 $n_2 = 1.336$（$\lambda = 514.5nm$）。根据式（13.6），流场中对应的两个测量体位置可分别由下式给出：

$$x_{mv,488} = n_2 x_o = 1.337 x_o \qquad (13.7)$$
$$x_{mv,514} = n_2 x_o = 1.336 x_o \qquad (13.8)$$

假设激光束虚拟交点位于 $x_0 = 100mm$，相应的测量体则约位于 $x_{mv} = 134mm$ 处，这两个测量体之间位移如下：

$$x_{mv,488} - x_{mv,514} = 0.001 x_o = 0.1(mm) \qquad (13.9)$$

与约为 0.4mm（表 4.1）的测量体长度相比，该位移值通常可忽略不计。

第14章

平面视窗后的离轴流动测量

正如第13章指出的那样，LDA 光学组件轴对准最简单的一种测量情况。还有一些情况是 LDA 光学组件必须离轴对准，即光轴不垂直于视窗平面。这种情况确实经常存在，以图 14.1 为例，其中流场中要测量的法向速度分量就位于平面视窗后面。这时，在这个有两条激光束的平面内，LDA 光学组件离轴对准。因此，决定测量体构建与移动的几何指标会由于激光束的非对称折射而发生变化。流动测量也会因为这种不需要的变化和相对复杂情况而变得比较困难。所以，需要对每次测量结果进行修正。

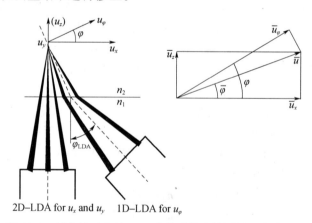

图 14.1　用离轴对准的 LDA 光学系统直接测量速度分量 u_z

当进一步考虑整个光学性能时，激光束折射的非对称性在离轴情况下较 LDA 光轴对准时更为严重。光学发射与接收组件出现光学像差证实了这点。这类光学像差的出现可能使测量的情况变得非常糟糕，折射后的两条激光根本不相交而无法得到 LDA 的测量结果。这种相关光学现象（Zhang 1995，Zhang 和 Eisele 1995）已经确定为像散。这种现象对 LDA 测量体的光学特性和光学接收组件的信号质量影响非常明显。LDA 用户用离轴位置的 LDA 测量头进行测量时，要得到可靠光学信号就会遇到重重困难。这正是散光影响造成的而不是其他原因。此外，因为激光束折射的非对称性，每条单个激光束

116

腰部会出现不同的变形进而导致 LDA 测量体畸变。这会再次造成测量体条纹失真进一步产生测量误差。显然,在离轴 LDA 对准时进行 LDA 测量会遇到不少麻烦。

过去,在确定了前面命名的光学像差对 LDA 测量的所有影响的同时,也已研发出了许多方法来提高这种复杂条件下的光学性能。值得一提的是试验流体折射率被动匹配法,该方法确实有助于降低 LDA 测量中的光学像差,但这种方法并不经常适用,例如对实验室外的流场进行测量时。

本章将对 LDA 光学组件的离轴对准有关光学特性进行详细介绍。

14.1　离轴测量与速度变换

前面提到,通常 LDA 测量头离轴对准平面视窗的法向是为了测量平面视窗外的速度分量。图 14.1 所示光学布局已广泛应用,虽然其中第三速度分量的测量与平面内的另外两个速度分量的测量并不是同时得到的。为了得出第三速度分量 u_z 即沿视窗表面法向的速度分量,可以采用第 6 章中提到的速度变换。这样,就可以由式(6.40)得到该速度分量的平均值:

$$\bar{u}_z = \frac{1}{\sin\varphi}(\bar{u}_\varphi - \bar{u}_x\cos\varphi) \qquad (14.1)$$

$x - z$ 平面中的主流动方向可用下式来计算:

$$\tan\bar{\varphi} = \frac{\bar{u}_z}{\bar{u}_x} \qquad (14.2)$$

有关的湍流量可以用第 8 章给出的零相关方法(ZCM)来确定。由式(8.18)可以得到

$$\overline{u'^2_z} = \frac{\cos\varphi\cos(2\bar{\varphi} - \varphi) \cdot \overline{u'^2_x} - \cos2\bar{\varphi} \cdot \overline{u'^2_\varphi}}{\sin\varphi\sin(2\bar{\varphi} - \varphi)} \qquad (14.3)$$

根据式(8.16),可以进一步得出体现雷诺剪切应力的湍流量:

$$\overline{u'_x u'_z} = \frac{1}{2}\tan2\bar{\varphi}(\overline{u'^2_x} - \overline{u'^2_z}) \qquad (14.4)$$

基本上,当 LDA 测量头离轴对准只是想通过式(14.1)间接测出同轴速度分量时,可以得出除 $\varphi = 0$ 外每个离轴位置处的测量结果。然而,要得到高品质的测量结果并从这些测量结果中得到最大收益,就必须考虑 LDA 这一布局的有关特性:

(1)只能测量一个分量,另外两个分量测量值需要分别求出,参见本章14.5 节。

(2)上述式中使用的角 φ 是 LDA 光轴在流动中的有效偏差角。通过应用 LDA 光轴折射定律可以大致由 φ_{LDA} 得出这个角度。该速度分量因此基本上垂直于折射光轴(14.3 节)。

（3）由于两条激光束的折射角不同,它们之间在流动流体中的交叉角就会随着 LDA 测量头的离轴角度发生变化。这意味着,测量体的条纹间距也取决于这一角度。因此,测得的速度结果需要基于 LDA 光学系统的条纹模型来进行修正,参见 14.2 节。

（4）通常,LDA 测量体的移动路径是二维的,即使是 LDA 测量头沿视窗表面法向来回移动时,参见 14.4 节。

（5）LDA 信号质量在很大程度上取决于 LDA 测量头的离轴角度、所用 LDA 光学组件的焦距和流动中测量体的深度。最糟糕时,信号质量恶化会非常明显以至于根本没法进行测量。有关信号质量恶化的具体内容参见 14.8 节。

14.2　测量体的条纹间距与速度修正

激光束在流场中的交叉角变化视 LDA 测量头离轴对准角度而定。因此,根据式(3.46),测量体的条纹间距用 $\Delta x_{\text{off}} = \frac{1}{2}\lambda_n / \sin\alpha_{\text{off}}$ 来计算,其中 λ_n 是激光在试验介质中的波长(折射率为 n),α_{off} 是两条激光束在流场中的半交叉角。显然,该条纹间距不同于同轴布局时的 $\Delta x_{\text{off}} = \frac{1}{2}\lambda_n / \sin\alpha_{\text{on}}$。这样,速度测量就会产生系统误差,条纹间距也因此会发生变化。由实际条纹间距与初始条纹间距的比值可以得到如下结论:

$$k_{\text{vel}} = \frac{\Delta x_{\text{off}}}{\Delta x_{\text{on}}} = \frac{\sin\alpha_{\text{on}}}{\sin\alpha_{\text{off}}} \tag{14.5}$$

根据图 14.1,对于 LDA 对准中的每个离轴角 φ_{LDA},可以通过在每条激光束中运用式(3.6)表示的折射定律来算出这两条激光束在流场中的半交叉角。因此有 $\alpha_{\text{off}} = f(\varphi_{\text{LDA}})$,并且自然有 $\alpha_{\text{on}} = f(\varphi_{\text{LDA}} = 0)$。

基于式(3.47),式(14.5)表示 LDA 离轴对准时测量的每个速度的修正因子:

$$u_{\varphi} = \Delta x_{\text{off}} \cdot \nu_D = k_{\text{vel}}\Delta x_{\text{on}}\nu_D = k_{\text{vel}}u_{\varphi,\text{measured}} \tag{14.6}$$

因为 LDA 系统的光学参数和几何参数通常都是指室外条件,所以必须对所有测量的速度进行修正。这点与 LDA 测量头同轴对准于视窗(条纹间距 Δx_{on})时相同,第 13 章已经对此做了介绍。

图 14.2 示例是水流测量时的修正因子,根据式(14.5),该修正因子是 LDA 离轴角 φ_{LDA} 的函数。可以看出,速度必须进行高达 10% 甚至 15% 的修正。LDA 测量头的光学布局,即两束激光的半夹角 α_0 对速度修正因子的影响的确可以忽略不计。

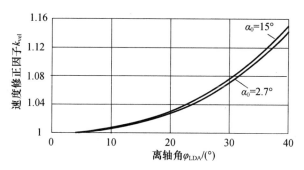

图 14.2 LDA 离轴对准测量水流($n = 1.333$)时的速度修正因子；
两条激光束之间的半交叉角 α_0 与 LDA 测量头的设计角度有关

14.3 光轴折射与测量体的定位

与 LDA 方法的常规应用一样,用离轴 LDA 法测量的速度分量与试验流场中两条激光束的平分线垂直。因为光学像差的影响,两条折射光线形成的角平分线和折射光轴既不重合也不平行,这种差异称为彗形像差。但这种现象对 LDA 测量结果的影响并不明显。这点可以从图 14.3(a)中得到证实。图中有两条在试验介质中发生折射的激光束。根据式(3.6)应用折射定律,且由于 $\varepsilon_{A1} = \varphi_{LDA} + \alpha_0$ 且 $\varepsilon_{B1} = \varphi_{LDA} - \alpha_0$,所以可以分别计算出两条激光束的折射角:

$$\varepsilon_{A2} = \arcsin\left(\frac{n_1}{n_2}\sin(\varphi_{LDA} + \alpha_0)\right) \tag{14.7}$$

$$\varepsilon_{B2} = \arcsin\left(\frac{n_1}{n_2}\sin(\varphi_{LDA} - \alpha_0)\right) \tag{14.8}$$

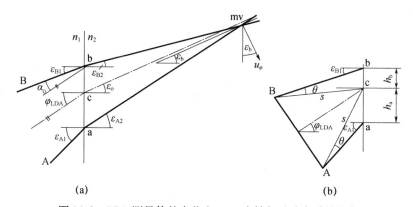

图 14.3 LDA 测量体的定位和 LDA 光轴与试验介质的夹角

试验介质中两条激光束平分线的倾角可以表示为

$$\varepsilon_b = \frac{1}{2}(\varepsilon_{A2} + \varepsilon_{B2}) \tag{14.9}$$

因为半夹角 α_0 通常很小,式(14.9)可考虑用 ε_{A2} 和 ε_{B2} 的泰勒级数展开式的线性项来近似求解:

$$\varepsilon_b = \arcsin\left(\frac{n_1}{n_2}\sin\varphi_{LDA}\right) \tag{14.10}$$

该结果与 LDA 测量头光轴的折射角 ε_o 相等。因此,流场中的折射光轴可用来表征测量体的方向。例如,对于 LDA 布局 $\alpha_0 = 3°$ 和 $\varphi_{LDA} = 30°(n_2/n_1 = 1.333)$ 的水流,由上述简化式 ε_b 中得出不确定度小于 $0.02°$。因此,彗形像差并不重要。在离轴 LDA 对准方式下测量的速度分量与垂直于流场中折射光轴的这一分量有关。

如图 14.3(b)所示,介质界面上的光轴交点记为 c。有时需要知道这一交点位置,以便进一步计算和跟踪与该轴相关的激光束以及光轴在介质界面的折射。根据图 14.3(b),在三角形 Aac 和 Bbc 中分别应用正弦定理,因为 $\sin(90 - \varepsilon_{B1}) = \cos\varepsilon_{B1}$ 和 $\sin(90 + \varepsilon_{A1}) = \cos\varepsilon_{A1}$,所以相应有

$$\frac{h_a}{\sin\theta} = \frac{s}{\cos\varepsilon_{A1}} \tag{14.11}$$

$$\frac{h_b}{\sin\theta} = \frac{s}{\cos\varepsilon_{B1}} \tag{14.12}$$

消除 s 和 $\sin\theta$,得到

$$\frac{h_a}{h_b} = \frac{\cos\varepsilon_{B1}}{\cos\varepsilon_{A1}} \tag{14.13}$$

因为 $h = h_a + h_b$,进而得到

$$\frac{h_a}{h} = \frac{\cos\varepsilon_{B1}}{\cos\varepsilon_{A1} + \cos\varepsilon_{B1}} \tag{14.14}$$

$$\frac{h_b}{h} = \frac{\cos\varepsilon_{A1}}{\cos\varepsilon_{A1} + \cos\varepsilon_{B1}} \tag{14.15}$$

14.4　测量体的二维移动

为了测量光学视窗后某一内部流动的分布,需要在整个流场内移动测量体。当 LDA 测量头沿介质界面法向方向一维平移时,离轴 LDA 装置的测量体会二维移动。如图 14.4 所示,用两条激光束之间的几何关系可以表示测量体位移的这一特性。两条激光束(A 和 B)的虚拟与实际交点分别标记为 o 和 mv。其中,mv 代表测量体。两条激光束的相应入射角和折射角分别记为 ε_{A1},ε_{B1} 和 ε_{A2},ε_{B2}。A、B 这两条激光束分别与 y 轴相交于 y_a 和 y_b 点。a 和 b 两交点之间的距离,可以分别由这两条激光束的虚拟与实际交点计算出来:

$$x_{mv}(\tan\varepsilon_{A2} - \tan\varepsilon_{B2}) = x_0(\tan\varepsilon_{A1} - \tan\varepsilon_{B1}) = y_b - y_a \qquad (14.16)$$

得出以下差分形式：

$$k_{mv} = \frac{\mathrm{d}x_{mv}}{\mathrm{d}x_0} = \frac{\tan\varepsilon_{A1} - \tan\varepsilon_{B1}}{\tan\varepsilon_{A2} - \tan\varepsilon_{B2}} \qquad (14.17)$$

式(14.17)给出了两条激光束实际与虚拟交点之间的 x 分量位移比。因为虚拟交点随 LDA 测量头移动，所以式(14.17)中的位移比 k_{mv} 比较简便地体现了测量体位移与 LDA 测量头位移之比。与第 13 章介绍的轴对准情况一样，本例中 LDA 测量头与流动之间的位移比也与视窗无关。

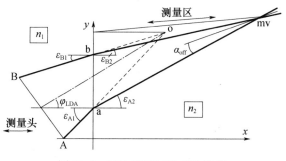

图 14.4　LDA 测量区的二维位移

从图 14.4 也可以发现：即便 LDA 测量头仅仅是在 x 方向发生位移，测量体的位移 mv 并不沿平行于 x 轴的路径移动。测量体的这种二维位移特征可以得到很好的量化。根据图 14.4，测量体 y 坐标可以用下式表示：

$$y_{mv} = y_a + x_{mv}\tan\varepsilon_{A2} \qquad (14.18)$$

因为有 $y_a = y_0 - x_0\tan\varepsilon_{A1}$，则

$$y_{mv} = y_0 - x_0\tan\varepsilon_{A1} + x_{mv}\tan\varepsilon_{A2} \qquad (14.19)$$

需要注意的是：LDA 测量头沿 x 轴平移，则意味着虚拟交点的 y 坐标保持不变。因此，根据 $y_0 = \mathrm{const}$ 和 $k_{mv} = \mathrm{d}x_{mv}/\mathrm{d}x_0$ 可以得出上述式的差分形式：

$$\frac{\mathrm{d}y_{mv}}{\mathrm{d}x_{mv}} = \tan\varepsilon_{A2} - \frac{\mathrm{d}x_0}{\mathrm{d}x_{mv}}\tan\varepsilon_{A1} = \tan\varepsilon_{A2} - \frac{1}{k_{mv}}\tan\varepsilon_{A1} \qquad (14.20)$$

式(14.20)给出了 LDA 测量头沿 x 方向平移时测量体的移动路径。通常，除同轴对准这一特例外，在一条激光束垂直于介质界面这一平面，或者垂直于 LDA 测量头所在的流动介质这样的离轴对准情况下，测量体的横向位移 $\mathrm{d}y_{mv}/\mathrm{d}x_{mv}$ 并不会消失。如图 14.5 所示，该示例给出了 LDA 光学系统($\alpha_0 = 2.75°$)在水流测量体的二维位移速率，该速率由式(14.17)和(14.20)得出。

对于使用两个 LDA 测量头来同时开展三个速度分量测量的实例来说，这里给出这些结果相当重要。当要移动流动中的测量体时，因为要把这三个测量体各自区分开来，所以这两个 LDA 测量头都需要重新对准，参见 Thiele 和雷博德(1994)的有关研究。

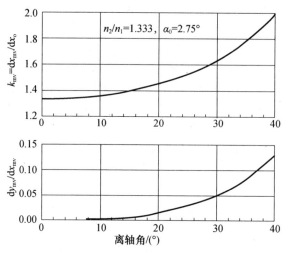

图 14.5　水流中 LDA 测量区的二维位移速率

14.5　像散及其在光学发散系统中的存在

像散是一种光学像散差,指折射后激光束穿过一个非垂直界面发生聚焦点丢失的现象(图 14.6)。虽然折射后光束的子午面(也称切向面)聚焦在 m 点上,在矢向面聚焦在 s 点上。这两个焦点之间的距离称为像散离差。显然,像散离差取决于光束与界面法向的离轴角 φ 和聚焦角度即入射光束的厚度这两方面,另外,还取决于虚拟焦点与平面接触面的距离。

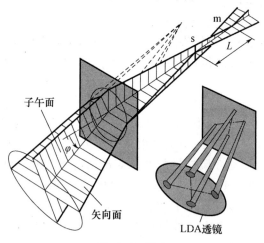

图 14.6　散光

在 LDA 应用中,二维 LDA 系统四条激光束可构建图 14.6 给出的这种聚焦光束。一组激光束构成子午面而另一组则构成矢向面。相应地在子午面和矢向面焦点处得到两个测量体。由于两个测量体明显相互独立,LDA系统二维测量同时性就不可能获得。此外,像散差也与信号质量和测量体的条纹失真等其他光学特性有关。下面将分别进行阐述。

即使用子午面上的两条激光束进行单分量测量,当采用LDA离轴对准时总是不可避免地会出现散光并对测量产生影响。已经证实,除了测量体的条纹失真之外,还有散光作用会从后面将散射激光由测量体传向集成在LDA测量头上的光学接收元件。因而,接收元件上出现的散光直接影响到信号强度与质量。要量化这种作用影响,可以考虑用像散离差为这一现象的量化手段。在有两对激光束的该实例中(图14.6),它是用两个焦点即可用测量体(m)和不可用测量体(s)之间的距离来表示。

在LDA内流测量的实际应用中,在厚度为 d 的透明光学视窗和流动流体中会出现两处像散。如图14.7所示给出的是发生在子午平面中的激光束折射。两条平面内的激光束(A和B)的交点记为m。因为矢向面上其他两条激光束的折射对称,所以在子午面也可以找到相应的交点s。应用射线光学理论(Zhang 1995),两个测量体(m和s)之间沿 x 轴的位移可以计算出来并表示如下,具体计算细节见附录A:

$$\Delta x_{m,s} = \frac{1}{T_{20}}(\psi_1 d + \psi_2 d_s) \qquad (14.21)$$

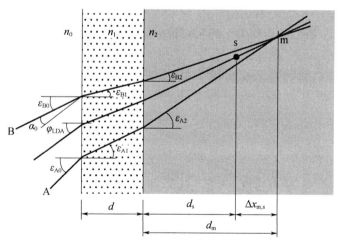

图14.7　试验流场中的可用(m)与不可用测量区(s)之间距离的计算

式中

$$\psi_1 = \frac{\cos\alpha_0 \cos\varphi_{LDA}}{\sqrt{\dfrac{n_1^2}{n_0^2} - (1 - \cos^2\alpha_0 \cos^2\varphi_{LDA})}} - T_{10} \qquad (14.22)$$

123

$$\psi_2 = \frac{\cos\alpha_0 \cos\varphi_{LDA}}{\sqrt{\dfrac{n_2^2}{n_0^2} - (1 - \cos^2\alpha_0 \cos^2\varphi_{LDA})}} - T_{20} \qquad (14.23)$$

$$T_{10} = \frac{\tan\varepsilon_{A1} - \tan\varepsilon_{B1}}{\tan\varepsilon_{A0} - \tan\varepsilon_{B0}} \qquad (14.24)$$

$$T_{20} = \frac{\tan\varepsilon_{A2} - \tan\varepsilon_{B2}}{\tan\varepsilon_{A0} - \tan\varepsilon_{B0}} \qquad (14.25)$$

ε_{A1}、ε_{A2}、ε_{B1} 和 ε_{B2} 分别是介质 1 和 2 中激光束(A 和 B)的折射角。应用折射定律,根据相应的入射角 $\varepsilon_{A0} = \varphi_{LDA} + \alpha_0$ 和 $\varepsilon_{B0} = \varphi_{LDA} - \alpha_0$ 可以算出这些角度。空气中两条激光束之间的半夹角记为 α_0。另外值得一提的是,如图 14.7 所示,当离轴角较小时,在给定的参数下,可能会出现 $\varepsilon_{B0} < 0$。参数 ψ_1 和 ψ_2 分别表征视窗和试验流体。

假设这四条激光束在介质 0 中都相交于一个特殊点,据此得出上述各式。这一介质记为参考介质。通常以测量头所处的空气作参考介质。14.10 节将介绍以水为参考介质的特殊情况。

图 14.8 这一示例给出的是离轴 LDA 对准方式测量时两个测量体(m 和 s)之间位移的计算结果。这是空气 – 玻璃 – 水测量条件下的计算结果,玻璃厚度 $d = 20\text{mm}$。其中,位移即两个测量体之间的距离特别大,尤其是当离轴角比较大时。该距离随试验流体中测量体的深度呈线性增加,并主要取决于该深度。图 14.8 中,可以看出玻璃视窗在 $d_s = 0$ 时对散光程度的影响。通常因为所采用的视窗的厚度比较小,所以这个影响相对较小。

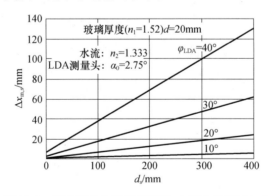

图 14.8　LDA 测量头离轴对准时,水流中的可用(m)
与不可用测量区(s)之间距离

因为两个测量体之间距离比较大,所以不能用二维 LDA 测量。实际应用中,如前面图 14.1 所示,单独的单分量速度测量起初确实是用 LDA 离轴对准。测量用的这两条激光束位于子午面并形成测量体 d_m。这一测量体因此被称为可用测量体,而测量体 d_s 不可用。当用 d_m 作为参数来表示两个测量体之间的距离时,通过代入 $d_s = d_m - \Delta x_{m,s}$,将式(14.21)重新整理为

$$\Delta x_{m,s} = \frac{1}{T_{20} + \psi_2}(\psi_1 d + \psi_2 d_m) \qquad (14.26)$$

当 $d = 0$ 时,简化为

$$\frac{\Delta x_{m,s}}{d_m} = \frac{\psi_2}{T_{20} + \psi_2} \qquad (14.27)$$

有时较常用上面这两个表达式,因为用可用测量体会在距离为 d_m 时产生可见测量体。另外值得一提的是:当 d_m 比较小时,因为 $d_s < 0$,在视窗内可能会出现虚拟的不可用测量体。

根据式(14.27)视窗厚度可以忽略不计,图14.9给出的是可用与不可用测量体之间位移的 LDA 离轴角函数,其中介质 $n = 1.333$。

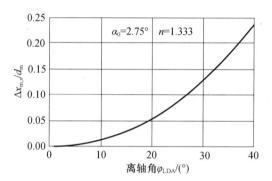

图 14.9 可用与不可用测量区之间位移的
LDA 离轴角函数视窗厚度 $d = 0$

需要考虑到试验介质等于参考介质这一特例。测量视窗后面的空气时,即空气－玻璃－空气这一布局时,所有相关式都可以简化。因为 $n_2 = n_0 = 1$,所以 $T_{20} = 1$。由式(14.23)得到

$$\psi_2 = 0 \qquad (14.28)$$

因此,式(14.26)可写为

$$\Delta x_{m,s} = \psi_1 d \qquad (14.29)$$

因此,两个测量体之间的散光和相关位移与所用玻璃视窗的厚度和折射率有关,与测量体在空气介质中的深度无关。实际上,只要试验介质等于参考介质,始终都是这样。另见 14.10 节有关抑制象散效应的方法。

本节最后要强调的是,在光学平面即包含两条激光束的平面中的 LDA 离轴对准标准要高。标准不高就会导致两条激光束分开而无法形成测量体。有关这方面的更多细节参见 14.9 节。

下面将进一步阐述 LDA 测量的其他一些相关光学特性。

14.6 聚焦激光束产生的散光

众所周知,散光是一种光学像差,现指折射后激光束穿过一个非垂直界面聚焦点发生丢失的现象(图 14.6)。由于 LDA 系统中每单条激光束都是精确聚焦光束,其在介质界面上的折射会导致出现散光。结果每条折射激光束展现出两个特征聚焦点:一个在子午面而另一个在矢向面。因为激光束的这两个焦点不重合,所以激光束前的光波都不是平面形式。显然,两条这样的激光束相交会导致测量体的条纹失真。然而,这类条纹失真,不能简单地描述成两条常规激光束相交不当造成的那种熟知的条纹失真(第 16 章)。Li 和 Tieu(1998)曾试图对这里提到的导致测量体变形却与离轴 LDA 的散光无关的情况进行细致研究。

显然,本例中散光造成的条纹失真程度取决于测量体的相对位置和两条激光束各自在子午面和矢向面焦点的相对位置。因此,它取决于这套单个离轴 LDA 系统的离轴角。正因为如此,激光束受到的散光影响应该用 LDA 离轴角函数来表示。Zhang 和 Eisele(1996 b)已经对此进行了详细的研究。

14.6.1 聚焦激光束的一次性折射

如图 14.10 所示,选用了一条空间上聚焦的激光束,该激光束在介质 1 和 2 界面上发生折射。对于这种布局,选用的是 $y - z$ 平面在两种介质间界面上的坐标系。x 轴因此可以通过介质 1 到介质 2。入射光束的虚拟焦点位于 $x - z$ 平面

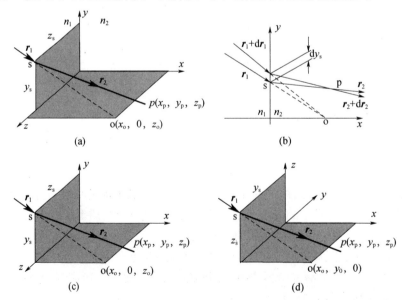

图 14.10 用来计算聚焦光束散光的射线光学

上,并且坐标是 o = $(x_o, 0, z_o)$。根据散光参数的定义,需要注意到有关入射光束的两个特征平面:包含光轴和界面法向平面称为子午面;垂直于并穿过光轴并的平面称为矢向面。

为了简化这种几何光学计算,首先把激光束视为单一的射线,该射线可以下面这样一条有平行单位向量 $r_1 = (r_{1x}, r_{1y}, r_{1z})$ 的直线来描述:

$$\frac{x - 0}{r_{1x}} = \frac{y - y_s}{r_{1y}} = \frac{z - z_s}{r_{1z}} \tag{14.30}$$

其中,$s(0, y_s, z_s)$ 是界面上直线的交点。

可以通过在式(14.30)中插入入射光束 o = $(x_o, 0, z_o)$ 的已知虚拟焦点来确定交点 s 的坐标。以 y_s 为例,可以得出

$$y_s = -\frac{r_{1y}}{r_{1x}} x_o \tag{14.31}$$

类似于式(14.30),从交点 s 发出的折射光线可用以 $r_2 = (r_{2x}, r_{2y}, r_{2z})$ 为平行单位向量的一条直线来表示:

$$\frac{x - 0}{r_{2x}} = \frac{y - y_s}{r_{2y}} = \frac{z - z_s}{r_{2z}} \tag{14.32}$$

单位向量 r_2 取决于单位矢量 r_1,并且可以利用折射率由式(3.8)和式(3.9)得出

$$r_{2y} = \frac{n_1}{n_2} \cdot r_{1y} \tag{14.33}$$

$$r_{2z} = \frac{n_1}{n_2} \cdot r_{1z} \tag{14.34}$$

式中:n_1 和 n_2 分别为不同介质的折射率。

下面各计算式的目的是找出给定入射光束聚焦 o = $(x_o, 0, z_o)$ 时的折射光束的焦点。这条严格聚焦光束可以想象成一条绕虚焦点 o 无穷小转动入射光束线 r_1 后产生的光束,因此,在介质界面(y-z 平面)上,交点 s 发生了位移。所以,入射光线的某一微小变化 dr_1 会造成折射光线 r_2 发生微小变化 dr_2,并且交点 s 会在介质界面上发生微小的位移。通常,射线 r_2 和 $r_2 + dr_2$ 是空间上传播的,因此并不会彼此相交。但通过将这两束射线投射到 x-y 这一平面上,就可以确定这两束折射光线之间的交点,如图 14.10(b)所示。介质界面内交点 s 的微小位移可以通过分量 dy_s 来确定。

事实上,投射光线 r_2 和 $r_2 + dr_2$ 的交点就代表折射后的模拟光束的焦点,但是,条件是入射光线在平行于 x-y 平面的截面平面发生了给定的变化 dr_1。由于射线 r_2 和 $r_2 + dr_2$ 在空间上一般不相交,显然它们之间所观察到的交点取决于投射面的方向。这意味着,不出所料并没有特别的焦点。折射光束失去特别焦点的这一现象,正如上面所述,称为散光。为了便于数学上对这类光学像差的

表述, r_2 和 $r_2 + dr_2$ 的交点在数学上解释为坐标 x_p 上的点,在该坐标上,折射光线 r_2 并没有反映出 $x - y$ 平面上的 y 坐标,虽然入射光发生了微小的变化 dr_1,如图 14.10(b) 所示。为了简便起见,入射光线的变化首先假设为 dr_{1y},即单位向量 r_1 的在 y 方向上的分量。因此,折射光束在 x_p 上,视为 $x - y$ 平面上的相应焦点应该满足下述条件:

$$\frac{\partial y_p}{\partial r_{1y}} = 0 \tag{14.35}$$

进一步推导中,将假设单位向量 r_1 的 z 轴分量为常数。r_{1y} 上的变化会造成 r_{1x} 上的变化。因为交点在介质接口界面上的位移变化,在一侧的折射光线,式(14.32)所描述的折射线的一侧会同时发生单位向量 r_2 的变化和射线的位移。根据射线的这一光学特性,把从式(14.32)中得出的相应关系式 $y = f(x)$ 代入式(14.35)中,会得出

$$\frac{\partial y_s}{\partial r_{1y}} + x_p \frac{\partial}{\partial r_{1y}} \left(\frac{r_{2y}}{r_{2x}} \right) = 0 \tag{14.36}$$

式中,微分 $\partial y_s / \partial r_{1y}$ 可以由适用于入射光线的式(14.31)计算出来。因为 r_{1z} 为常量,所以有

$$\frac{\partial y_s}{\partial r_{1y}} = - x_o \frac{\partial}{\partial r_{1y}} \left(\frac{r_{1y}}{\sqrt{1 - r_{1y}^2 - r_{1z}^2}} \right) = - x_o \frac{1 - r_{1z}^2}{r_{1x}^3} \tag{14.37}$$

关于式(14.36)中的第二项,根据式(14.33)可以首先看作下述表达式:

$$\frac{r_{2y}}{r_{2x}} = \frac{n_1}{n_2} \frac{r_{1y}}{\sqrt{1 - (n_1/n_2)^2 r_{1y}^2 - (n_1/n_2)^2 r_{1z}^2}} \tag{14.38}$$

该式微分后得到

$$\frac{\partial}{\partial r_{1y}} \left(\frac{r_{2y}}{r_{2x}} \right) = \frac{n_1}{n_2} \frac{1 - r_{2z}^2}{r_{2x}^3} \tag{14.39}$$

将式(14.37)和式(14.39)都代入式(14.36)。当 x 坐标式(14.35)给定的几何条件完全满足时,该坐标可以求解为

$$x_p = x_o \frac{n_2}{n_1} \frac{r_{2x}^3}{r_{1x}^3} \frac{1 - r_{1z}^2}{1 - r_{2z}^2} \tag{14.40}$$

这就是折射光线上的位置,在该位置上尽管入射光线发生了既定的变化但 y 坐标上并没有什么变化。因此,x_p 上的相关点可以看作折射激光束的焦点,但是,根据式(14.35),可以判断该焦点在平行于 $x - y$ 平面的截面上。

而且,还可以由式(14.40)看出,x_p 显然取决于入射光束的空间方向,或者换句话说,取决于所用坐标系统的特征。在入射光束的子午面,即包含单位矢量 r_1 和 x 轴平行线的这一平面与 $x - y$ 平面重合或平行时(图 14.10(c)),就会简化为 $r_{1z} = r_{2z} = 0$。

式(14.35)给出了折射光束子午面上焦点的条件。因此,根据式(14.40)折

射光束的相应焦点可以表述为

$$x_m = x_o \frac{n_2 r_{2x}^3}{n_1 r_{1x}^3} \tag{14.41}$$

在并不是坐标系绕 x 轴旋转 $90°$ 的第一种情况时，可以考虑另外一种情况（图 14.10（d））。那么式（14.35）表示的就是折射光束在矢向面上的聚焦条件。因此，上面给出的计算式可以用于矢向面上的射线光学计算。因为 $r_{1y} = r_{2y} = 0$，即 $1 - r_{1z}^2 = r_{1x}^2$ 和 $1 - r_{2z}^2 = r_{2x}^2$，根据式（14.40）可以得出折射光束上的相应矢向面焦点为

$$x_s = x_o \frac{n_2 r_{2x}}{n_1 r_{1x}} \tag{14.42}$$

显然，可以发现子午面和矢向面焦点是在折射光束上的不同位置。它们之间的距离可以用下式来表示：

$$\Delta x_{m,s} = x_m - x_s = x_o \frac{n_2}{n_1} \left(\frac{r_{2x}^2}{r_{1x}^2} - 1 \right) \frac{r_{2x}}{r_{1x}} \tag{14.43}$$

根据散光的传统定义，两个焦点之间的空间距离称为像散离差。当 r_{2x} 是 x 轴上的单位矢量投射时，像散差可以计算如下：

$$\Delta x_{m,s} = \frac{x_m - x_s}{r_{2x}} = x_o \frac{n_2}{n_1} \frac{r_{2x}^2 - r_{1x}^2}{r_{1x}^3} \tag{14.44}$$

上述式中的单位矢量分量 r_{1x} 和 r_{2x} 可以分别用 $r_{1x} = \cos\varepsilon_1$ 和 $r_{2x} = \cos\varepsilon_2$ 来表示，其中 ε_1 和 ε_2 分别是光束的入射角和折射角。因此，式（14.43）可以化为

$$\Delta x_{m,s} = x_o \frac{n_2}{n_1} \left(\frac{\cos^2\varepsilon_2}{\cos^2\varepsilon_1} - 1 \right) \frac{\cos\varepsilon_2}{\cos\varepsilon_1} \tag{14.45}$$

因为两个焦点分别在子午面和矢向面且并不出现在同一位置，所以每一焦点实际存在一条焦线。当由一个焦点（x_m）向另一个焦点观测时，这条焦线的方向会发生改变。对于 LDA 系统中类似激光束的一有限光束而言，应观测 x_m 和 x_s 之间的光束的椭圆形横截面区。形成椭圆形横截面区，而不是单一的焦线，是因为出现了彗差效应（见 14.3 节）和其他三阶像差。但是这种彗差要比散光时的小得多。

上面给出的结果关系到 LDA 测量及其测量精度。每条折射激光束在交叉区中由一个到另一个焦点的变化会影响到这两条激光束的交叉所构成的测量体内条纹间距的均匀性。在测量空间的条纹失真程度显然取决于所有焦点（x_m 和 x_s）与测量体的偏差。对于测量体的偏差的具体计算将在 14.7 节中进行介绍。

式（14.43）需要继续加以考虑。由式（14.42）代换 x_o，得出

$$\Delta x_{m,s} = x_s \left(\frac{r_{2x}^2}{r_{1x}^2} - 1 \right) \tag{14.46}$$

根据式（3.12），式（14.46）也可以写成

$$\Delta x_{m,s} = x_s \left(1 - \frac{n_1^2}{n_2^2} \right) \tan^2 \varepsilon_1 \tag{14.47}$$

因此,像散离差可以证明取决于光束的入射角和介质 2 中矢向面焦点的位置。有时,这需要将像散离差与子午面焦点的位置进行相关。有鉴于此,在上述式中插入 $x_s = x_m - \Delta x_{m,s}$:

$$\Delta x_{m,s} = (x_m - \Delta x_{m,s}) \left(1 - \frac{n_1^2}{n_2^2} \right) \tan^2 \varepsilon_1 \tag{14.48}$$

然后,将像散离差相关到 x_m,式(14.48)求解为

$$\frac{\Delta x_{m,s}}{x_m} = \frac{\left(1 - \frac{n_1^2}{n_2^2} \right) \tan^2 \varepsilon_1}{1 + \left(1 - \frac{n_1^2}{n_2^2} \right) \tan^2 \varepsilon_1} \tag{14.49}$$

因此,对于给定的两种介质,相关的像散离差只是光束入射角的函数,图 14.11 中 $n_2/n_1 = 1.333$ 时已经反映出了这种依赖性。大角度入射光束条件下,像散离差就很明显。如果与图 14.9 进行比较,该图表示的是一组包括四条激光束的宏光束,并且离轴对准于 φ_{LDA},显而易见,位移或像散离差并不非常依赖于光束厚度。

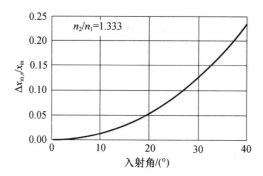

图 14.11　以表现为聚焦光束入射角函数的像散差

值得一提的是,式(14.47)和由此得出的式(14.49)也可以通过式(14.21)经相应化简后得出。在目前这两种介质情况下,需要设置 $d = 0$。此外,这里处理的是薄型光束,所以对于式(14.21)中的光束交叉角,需要用到 $\alpha_0 \ll 1$ 这一条件。Zhang(1995)已经对此进行了相应的验证计算。

14.6.2　聚焦激光束的多重折射

用 LDA 测量内部流动时,聚焦光束经常会发生多重折射,因为在内部流动中所有激光束总是要至少通过一个厚度为 d 中的玻璃视窗。在这种情况下,光束的子午面和矢向面上这两个焦点将按照图 14.12 来计算。为了简化,

图 14.12 只给出了光束的子午面示意图。再次发现入射光束初始焦点即虚拟焦点是在 $o(x_o, y_o)$。为了计算介质 2 中折射光束的焦点 o_2，首先得计算出介质 1 中折射光束的焦点 o_1。

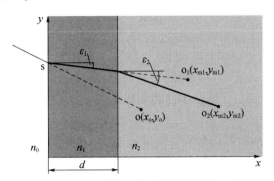

图 14.12 介质 1 和 2 中发生多重折射的聚焦光束的子午面

第一次光束折射是发生在介质 0 和 1 之间的界面上。根据式 (14.41) 和式 (14.42)，介质 1 中光束的子午面和矢向面焦点是在

$$
\begin{cases}
x_{m1} = x_o \dfrac{n_1 r_{1x}^3}{n_0 r_{0x}^3} & (14.50) \\[3mm]
x_{s1} = x_o \dfrac{n_1 r_{1x}}{n_0 r_{0x}} & (14.51)
\end{cases}
$$

在图 14.12 中，只是子午面的焦点已用 o_1 表示出来了。这点和相关的矢向焦点都是虚拟的。下一步计算介质 2 中折射光束的焦点时要用到这两个焦点。

式 (14.41) 和式 (14.42) 将再次应用于介质 1 和介质 2 之间界面上的折射光束。根据介质 1 的厚度 d，可以得出

$$
x_{m2} = (x_{m1} - d) \frac{n_2 r_{2x}^3}{n_1 r_{1x}^3} + d \tag{14.52}
$$

$$
x_{s2} = (x_{s1} - d) \frac{n_2 r_{2x}}{n_1 r_{1x}} + d \tag{14.53}
$$

因此，介质 2 中的这两个焦点之间的位移可以用下式来表示：

$$
\Delta x_{m,s} = x_{m2} - x_{s2} = (x_{m1} - d) \frac{n_2 r_{2x}^3}{n_1 r_{1x}^3} - (x_{s1} - d) \frac{n_2 r_{2x}}{n_1 r_{1x}}
$$

$$
= x_o \frac{n_2}{n_0} \left(\frac{r_{2x}^2}{r_{0x}^2} - 1 \right) \frac{r_{2x}}{r_{0x}} - d \frac{n_2}{n_1} \left(\frac{r_{2x}^2}{r_{1x}^2} - 1 \right) \frac{r_{2x}}{r_{1x}} \tag{14.54}
$$

在 $r_{2x} = \cos\varepsilon_2$ 时，上述式中单位向量的相关分量可以用相应的折射角来进行替换。

如果光束发生两次以上的折射时，将采用一样的计算步骤。尤其是当 $d = 0$，聚焦光束发生一次折射时，式 (14.54) 用的是式 (14.43) 这一形式。

14.7　测量体及其畸变

在 LDA 测量中,至少有两条激光束,通过这些激光束的相交来创建测量体。如果需要通过折射来测量内部流动时,每条激光束都会发生散光。由于发生散光,激光束焦点(子午面和矢向面上)就会形成测量体上的偏差。这些偏差是造成测量体干涉条纹失真和非均匀性的主要原因。因此,尽可能地计算出这些偏差对于进一步研究测量体的光学性能关系重大。随散光形成的测量体条纹失真确实反映出了一种新的类型,对这种类型的研究目前还没有普及。通常关注的只是因为两条普通的激光束相交不当引起的 LDA 测量体条纹失真(见第 16 章)。

为了能定量确定各焦点分离及测量体的离差,需要用到上节中处理散光特性的计算结果。出于实用因素,考虑使用带两条离轴对准激光束的单分量 LDA 系统。如图 14.13 所示,为了确保两条激光束折射后相交,LDA 测量头需要在包含这两条激光束的平面内进行离轴对准。一般情况下,首先考虑的是激光束折射了两次。在第一介质(通常是一个玻璃视窗)中折射后的两条激光束用 A_1 和 B_1 来表示,而在试验介质中分别用 A_2 和 B_2 来表示。

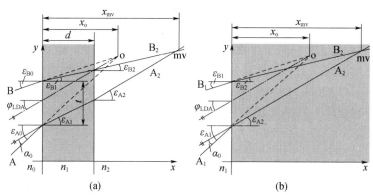

图 14.13　在(a)两次折射的这一常规情况(介质 0,1,2)
(b)一次折射的特例情况(介质 1,2)下的激光束传播和测量区的构成

首先需要确定试验介质中的测量体,然后才能确定折射激光束的不同焦点与测量体的偏差。从介质 2 中第一接口界面(0—1)到测量体,两条激光束(A 和 B)以等于 t 的横向距离进行收敛(图 14.13(a))。根据这一距离,可以建立下述关系式:

$$x_o(\tan\varepsilon_{A0} - \tan\varepsilon_{B0}) = [d\tan\varepsilon_{A1} + (x_{mv}-d)\tan\varepsilon_{A2}] - [d\tan\varepsilon_{B1} + (x_{mv}-d)\tan\varepsilon_{B2}]$$
$$= t \tag{14.55}$$

根据这一基础式,可以对单次和多次折射激光束分别进行计算。

14.7.1 激光束的单次折射

例如,在测量折射率与光学视视窗向匹配的开口通道流动或内部流动时,激光束会发生单一或一次折射(图 14.13(b))。在这种情况下,当 $d = 0$ 时,式(14.55)可以简化成:

$$\frac{x_{mv}}{x_o} = \frac{\tan\varepsilon_{A1} - \tan\varepsilon_{B1}}{\tan\varepsilon_{A2} - \tan\varepsilon_{B2}} \tag{14.56}$$

式中:两种介质的次序用下标 1 和 2 进行了编排。

对于一个给定的离轴对准 LDA,上述式中的距离比 x_{mv}/x_o 是一个常数。这意味着,它也反映出测量体变化与虚拟激光束交叉变化之比,该变化比用 dx_{mv}/dx_o 来表示。不出所料,这正好与式(14.17)等同。

为了消除 x_o,上述式分别与式(14.41)和式(14.42)进行了合并。这样,激光束子午面和矢向面焦点与测量体的各自偏差就可以表示为:

$$\Delta x_{m,mv}^{*} = \frac{x_m - x_{mv}}{x_{mv}} = \frac{n_2 r_{2x}^3 \tan\varepsilon_{A2} - \tan\varepsilon_{B2}}{n_1 r_{1x}^3 \tan\varepsilon_{A1} - \tan\varepsilon_{B1}} - 1 \tag{14.57}$$

$$\Delta x_{s,mv}^{*} = \frac{x_s - x_{mv}}{x_{mv}} = \frac{n_2 r_{2x} \tan\varepsilon_{A2} - \tan\varepsilon_{B2}}{n_1 r_{1x} \tan\varepsilon_{A1} - \tan\varepsilon_{B1}} - 1 \tag{14.58}$$

这两种偏差都是指的单激光束,该激光束用介质 1 中的单位矢量分量 r_{1x} 和介质 2 中的 r_{2x} 来表述。对于激光束对构成测量体的两条激光束(A 和 B)来说,一共需要考虑 4 个焦点。它们的偏差可以通过上述两个式计算出来,如图 14.14(a)中对具体 LDA 布局的定量显示以及图 14.14(b)中的佐证。可以看出,在矢向面两条激光束的焦点要比子午面焦点离测量体更远。因为存在这样的偏差,测量体和其中的干涉条纹明显会发生失真,至少测量体的形状不再是明确的椭圆形。但是,测量体的条纹是如何失真以及如何影响测量精度仍然未知。

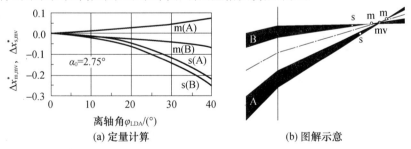

(a) 定量计算   (b) 图解示意

图 14.14 两条激光束(A 和 B)的所有 4 个焦点与测量区(一次性折射)的偏差

14.7.2 激光束的多重折射

如图 14.13(a)所示,在测量内部流动其中至少用了一块玻璃视窗时,激光束会发生多重折射。但是,在视窗厚度 $d \neq 0$ 时,根据14.7.1节指出的类似计算程序,为了消除初始焦点 x_o,将式(14.55)与式(14.50)和式(14.51)进行了合并。因此,得到

$$x_{m1} = \frac{n_1 r_{1x}^3 (\tan\varepsilon_{A1} - \tan\varepsilon_{B1}) d - (\tan\varepsilon_{B2} - \tan\varepsilon_{A2})(x_{mv} - d)}{n_0 r_{0x}^3 \quad \tan\varepsilon_{A0} - \tan\varepsilon_{B0}} \quad (14.59)$$

$$x_{s1} = \frac{n_1 r_{1x} (\tan\varepsilon_{A1} - \tan\varepsilon_{B1}) d - (\tan\varepsilon_{B2} - \tan\varepsilon_{A2})(x_{mv} - d)}{n_0 r_{0x} \quad \tan\varepsilon_{A0} - \tan\varepsilon_{B0}} \quad (14.60)$$

然后,根据式(14.52)以及式(14.53),各自的焦点与测量体的相对偏差可以推导出:

$$\Delta x_{m,mv}^* = \frac{x_{m2} - x_{mv}}{x_{mv} - d}$$
$$= \frac{n_2 r_{2x}^3 \tan\varepsilon_{A2} - \tan\varepsilon_{B2}}{n_0 r_{0x}^3 \tan\varepsilon_{A0} - \tan\varepsilon_{B0}} - 1 + \left(\frac{n_2 r_{2x}^3 \tan\varepsilon_{A1} - \tan\varepsilon_{B1}}{n_0 r_{0x}^3 \tan\varepsilon_{A0} - \tan\varepsilon_{B0}} - \frac{n_2 r_{2x}^3}{n_1 r_{1x}^3} \right) \frac{d}{x_{mv} - d} \quad (14.61)$$

$$\Delta x_{s,mv}^* = \frac{x_{s2} - x_{mv}}{x_{mv} - d}$$
$$= \frac{n_2 r_{2x} \tan\varepsilon_{A2} - \tan\varepsilon_{B2}}{n_0 r_{0x} \tan\varepsilon_{A0} - \tan\varepsilon_{B0}} - 1 + \left(\frac{n_2 r_{2x} \tan\varepsilon_{A1} - \tan\varepsilon_{B1}}{n_0 r_{0x} \tan\varepsilon_{A0} - \tan\varepsilon_{B0}} - \frac{n_2 r_{2x}}{n_1 r_{1x}} \right) \frac{d}{x_{mv} - d} \quad (14.62)$$

式中,$x_{mv} - d$ 是试验介质中测量体的深度。

在光束多重折射的现有情况下计算出来的所有偏差取决于LDA测量头的离轴角以及试验流体中测量体的深度。在视窗厚度很小时($d/x_{mv} \ll 1$),式(14.61)和式(14.62)可以化简,分别得出一次折射时的式(14.57)和式(14.58)。

考虑到测量体是由两条激光束形成的,图14.15给出了所有4个焦点与测量体的偏差,其中LDA的具体配置是 $\alpha_0 = 2.75°$ 和 $x_{mv}/d = 2$。它们与图14.14中的类似。特别是,可以再次证实矢向面的两条激光束的焦点要比子午面的离测量体较远。基于同样的原因,测量体有可能会发生失真。

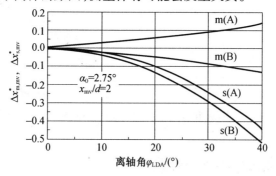

图14.15 两条激光束(A和B)的所有四个焦点
与测量区的偏差(两次折射)

14.7.3 LDA 同轴对准时的像散

在大多数实际应用中,测量管道流的 LDA 通过 LDA 测量头轴对准方式($\varphi_{LDA}=0$)来进行。这两条激光束同样也会受到散光作用,但是,只是在小的激光束交叉角时($2\alpha_0$)。例如,当 $d/x_{mv}\ll 1$ 时,可以根据式(14.57)和式(14.58)中这两条激光束各自的入射角和折射角计算出激光焦点与测量体的相应偏差。在假设 $\alpha_0=2.75°$ 和折射率比 $n_1/n_0=1.333$ 时,可以得到

$$\Delta x_{m,mv}^{*}=0.001 \qquad (14.63)$$
$$\Delta x_{s,mv}^{*}=0 \qquad (14.64)$$

该结果意味着测量体并没有发生失真。这样就达到 LDA 测量需要的最佳的光学条件(见第 13 章)。

14.8 信号质量及其与透镜的相关性

14.8.1 信号质量与强度的恶化

从图 14.6 中可以推断出,当发生散光时,LDA 测量头的前置透镜上的每个基本区在测试介质中有其单独的焦点。由子午面两束激光构成的测量体显然恰逢只有几个这样的基本区的焦点重合,因此并不能被看到。所以测量体的散射激光不能有效地被接收单元检测到。这造成的直接后果就是速度信号速率迅速随 LDA 离轴角减小。从这方面来讲,散光对信号质量影响的根源在于光学接收元件而不是光学发射元件,这点在图 14.16 中得到了诠释。散射光从测量体沿光轴向后传播通过介质接口界面。最初,这是一条在 mv 即测量体上具有特殊焦点的激光束。通过介质接口界面后,子午平面上的这束光在 o_s 上有其虚拟焦点,这与光学发射元的一样。但是,矢向面上激光有虚拟焦点 o_s,该虚拟焦点与 o_m 并不重合。这种现象证实光学接收元上存在散光。两个虚拟焦点之间的距离又称为像散离差。因为通过介质接口界面后的散射光不再是具有独特焦点的激光束,所以检测器并不能有效地采集到它以作进一步的信号处理。因此信号质量和强度这两方面将受到相当大的影响,最终导致信号速率下降。

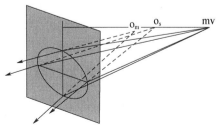

图 14.16 用于散光的光学接收元件

14.8.2　信号质量与强度对透镜的依赖性

光学接收元件散光的存在导致光学信号质量与强度的恶化并进一步导致测量时的采样率的减少。Zhang 和 Eisele(1996,1998)对此进行了详细的研究,并已经证明离轴 LDA 测量中采样率的减少也非常敏感地受 LDA 测量头制定镜头焦距的影响。如 4.2 节中已知和解释的那样,采用短焦距(f)的 LDA 前置透镜,使测量体的亮度以及相继出现的散射激光强度增强。同样大家为所熟知的是用这种前置透镜作为光学接收元件反过来会让测量体具有大孔径(比例达到 $1/f^2$)。基于这两种原因,因而接收到的光信号要比使用长焦距透镜接收的强得多。通常就可以预期 LDA 测量有一个更高的采样率。但是,如果光学接收元件采用的是下面提到的这种离轴对准情况时,就会失去短焦距光学接收元件的这个优势,通过采用具有不同焦距($f_1 < f_2$)的两个透镜的射线光学元件可以证明这点。

为了模拟 LDA 测量中的像散,根据图 14.7(a),假设测量体(mv)位于镜头左侧距离为 s 的位置并且不与镜头的焦距重合。因为接收透镜上几乎没有任何基准部的焦点与测量体重合,这在后面章节中将予以证实,所以据此可以这样进行散光建模。由于距离为 s,测量体的散射激光在通过透镜后将不会与透镜的光轴平行。通过透镜之前和之后的激光射线斜度分别用 m 和 m' 来表示。根据光学元的几何特性,来向和去向光线之间的关系式可以表示为:

$$m' = m - h/f \tag{14.65}$$

式中:$m = h/s$ 为来向射线的斜率,且 $d = s - f$ 是测量体与透镜焦点的偏差。式(14.65)可以重新整理成

$$f \cdot (f + d) m' = -h \cdot d \tag{14.66}$$

为了对两个具有不同焦距的可变接收透镜的有效性进行比较,上式中的偏差 d 需要加以考虑。在第一个实例中,因为透镜的两种情况中 $d \ll f_1$ 和 $d \ll f_2$,可以得到近似值 $f + d \approx f$。在第二个实例中,可以假设偏差 d 为常数即 $d_1 \approx d_2$。这种假设是基于这样一个事实,即像散离差几乎与光束厚度无关,对比图 14.11 和图 14.9 可以证实这点,其中图 14.11 用来计算薄型光束,而图 14.9 用来计算包括四条激光束在内的厚型光束。几乎恒定的像散离差反映出:当使用另外焦距的透镜时,将会产生相同的像散离差。根据距离 d 的这两方面,式(14.66)可用来比较两个不同焦距的接收透镜的光学有效性。因此,在 h 为常量时,可以由式(14.66)得出

$$f_1^2 m'_1 = f_2^2 m'_2 = -d \cdot h \tag{14.67}$$

式(14.67)可用于两个透镜上相应镜头部分(条件 $h_1 = h_2 = h$)的比较。如已知的,透镜镜头部分光线的非零斜率表明这束光没有有效地与光学系统的小光圈进行校准,因而透镜上相应镜头部分成为测量体的盲点。如图 14.17(b)所示,显然,短焦距透镜($f_1 < f_2$)要比长焦距透镜成为测量体的盲点多($m'_1 >$

m'_2)。因此建议,在离轴 LDA 测量时采用长焦距透镜以便取得更好的光学条件。

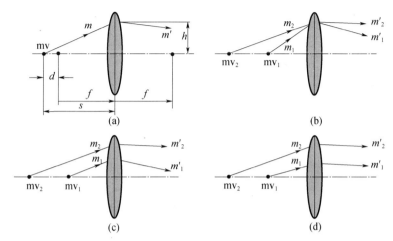

图 14.17　镜头焦距对接收光学系统的信号传播性能(质量和信号强度)的影响

类似于式(14.67),也可以对相同去向射线($m_1 = m_2 = m$)进行两条去向射线斜率的比较。

合并 $m = h/s$ 和 $d = s - f$ 得出 $h = (d + f)m$,再把该式插入式(14.65)中,然后可以得到

$$f_1 m'_1 = f_2 m'_2 = -md \tag{14.68}$$

由于 $m_1 = m_2$ 表示透镜镜头部分到测量体都是用相同光圈,式(14.68)表明:对于相同的入射光量和与此相等的入射光能量(图 14.17(c))出向光线的倾度与镜头焦距成反比。因此,短焦距镜头($f_1 < f_2$)在处理来自测量体的光学接收系统需要接收的散射激光这方面的效率相对较低($m'_1 > m'_2$)。这再次表明需要采用长焦距镜头。

如果需要考虑自镜头的等斜率去向光线($m'_1 = m'_2 = m'$),还可以根据式(14.65)对不同焦距的透镜进行另外的比较。合并 $m = h/s$ 和 $d = s - f$ 得出 $h = (d + f)m$,再把该式插入式(14.65)中,然后在 $f + d \approx f$ 时,可以得到

$$\frac{h_1}{f_1^2} = \frac{h_2}{f_2^2} = -\frac{m'}{d} \tag{14.69}$$

式(14.69)表明,检测其倾度低于给定值 $|m'|$ 的去向光线时,可用透镜高度(h)与镜头焦距的平方成正比。这意味着具有较长焦距($f_2 > f_1$)的那些透镜也有较大的可用透镜面($h_2 > h_1$)并且有一个大的测量体光圈,如图 14.17(d)所示。这种情况再次表明应该使用长焦距透镜。

基于上述分析,可以得出结论,即对于一个给定离轴角的 LDA 测量头并且试验介质中测量体位置给定时,LDA 接收系统优先选用长焦距透镜而不是短焦

距透镜。这样可以确保源自测量体的激光散射有效地传导到接收光学系统,进而得到高质量的光学信号。这样,可以成功地抑制像散的发生,速度采样率就可以迅速地降低。

图 14.18 给出的是有关采样率与 LDA 测量端(具有两种不同焦距)的离轴角的函数关系的实验验证方法。实验通过 LDA 测量头和流体之间的树脂玻璃(厚度为 40mm)平面视窗观察到了像散的出现。改变平面视窗与光轴的方向,就可以得到更多的有散光的情况。从图 14.18 中,可以清楚地看出,采用长焦距(f=400mm)镜头,在 LDA 离轴角高达 20°时,数据采样率几乎没有改变。与此相反,采用短焦距(f=160mm)镜头,在 LDA 离轴角增大时,数据采样率迅速降低。

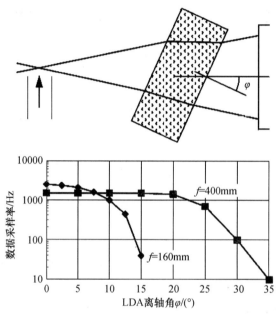

图 14.18　LDA 离轴测量时的数据采样率减少情况

如果测量水流时,另外一种补偿像散及其对信号强度与质量的影响的可用方法是采用一个注水棱镜。14.10 节将对这种棱镜的有关细节及其计算方法进行介绍。

14.9　测量体构成中的误差敏感度

14.9.1　试验介质中的光束分离

上述各节内容,是假设 LDA 在含有两条激光束的光学平面内背靠平面壁(即介质接口)离轴对准。这种方式是为了确保激光束经过折射后仍在同一平面内传播,以便激光束发生理想的相交。在离轴 LDA 布置距这一要求发生任何误差时,比如因 LDA 机械支撑不准确,就会造成激光束不能理想地相交或者产生激光束分离。产生这种并不需要的结果,是因为两条折射后的激光束在被折射后并没有在一个特殊的平面内传播(图 14.19)。出于实际使用以及参考用途这一目的,基于 Zhang 和 Eisele(1998b)开展的研究成果,本书将对因 LDA 离轴对准误差或不精准可能出现的激光束间距进行介绍。

把 LDA 离轴布置在 LDA 光学平面内才能得到需要的离轴 LDA 对准,也可以说是介质接口的法向要在光学平面上。任意一个不精确的 LDA 离轴误差都可以看成在光学平面内精确离轴误差的组合,光学平面有以下两种变化:

(1)将平面倾斜 ψ(图 14.19)。

(2)将光学平面绕光轴旋转 δ(图 14.20)。

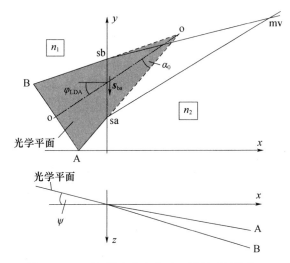

图 14.19　两条激光束在介质 2 折射后的偏角 ψ

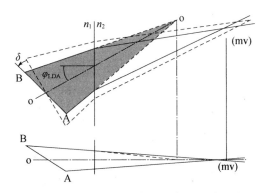

图 14.20　在介质 2 中折射后两条激光束的偏角

139

这两个偏角之间并没有什么关系,代表的是导致介质界面法向与LDA光学平面之间间距的两种可能根源。并且因此可能导致不能形成或形成不理想的测量体。事实上,任何LDA离轴对准误差都可能会对这两个偏角产生附加影响。

为了对内流测量用的非正确离轴对准进行模拟,假定带两条激光束的单组LDA测量头通常在介质界面法向反向上有一个任意的空间方向。为了显性地计算出光束的间距,分别记为A和B的两条激光束在折射前将用单位向量a_1和b_1之后用a_2和b_2来表示。因为在几何光学上,通过应用矢量形式折射定律可以根据式(3.8)和式(3.9)用单位向量a_1和b_1来确定单位矢量a_2和b_2。因此,可以固定一个坐标系,在该坐标系中$y-z$平面与介质界面重合(图14.19)。

假定这两束激光的初始(即虚拟)焦点是在o(x_o, y_o, z_o)。这两束激光与介质界面($y-z$平面)分别交于s_a和s_b点,可以确定为:

$$x_{sa} = 0, \quad y_{sa} = y_o - \frac{a_{1y}}{a_{1x}}x_o, \quad z_{sa} = z_o - \frac{a_{1z}}{a_{1x}}x_o \tag{14.70}$$

$$x_{sb} = 0, \quad y_{sb} = y_o - \frac{b_{1y}}{b_{1x}}x_o, \quad z_{sb} = z_o - \frac{b_{1z}}{b_{1x}}x_o \tag{14.71}$$

将这两个相交点合并,得出这样一个新的向量(由B到A):

$$s_{ba} = (0, y_{sa} - y_{sb}, z_{sa} - z_{sb}) \tag{14.72}$$

LDA测量头相对介质界面的任意空间方向意味着介质界面的法向可能并不在含有两条激光束的平面(LDA光学平面)内。如果发生这种情况,折射后的这两束激光将不再是在同一平面内传播,因此这两束激光就就不会产生相交或者相交并不理想。这两束激光空间上的间距用垂直于两条光轴上的最小距离来表示。这两条激光束的垂向单位矢量表示为$(a_2 \times b_2)/|a_2 \times b_2|$。因此,由这一方向上间距矢量$s_{ba}$的投影可以明确地得出两条激光束之间的距离(加减都可以):

$$s = \frac{a_2 \times b_2}{|a_2 \times b_2|} \cdot s_{ba} = \frac{n_1}{n_2}x_o \frac{a_{1y}b_{1z} - a_{1z}b_{1y}}{|a_2 \times b_2|} \cdot \left(\frac{a_{2x}}{a_{1x}} - \frac{b_{2x}}{b_{1x}}\right) \tag{14.73}$$

因为表达式$|a_2 \times b_2|$表示的是以a_2和b_2为单位矢量的两条激光束之间夹角的正弦值,所以可以得出:

$$|a_2 \times b_2| = \sqrt{1 - (a_2 \cdot b_2)^2} = \sqrt{1 - (a_{2x}b_{2x} + a_{2y}b_{2y} + a_{2z}b_{2z})^2} \tag{14.74}$$

可以认为在LDA光学平面得到了所需的即准确的离轴对准。这意味着,根据图14.19给出的已选坐标系且$\psi = 0$,LDA光学平面正好与$x-y$平面重合。因为$a_{1z} = 0$和$b_{1z} = 0$,所以由式(14.73)得出距离s为零。与此对应的是在介质2中折射后两条激光束的轴完美地相交。可能因为操作或者机械支撑并不准确,会产生与理想的离轴LDA对准的偏差。前面已经解释过,任何偏差都可以认为是ψ和δ这两个偏角产生的组合与附加效应引起的。因为这两个参数相互独立,所以由这两个偏角造成的光束间距可以分别计算出来。

14.9.1.1　因偏角 ψ 产生的光束分离

图 14.19 给出的是偏角 ψ 作为误差参数的情况。这两个入射激光束可以分别用单位矢量 $\boldsymbol{a}_1$ 和 $\boldsymbol{b}_1$ 来表示，通过下述分量求出：

$$a_{1x} = \cos(\varphi_{\mathrm{LDA}} + \alpha_0) \cdot \cos\psi \qquad (14.75)$$

$$a_{1y} = \sin(\varphi_{\mathrm{LDA}} + \alpha_0) \qquad (14.76)$$

$$a_{1z} = \cos(\varphi_{\mathrm{LDA}} + \alpha_0) \cdot \sin\psi \qquad (14.77)$$

$$b_{1x} = \cos(\varphi_{\mathrm{LDA}} - \alpha_0) \cdot \cos\psi \qquad (14.78)$$

$$b_{1y} = \sin(\varphi_{\mathrm{LDA}} - \alpha_0) \qquad (14.79)$$

$$b_{1z} = \cos(\varphi_{\mathrm{LDA}} - \alpha_0) \cdot \sin\psi \qquad (14.80)$$

在这些式中，常数 α_0 表示两条激光束之间夹角的 $1/2$。

根据上述求出的现有入射光束，介质 2 中折射后的两条激光束之间的空间距离可以由式（14.73）得出。出于书写形式紧凑这一原因，只有式（14.73）中的表达式 $a_{1y}b_{1z} - a_{1z}b_{1y}$ 用上述各分量进行替换，进而得到

$$\frac{s}{x_0} = \frac{n_1}{n_2} \frac{\sin\psi \sin 2\alpha_0}{\sqrt{1 - (a_{2x}b_{2x} + a_{2y}b_{2y} + a_{2z}b_{2z})^2}} \left(\frac{a_{2x}}{a_{1x}} - \frac{b_{2x}}{b_{1x}}\right) \qquad (14.81)$$

在该式中，通过应用式（3.8）和式（3.9）中已经给出的折射定律，表示介质 2 中折射后的激光束的单位矢量的所有分量可以计算出来，然后得出

$$a_{2y} = \frac{n_1}{n_2} a_{1y},\ a_{2z} = \frac{n_1}{n_2} a_{1z},\ a_{2x} = \sqrt{1 - a_{2y}^2 - a_{2z}^2} \qquad (14.82)$$

$$b_{2y} = \frac{n_1}{n_2} b_{1y},\ b_{2z} = \frac{n_1}{n_2} b_{1z},\ b_{2x} = \sqrt{1 - b_{2y}^2 - b_{2z}^2} \qquad (14.83)$$

根据式（14.81），两条折射后激光束之间的相关间距已经证实是 LDA 测量端的离轴角 φ_{LDA} 和偏角 ψ 的函数。作为一个算例，图 14.21 给出的是空气 – 水系统中介质 2（水）中的光束间距。在空气 – 视窗 – 水系统的视窗厚度可以忽略不计时，可以应用这一简洁的系统。两条激光束之间夹角的一半取为 $\alpha_0 = 6.77°$。例如在 $\varphi_{\mathrm{LDA}} = 30°$ 和 $\psi = 1°$ 时，可以得出该夹角，产生的激光束间距用

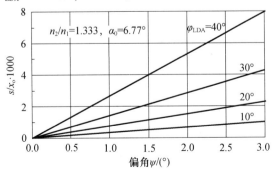

图 14.21　因偏角 ψ 产生的激光束分离

$s/x_o = 1.4 \times 10^{-3}$。如果初始焦点定位为 $x_o = 100mm$，可以看出介质 2 中测量体大约位于 $1.65x_o$（图 14.5），这样光束间距 $s = 0.14mm$。需要指出的是，因为测量体本身厚度只有 0.1mm 这样的量级，在 LDA 实际测量中该光束间距不能忽略不计。激光束间距会导致的后果是：速度采样率下降以及 LDA 信号总损失。

14.9.1.2　因偏角 δ 产生的光束分离

图 14.20 给出的实例是因偏角 δ 产生的光束分离这种情况。根据附录 B，这两束入射激光可以再次分别用单位矢量 $\boldsymbol{a}_1$ 和 $\boldsymbol{b}_1$ 来表示，并通过下述分量求出：

$$a_{1x} = \cos\varphi_{LDA}\cos\alpha_0 + \sin\varphi_{LDA}\sin\alpha_0\cos\delta \qquad (14.84)$$

$$a_{1y} = \sin\varphi_{LDA}\cos\alpha_0 - \cos\varphi_{LDA}\sin\alpha_0\cos\delta \qquad (14.85)$$

$$a_{1z} = \sin\alpha_0\sin\delta \qquad (14.86)$$

$$b_{1x} = \cos\varphi_{LDA}\cos\alpha_0 - \sin\varphi_{LDA}\sin\alpha_0\cos\delta \qquad (14.87)$$

$$b_{1y} = \sin\varphi_{LDA}\cos\alpha_0 + \cos\varphi_{LDA}\sin\alpha_0\cos\delta \qquad (14.88)$$

$$b_{1z} = -\sin\alpha_0\sin\delta \qquad (14.89)$$

将各表达式代入式（14.73）中，得到

$$\frac{s}{x_o} = -\frac{n_1}{n_2}\frac{\sin\varphi_{LDA}\sin2\alpha_0\sin\delta}{\sqrt{1 - (a_{2x}b_{2x} + a_{2y}b_{2y} + a_{2z}b_{2z})^2}}\left(\frac{a_{2x}}{a_{1x}} - \frac{b_{2x}}{b_{1x}}\right) \qquad (14.90)$$

式（14.90）中，用来表示介质 2 中折射后激光束的单位矢量的所有分量可以通过式（14.82）和式（14.83）计算出来。

上面已经证明这两束折射后激光束之间的最终间距是 LDA 测量头离轴角 φ_{LDA} 和偏角 δ 的函数。作为算例，图 14.22 给出的是光束在简化的空气 – 水体系中介质 2（水）中的间距。两条激光束之间的半相交角可以再次取为 $\alpha_0 = 6.77°$。例如尤其是在 $\varphi_{LDA} = 30°$ 和 $\psi = 1°$ 时，可以得出该夹角，产生的激光束间距为 $s/x_o = 0.7 \times 10^{-3}$。如果初始焦点定位为 $x_o = 100mm$，可以看出介质 2 中测量体大约位于 $1.65x_o$，这样光束间距为 $s = 0.07mm$。如果与厚度仅约 0.1mm 的测量体相比，该值也可以认为足够大。正如前面所述，光束间距会产生速度采样率下降或 LDA 信号总损失增加这种不利结果。

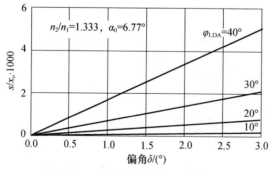

图 14.22　因偏角 δ 产生的光束分离

14.9.1.3 关于不准确激光束对准的有关说明

图 14.21 和图 14.22 给出的计算结果清晰地表明了测量体构成的不确定性非常容易受到不理想的 LDA 离轴对准尤其大离轴角的影响。由此产生的光束间距意味着不能进行测量(光束间距比较大时)或者测量体的几何尺寸减小。信号速率将因此受到很大的影响。毫无疑问,这方面的知识表明:精确地完成 LDA 离轴对准后,折射过的激光束才会在包含两个入射光束在内的同一光学平面内传播。但是,通常没有必要确切地知道误差,即形成测量体时的光束间距 s。另外,通常并没有明确的 ψ 和 δ。

如果可能,应该避免大偏轴角的 LDA 对准。这点在因为像散信号速率迅速减少情况时也建议过,14.8 节已经有了阐述。

有关多重折射——例如在空气 – 视窗 – 水体系中的光束间距的计算,将在 14.9.2 节中给出。

14.9.2 多重折射后的光束分离

内流测量用的绝大多数 LDA 具有这样的特点:例如在空气 – 玻璃和玻璃 – 水的介质界面,每束激光至少发生两次折射。类似于式(14.73)的推导。光束通过厚度为 d 的玻璃窗的平面层后产生的间距,可以按照 Zhang 和 Eisele (1998b)得到的公式计算:

$$\frac{s}{x_o} = \frac{n_0}{n_2} \frac{a_{0y}b_{0z} - a_{0z}b_{0y}}{\sqrt{1 - (a_{2x}b_{2x} + a_{2y}b_{2y} + a_{2z}b_{2z})^2}} \left[\left(\frac{a_{2x}}{a_{0x}} - \frac{b_{2x}}{b_{0x}} \right) - \frac{d}{x_o} \frac{n_0}{n_1} \left(\frac{a_{2x}}{a_{1x}} - \frac{b_{2x}}{b_{1x}} \right) \right] \quad (14.91)$$

式中:因子 0、1 和 2 通常代表空气、玻璃和水这种介质;x_o 代表的是激光束的虚拟焦点位置。x 轴原点位于第一折射面上。

14.9.3 对 PDA 测量的潜在影响

如前面所述,LDA 是测量流动速度的方法。它根据的是波理论,应用的是流质中移动粒子散射光的多普勒效应。基于 LDA 原理,LDA 测量法也拓展用来测量粒子大小。拓展应用的是两条散射激光之间的相位差,该相位差可以根据空间上不同方向的两条散射激光测出。因为该相位差与散射激光的粒子大小成正比,粒子的粒径可以由所测得的相位差计算出来。这样就得到了一种并不需要任何校准的处理方法。这个用于粒子大小测量的拓展 LDA 测量法称为相位多普勒风速仪(PDA)测量法。PDA 由一套传播光学器件和一套单独的接收光学器件组成,前者与 LDA 法中用的相同。Albrecht 等人(2003)对 PDA 方法做了详细描述。

前面有关 LDA 对准误差结果的分析,即前面有关离轴角 φ_{LDA} 和两个偏角 ψ 和 δ 的描述,都可以适用于采用 PDA 方法测量流质中粒子大小所用的光学传播元器件。由于光束间距,两束激光在测量体内的光强高斯分布可能不一致,如图 14.23 所示。因此,完全可能是这样:一激光束的激光主要由某一粒子反射,而另一激光束的光主要由同一粒子折射。叠加并检测出这样两种不同类型的散射激光光线可以得出粒子尺寸误差。此外,只有大粒子同时散射两条激光束的概率较高。这又会导致错误解释流质中的粒子大小分布。此外,因为不能清晰地确定测量体内的有效流动面积,所以无法得出流质中准确的粒子浓度和粒子的质量流量。这将在很大程度上限制对粒子流相关的物理与工程方法的基本评估(Zhang 等 1998,Zhang 和 Eisele 1999,Zhang 和 Ziada 2000)。

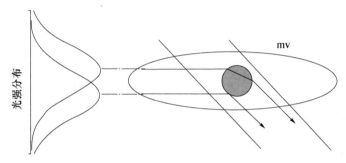

图 14.23　激光束相交不理想时,PDA 测量中的高斯光束效应

14.10　像散的补偿方法

已经证实 LDA 测量中像散对测量精度的影响非常大。最糟糕时,因为两条激光束的分离而根本没法进行测量。为了补偿像散,例如在测量内部水流(图 14.24),可以使用一个注水的带或不带气隙的棱镜。这种光学配置已经有了实际应用(Booij 和 Tukker 1994)。利用空气间隙形成一个"负"的像散以实现光学传播与接收器件像散的补偿。因为激光束垂直进入棱镜不会造成任何明显的光学像差(见第 13 章,特别是 14.7.3 节),注水棱镜的使用相当于将 LDA 测量头浸入同样的水中。光学传播系统一侧发生的散光从空气 – 玻璃 – 水这种情况变成水 – 玻璃 – 空气 – 水这种情况。这很有意义,不仅是因为可能完全抑制了散光,而且这样做比较简单。下面将予以阐述。

借助于注水棱镜,LDA 测量头就如同浸入了水中。这就可以确保在注水棱镜水中的所有四条激光束没有光学像差,并且相交于一个特别的虚拟焦点。因此,棱镜中的水应该视为计算像散离差的参考介质,像散离差的计算基于 14.5 节中阐述的计算原理。在 $\varphi_o = 30°$ 时,光轴与下一介质界面相交,会发生光轴的第一次非垂直折射。其中,假定气隙两侧透明壁面具有相同的光学特性。因此,为了下一步的计算,可以利用等于两侧总和的壁面厚度。

144

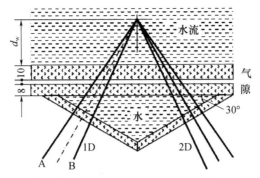

图 14.24 关于采用注水棱镜来减少或补偿水流 LDA 测量中的
光学像差(散光)的应用示例

应该用参考介质 α_{w} 中两条激光束之间的半夹角来替换 α_0。在 α_{w} 和 α_0 之间应用折射定律,且 $n_0 = 1$,有

$$\sin\alpha_{\mathrm{w}} = \frac{n_0}{n_{\mathrm{w}}}\sin\alpha_0 \qquad (14.92)$$

子午面中的两束激光记为 A 和 B。一般而言,玻璃厚度(d_{g})、空气间隙(d_{a})和水流中测量体的深度(d_{w})这三种距离会导致像散并形成像散离差。与参考介质不同的是,空气间隙会造成负的像散离差。为了完全补偿像散,设定 $\Delta x_{\mathrm{m,s}}$,可以根据式(14.26)算出必需的空气间隙厚度:

$$\psi_{\mathrm{g}} d_{\mathrm{g}} + \psi_{\mathrm{a}} d_{\mathrm{a}} + \psi_{\mathrm{w}} d_{\mathrm{w}} = 0 \qquad (14.93)$$

式中

$$\psi_{\mathrm{g}} = \frac{\cos\alpha_{\mathrm{w}}\cos\varphi_{\mathrm{o}}}{\sqrt{\dfrac{n_{\mathrm{g}}^2}{n_{\mathrm{w}}^2} - (1 - \cos^2\alpha_{\mathrm{w}}\cos^2\varphi_{\mathrm{o}})}} - T_{\mathrm{g,w}} \qquad (14.94)$$

$$\psi_{\mathrm{a}} = \frac{\cos\alpha_{\mathrm{w}}\cos\varphi_{\mathrm{o}}}{\sqrt{\dfrac{n_{\mathrm{a}}^2}{n_{\mathrm{w}}^2} - (1 - \cos^2\alpha_{\mathrm{w}}\cos^2\varphi_{\mathrm{o}})}} - T_{\mathrm{a,w}} \qquad (14.95)$$

$$\psi_{\mathrm{w}} = 0 \qquad (14.96)$$

$$T_{\mathrm{g,w}} = \frac{\tan\varepsilon_{\mathrm{Ag}} - \tan\varepsilon_{\mathrm{Bg}}}{\tan\varepsilon_{\mathrm{Aw}} - \tan\varepsilon_{\mathrm{Bw}}} \qquad (14.97)$$

$$T_{\mathrm{a,w}} = \frac{\tan\varepsilon_{\mathrm{Aa}} - \tan\varepsilon_{\mathrm{Ba}}}{\tan\varepsilon_{\mathrm{Aw}} - \tan\varepsilon_{\mathrm{Bw}}} \qquad (14.98)$$

因为试验介质等于参考介质(参见 14.5 节),所以可以不出意料地得到 $\psi_{\mathrm{w}} = 0$ 这一结果。这恰好表明采用注水棱镜测量水流的优势,因为像散和因此形成的光学像差与流质中测量体的深度无关。根据式(14.93),空气间隙的必要厚度可计算成

145

$$d_{a} = -\frac{\psi_{g}}{\psi_{a}}d_{g} \qquad (14.99)$$

这里要给出使用注水棱镜的算例。LDA 测量头用半交叉角等于 $\alpha_0 = 5.5°$ 的激光束来限定。注水棱镜设计成 $\varphi_o = 30°$。表 14.1 列出了一些计算结果,据此计算出来空气间隙厚度是 1.9mm。

表 14.1 利用注水棱镜和空气间隙全面补偿像散的算例

参数指标:		
水的折射率	n_w	1.333
透明玻璃视窗的折射率	n_g	1.52
LDA 测量头上两束激光的半交角	α_0	5.5
注水棱镜的几何角	φ_o	30
玻璃视窗的总厚度/mm	d_g	18
计算结果:		
水中两束激光的半交角	α_w	4.1
玻璃中光束 A 的折射角	ε_{Ag}	29.5
玻璃中光束 B 的折射角	ε_{Bg}	22.5
空气中光束 A 的折射角	ε_{Aa}	48.4
空气中光束 B 的折射角	ε_{Ba}	35.6
水中光束 A 的折射角	ε_{Aw}	34.1
水中光束 B 的折射角	ε_{Bw}	25.9
参数(玻璃 - 水)	$T_{g,w}$	0.78
参数(空气 - 水)	$T_{a,w}$	2.13
参数(玻璃)	ψ_g	0.061
参数(空气间隙)	ψ_a	-0.58
需要的空气间隙/mm	d_a	1.9

如表 14.1 所示,参数 ψ_a 是负的。这意味着,使用的空气间隙造成了负的像散离差,使全部像散得到了补偿。如果没有利用空气间隙,那么根据式(14.29)且再次用 $\psi_w = 0$,可以将 $d_g = 18$mm 厚度的玻璃壁引起的像散离差计算成

$$\Delta x_{m,s} = \psi_g d_g = 1.1(mm) \qquad (14.100)$$

实际上表示两个测量体之间的位移的这一像散离差对于图 14.24 所示的二维 LDA 光学系统来说显得过大。因此,对于双组分测量,必须使用空气间隙来完全补偿像散。但是对于图 14.24 所示的一维 LDA 光学系统,像散离差 $\Delta x_{m,s} = 1.1$mm 无关紧要。这意味着采用一维 LDA 测量头进行测量没有任何明显的困难和不准确性。

为了进行比较,不使用棱镜的离轴 LDA 对准这样的示例也应该加以考虑。

因为在这种情况下,参考介质是空气(指数0)、参数 ψ_1(玻璃)、ψ_2(水)和 T_{20},分别重新计算成 $\psi_1 = 0.098$、$\psi_2 = 0.091$ 和 $T_{20} = 0.608$。通过相关式(14.26)中的第一部分,计算出厚度 $d = 10\text{mm}$ 的玻璃壁引起的像散离差(图14.24)是 $\Delta x_{\text{m,s}} = 1.4$。而且值得一提的是:在这种情况下,水流中测量体的深度会另外对像散离差产生影响。正因为如此,在 LDA 光学系统需要离轴对准时经常采用注水棱镜。

需要进一步指出的是,在图14.24这种完全补偿像散的示例中,虽然水流外的 LDA 测量头只是在平面壁的法向移动时,但是每个测量体的位移都是二维的。这会造成单组分和双组分 LDA 单元的测量体之间产生并不需要的间距。每个测量体的这种二维位移与14.4节中考虑的位移类似。假如可以对每个新的测量点重新进行光学校准,就可以只测量壁面后的流场。

第 15 章

圆管中的流动测量

圆管的流体流动是最常见并且广泛研究的对象。但是因为管道内外侧表面曲率的存在,采用激光多普勒技术测量很不直观。众所周知,因为光学像差而导致四条激光束不能相交于流动中某个特殊点,所以并不能采用两对激光束来同时完成对二维速度的测量。其中,一种光学像差将会和 LDA 光轴对准平壁面时产生的散光进行比较,这将在最后一章进行介绍。

在圆管流动测量中也存在着平面视窗这种情况下的几乎所有光学特性和散光影响,但形式更为复杂。例如,因为激光束是在圆管弯曲界面上发生折射,所以与测量体位置和两条激光束(Boadway 和 Karahan,1981)交叉角相关的光束传播的计算就更为复杂了。为了减少计算弯曲流动界面上复杂的激光束折射的难度,在小规模实验室测量时经常采用将管壁的折射率与试验流体进行匹配这种方法。然而,在大多数工业应用中,这种方法并不适用,因为大部分不可能进行匹配折射率或者使用气体作为流体介质。

另外,有关圆管流动直接测量的问题是信号强度和质量。实验表明,在遍历圆管的速度剖面时,只有在管道直径 1/3 左右范围内,才可获得较好的信号品质以及相应的信号速率。超过这个尺寸,信号强度和质量就会迅速下降以至于无法继续测量。干扰这种测量的原因是光学接收系统的光学像差。这意味着,用具体的专业术语来说,LDA 接收透镜只有很少部分能测量到测量体,大部分的接收透镜是无法观测到的。14.8 节已经将这种情况与离轴 LDA 测量端测量平面壁后的流动进行了比较。看来,在流体的折射率与管壁没有进行匹配时,几乎不能直接对圆管中心区域的流动进行测量。

因此,有些 LDA 用户采用这种方法——把有流动的圆管放入带平面壁的矩形水箱里(图 15.1)。采用这种测量设备后,可以显著提高光学接收装置的光学性能,因此可得到更好的信号质量。但是,仍然存在测量体的计算问题,因为在管道的弯曲接口上每条激光束仍然要发生两次折射。

如图 15.2 所示的某一工业应用(Zhang 和 Casey 2007,Zhang 和 Parkinson 2002),在用不匹配折射率的 LDA 方法测量圆管流动时,可以采取切掉圆管外部制造出平面来改善光学性能。最初用这种方法单纯只是为了简化激光束传输的计算,因为每条激光束弯曲界面上只发生了一次折射而且测量体的构成与管壁厚度无关。除此之外,这种方法还能有助于大量减少各种光学像差,因为主要的就只有光束折射在圆管内表面上产生的光学像差了。所以即使是在约2/3管壁直径处这样的距离时也可以得到高品质的信号。要获得每一速度分量经过管道的整个分布,就需要将 LDA 测量端绕管轴旋转 180°再从另一面进行测量。如图 15.2所示,切去圆管外侧,利用可移动棱镜创建一个可比较的平面,使 LDA 测量端自由地对准圆管并且绕管轴。利用这种方法,可以很好地测出主流和二次流在管道流各个横截面上的分布。显然,管道流的三个速度分量只能一个接一个地进行测量。

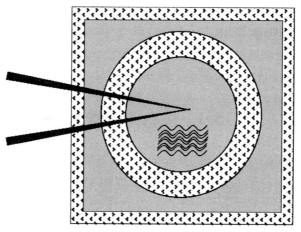

图 15.1　LDA 圆管流动测量条件改善方法很有效但并不方便

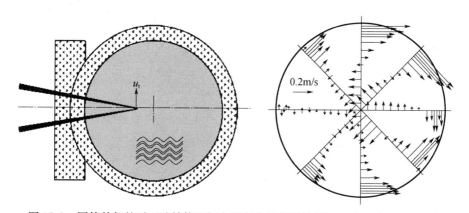

图 15.2　圆管外部的平面壁结构和切向速度分量的测量(Zhang 和 Parkinson 2002)

事实上,大多数圆管流动测量仅限于轴向和切向速度分量的测量。测量切向速度分量(二次流)的确需要更多的计算以跟踪流体中的激光束,但实际上,并不代表这是一项非常艰巨的任务,而是径向速度分量的测量明显受到流体中

149

激光束跟踪的复杂性和困难的极大制约。的确,几乎还没有开展这方面的测量,或者说没有可以参照的。Zhang(2004a、b)基于详尽的分析,提出圆管流动径向速度分量测量的基准。

有关弯曲接口上激光束折射的另一个比较严重的问题是所有激光束腰部会与测量体产生错位。在测量体与激光束腰部错位比较大时,测量体的激光光强会变弱以至于速度信号太弱而无法检测到。这也是局限于管道直径2/3左右深度进行测量的另一原因。除此之外,激光束腰部的错位不可避免会导致测量体的条纹失真而产生测量误差。

在以下章节中,将给出有关测量体的位移和光学特性这方面激光束跟踪的基本计算方法,对所有三个速度分量进行考虑,揭示并量化这种情况下信号质量和测量精度可能受到的影响。如图15.2所示,因为已经证实圆管外侧的平面对光学条件的改善非常有效,所以所有计算都将以这种光学配置为基准。相应地,假定LDA测量端垂直对准于该平面的表面。

15.1 轴向速度测量

轴向速度测量要求两条激光束位于平行于管轴的平面内。含有两个激光束的平面称为光学平面。使光学平面通过管轴(图15.3(b)),就可以对激光束在圆管内侧上的折射和在垂直平面表面上的折射进行比较。当折射是在光学平面后时这两条激光束是在同一平面内传播。只要光学传输系统的光学像差保持最低,就可以确保光学条件最佳。

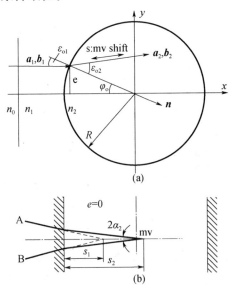

图15.3 光学平面与圆管轴的偏差及其对径向速度分量测量的影响

由管壁测出的测量体位置与虚拟测量体位置成正比,可以直接根据式(13.6)写成

$$s_2 = \frac{n_2}{n_1} s_1 \tag{15.1}$$

式中:s_1 是两条激光束虚拟焦点的坐标。

为了供后面参考,这里需要着重说明轴向速度测量用光学布局的特性。只要光学平面保持与管轴平行即可保证两条折射激光束之间的交叉角恒定,而不要求光学平面必须穿过管轴。图15.3(a)可以证明这点,图中可以看出光学平面与光轴存在偏差 e。以激光束 A 为例,介质 1 中激光束用单位矢量 a_1 来表示介质 2 中折射后的激光束表示为 a_2。根据式(3.9),就应用的坐标系而言,单位矢量 a_2 的相应 z 分量可以表示为 $a_{2z} = n_1/n_2 \cdot a_{1z}$。那么,两条折射激光束 A 与 B 之间的交叉角 $2\alpha_2$ 可以根据下式计算出来:

$$\cos 2\alpha_2 = a_2 \cdot b_2 \tag{15.2}$$

由于两条激光束之间的对称条件,对于单位向量 a_2,有 $a_{2x} = b_{2x}$,$a_{2y} = b_{2y}$ 和 $a_{2z} = -b_{2z}$ 以及 $a_{2x}^2 + a_{2y}^2 = 1 - a_{2z}^2$。因此,式(15.2)进一步变为

$$\cos 2\alpha_2 = 1 - 2a_{2z}^2 = 1 - 2\left(\frac{n_1}{n_2} a_{1z}\right)^2 \tag{15.3}$$

根据入射激光束的三角恒等式 $\cos 2\alpha_2 = 1 - 2\sin^2\alpha_2$ 和 $a_{1z} = \sin\alpha_1$,上式可以进一步变为:

$$\sin\alpha_2 = \frac{n_1}{n_2} a_{1z} = \frac{n_1}{n_2} \sin\alpha_1 \tag{15.4}$$

两条激光束的交叉角和试验流体中测量体因此形成的光学特性会保持与管轴的一致。这一结果表明,光学平面对准与通过管轴的偏差不会导致速度测量值出现任何误差。将标尺插入到某一有水/无水圆管中,通过这一桌面实验很容易证明这一分析结果(图15.4)。从外部观察可以发现,沿管轴的标尺上并没有纵向畸变,只是在径向上存在畸变。

虽然管轴与光学平面之间一定的偏差并不会造成激光束的交叉角发生任何变化,但是,需要注意其他一些方面:

(1)因为 LDA 测量端在 x 方向上的位移,试流流体中的测量体会沿着两条折射激光束的角平分线即沿着一条并不平行于 x 轴的路径移动。由于彗形像差——与图14.3(a)中的类似,两条折射激光束的角平分线并不能精确地与折射后的光轴重合。但是,它们之间的差可以取一阶近似。应用折射定律,可以计算出试验流体中的

图15.4　桌面实验表明沿圆管轴量尺上没有任何纵向畸变

151

折射光轴：

$$\sin\varepsilon_{o2} = \frac{n_1}{n_2}\sin\varepsilon_{o1} = \frac{n_1}{n_2}\frac{e}{R} \qquad (15.5)$$

假定光束有 $n_1/n_2 = 1.53/1.33$，并以此为例，当 $e/R = 0.5$，即 $\varepsilon_{o1} = 30°$，有 $\varepsilon_{o2} = 34.8°$，流体中折射光学轴倾角相对于 x 轴是 $4.8°$。

（2）由于流体中两条折射激光束之间的交叉角完全恒定，并且与测量体位置无关，两条激光束沿角平分线（s）的位移与沿 x 轴的 LDA 测量端的偏移成正比。当 $\alpha_0 \ll 1$ 且 $\alpha_2 \ll 1$ 时，相应的位移比可以简化为：

$$k_{mv} = \frac{\Delta s_{mv}}{\Delta x_{LDA}} = \frac{\tan\alpha_0}{\tan\alpha_2} \approx \frac{\sin\alpha_0}{\sin\alpha_2} = \frac{n_2}{n_0} \qquad (15.6)$$

其中，假定 LDA 测量端置于空气中（$n_0 = 1$）。

根据 15.3 节，上述位移比的 x 分量可由下式计算：

$$k_{mv,x} = k_{mv}\cos(\varepsilon_{o2} - \varphi_o) \qquad (15.7)$$

通常，流体中折射光轴的倾斜角比较小。例如，当 $e/R < 0.5$ 时，近似有 $\varepsilon_{o2} - \varphi_o < 5°$，则有 $k_{mv,x} \approx k_{mv}$。

（3）当光学平面与管轴的偏差比较大时（$e/R > 0.5$）——有些情况下可能正是这样，LDA 光轴往往偏离交界面法向 $\mathbf{n}$ 比较大。这种情况可与 LDA 测量端相对于平面壁的大离轴角情况进行比较。结果是与 LDA 光学系统有关的光学像差，或者准确地讲是散光的影响变得非常显著，因此光学信号的质量会明显变差。采用上述桌面试验方法也可以观察到这种光学像差，试验发现这根圆管上标尺沿管道半径上的刻度逐渐变得更不清楚（图 15.4）。

因为 LDA 光学平面与圆管光轴的偏差会产生一些并不希望的特性，所以应该避免出现大的偏差。对于中等程度的偏差（即 $e/R < 0.5$），只要信号速率足够高，就并不需要特别注意。会导致激光束腰部错位的测量体条纹失真并不明显，可以忽略不计。

15.2　切向速度测量

LDA 测量端对准测量切向速度时，光学平面垂直于管轴（图 15.2）。因为激光束是在圆管圆形表面上发生折射，所以需要注意到以下两个方面：

（1）流体中测量体的位移不再与 LDA 测量端位移成正比关系；

（2）两条折射激光束之间的交叉角度以及测量体的几何和光学特性取决于流体中测量体的当地位置。

因此，要确保 LDA 测量结果正确，就需要对流体中的示踪激光束进行详细的计算。

15.2.1　基本几何关系

因为激光束是在透明管壁中出现,所以需要对它们再次加以考虑。但由于两条激光束布局对称,因此只需要考虑其中一条激光束即可。测量体是在对称轴即图 15.5 中的 x 轴上构成的。为了清楚起见,放大了两条激光束之间的夹角。当测量体位于圆管内侧上时,假定激光束起始位置在点 1。激光束到位置点 2 的位移以距离 s_1 来表示,虚拟测量体由这一距离移动到 m′。距离 s_1 大约是 LDA 测量端在空气中移动的 n_1 倍。由于激光束折射,实际测量体位于 m。在三角形 ocm′ 和 ocm 分别应用正弦定理,得到

$$\frac{R - s_1}{\sin(\alpha_1 - \varphi)} = \frac{R}{\sin\alpha_1} \tag{15.8}$$

$$\frac{R - s_2}{\sin(\alpha_2 - \varphi)} = \frac{R}{\sin\alpha_2} \tag{15.9}$$

这时,折射定律表示为

$$n_1\sin(\alpha_1 - \varphi) = n_2\sin(\alpha_2 - \varphi) \tag{15.10}$$

这三个方程式是新位置(s_2)与流体中测量体几何参数($2\alpha_2$)的基本算式。对于给定的运动 s_1,可以执行下述计算过程:

$$s_1 \xrightarrow{(15.8)} \varphi \xrightarrow{(15.10)} \alpha_2 \xrightarrow{(15.9)} s_2 \tag{15.11}$$

图 15.2 是现有技术的应用实例。

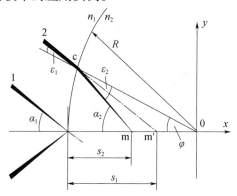

图 15.5　在测量切向速度分量用流质中的测量区的构成

15.2.2　计算的简化

在上述计算中,式(15.11)表示测量体相关参数 α_2 和 s_2 的间接计算。这个过程似乎不太方便。对于常规 LDA 系统布局,激光束的半交叉角通常不超过 10°,并且激光束在透明管壁的半交叉角通常不超过 7°,而且 φ 也很少超过 14°。因此,式(15.8)～式(15.10)的基本方程中正弦函数符号下的所有角度($\alpha_1, \alpha_2,$

$\alpha_1 - \varphi$ 和 $\alpha_2 - \varphi$)可以认为比较小。因而式(15.8)~式(15.10)可以通过近轴光线的近似值 $\sin x = x$ 来简化。然后,测量体的特征参数作为测量体的虚拟位置可以表示成

$$\frac{s_2}{R} = \frac{1}{1 + \frac{n_1}{n_2}\left(\frac{R}{s_1} - 1\right)} \tag{15.12}$$

$$\frac{\alpha_2}{\alpha_1} = \frac{n_1}{n_2} - \left(\frac{n_1}{n_2} - 1\right)\frac{s_1}{R} \tag{15.13}$$

$$\frac{\varphi}{\alpha_1} = \frac{s_1}{R} \tag{15.14}$$

目前,写出式(15.14)只是为了保证完整性,而并不会用它来量化测量体。

上述近似算法会产生不准确性,需要加以估算。假定 LDA 系统激光束在管壁($n_1 = 1.52$)内的半交叉角是 $\alpha_1 = 4.45°$。进一步假设测量体穿过水流情况下的圆管截面($n_2 = 1.33$)。分别根据式(15.12)和式(15.13),对函数 s_1 中的 s_2 和 α_2 这两个参数进行计算,进而可以确定它们与通过式(15.11)计算结果的相对偏差,如图 15.6 所示。可以看出,近似算法产生的式(15.12)~式(15.14)的最大误差低于 0.1%,因此实际上可以忽略不计。以空气为流动介质时($n_2 = 1$),也可以进行这样的计算。式(15.12)的最大误差是 0.4%,而式(15.13)的只有 0.1%。

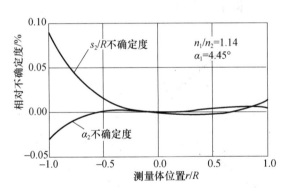

图 15.6　采用简化关系式计算水流中
测量体时的相对不确定度

15.2.3　条纹间距及速度修正

利用流体中激光束的交叉角,测量体条纹间距可由下式计算:

$$\Delta x = \frac{\lambda_2}{2\sin\alpha_2} \tag{15.15}$$

因为 $\lambda_1/\lambda_2 = n_2/n_1$,所以式(15.15)可改写为

$$\Delta x = \frac{n_1 \sin\alpha_1}{n_2 \sin\alpha_2} \frac{\lambda_1}{2\sin\alpha_1} = \frac{n_1 \sin\alpha_1}{n_2 \sin\alpha_2} \Delta x_0 \tag{15.16}$$

式中:Δx_0 表示 LDA 光学系统的预定条纹间距即基准条纹间距,此时测量体是在露天空气中或者在管壁上。

式(15.16)指出测出的切向速度必须用以下因子修正:

$$k_{vel} = \frac{u_t}{u_{t,measured}} = \frac{\Delta x}{\Delta x_0} = \frac{n_1 \sin\alpha_1}{n_2 \sin\alpha_2} \tag{15.17}$$

或者根据式(15.8)~式(15.10)以及

$$k_{vel} = \frac{R - s_2}{R - s_1} \tag{15.18}$$

应用式(15.12),式(15.17)可以改写为

$$k_{vel} = 1 + \left(\frac{n_1}{n_2} - 1\right)\frac{s_2}{R} \tag{15.19}$$

修正因子与圆管内流动中测量体的深度成线性相关。在管壁附近区域时,该修正因子等于单位 1,在管轴上取为 n_1/n_2。当 $n_1 = 1.52$(玻璃)和 $n_1 = 1.33$(水)时,$k_{vel} = 1.14$。

15.3 径向速度测量

如果不采用索引匹配方法,圆管径向速度的测量过程就会非常复杂。如图 15.7 所示,在定位 LDA 测量端进行径向速度测量时,需要解决以下问题:

(1)测量体(m)如何准确地定位?

(2)激光束交叉角($2\alpha_2$)如何计算?

(3)测量体的方向角(τ)多少?

确定修正系统的测量误差需要知道激光束交叉角和测量体的方向角。实际上,因为 $\tau \neq 0$,每个测量速度并不能准确代表径向速度分量。

15.3.1 测量体的精确定位

原则上,流体中测量体的位置视每个 LDA 测量端位置而定。根据 LDA 测量端平行于 y 轴的位移,测量体通常会沿着一条二维的路径移动。这会使速度分量剖面的测量更加复杂化。如图 15.7 所示,有一个相对简单的方法是计算出 LDA 测量端在测量体沿 y 轴以给定路径移动时所必需的运动距离。起点是 LDA 测量端位置点,在该位置时测量体位于管轴上(作为起始位置)。这样就可以根据前面所描述的方法来实现切向速度分量的测量。对于 y 轴上 r 处测量体的每一个新位置,激光束在介质 1 中自起点所必需的移动量假定为 Δx_r 和 Δy_r。通过将基准线 $a_0 b_0$(虚线表示)从起始位置移动到新的位置,可以测出这些位

移,进而可以得出下面的关系式:

$$\Delta x_r = \frac{(y_a - y_b) - (y_{a0} - y_{b0})}{2\tan\alpha_1} \quad (15.20)$$

$$\Delta y_r = \frac{1}{2}(y_a + y_b) \quad (15.21)$$

在这两个式中,a_0、b_0、a 和 b 激光束是 $x = -R$ 时激光束与圆管切线的交点。基准交点坐标 y_{a0} 和 y_{b0} 用下式来表示:

$$y_{a0} = R \cdot \tan\alpha_1 \quad (15.22)$$

$$y_{b0} = -R \cdot \tan\alpha_1 \quad (15.23)$$

交点 a 和 b 代表的是在新位置处的激光束 A 和 B 必须通过的位置。显然,需要详细计算出给定测量体位置时的 y_a 和 y_b。

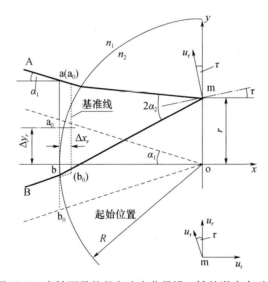

图 15.7 离轴测量的径向速度分量沿 y 轴的激光束对准

15.3.1.1 测定交点 y_a 和 y_b

本计算的目的是要确立沿 y 轴给定测量体用的 $y_a = f(r)$ 和 $y_b = f(r)$ 两个函数关系。因为 y_a 和 y_b 的计算相同,下面只给出激光束 A 用的 $y_a = f(r)$ 的详细计算。

根据图 15.8,如果函数 $\varphi_a = f(r)$ 已知,可以求出函数 $y_a = f(r)$。因此,首先会确立函数 $\varphi_a = f(r)$ 或者等同于 $r = f(\varphi_a)$ 的关系。y 轴上测量体的位置可以表示为

$$r = R\sin\varphi_a - R\cos\varphi_a\tan\alpha_{2a} \quad (15.24)$$

或者关于 R 的关系式:

156

$$\frac{r}{R} = \sin\varphi_a - \cos\varphi_a \tan\alpha_{2a} \quad\quad (15.25)$$

式中：$\tan\alpha_{2a}$ 需要表达成 φ_a 的函数关系式。

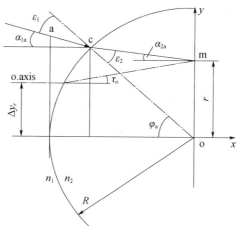

图 15.8　位于 y 轴测量体的激光束传输计算

根据 $\alpha_{2a} = \varphi_a - \varepsilon_2$ 和 $n_2\sin\varepsilon_2 = n_1\sin\varepsilon_1$ 形式的折射律，可以得出如下关系式：

$$\tan\alpha_{2a} = \frac{\sqrt{T_a - 1}\,\tan\varphi_a - 1}{\sqrt{T_a - 1} + \tan\varphi_a} \quad\quad (15.26)$$

式中

$$T_a = \left(\frac{n_2}{n_1}\right)^2 \frac{1}{\sin^2\varepsilon_1} = \left(\frac{n_2}{n_1}\right)^2 \frac{1}{\sin^2(\varphi_a - \alpha_{1a})} \quad\quad (15.27)$$

根据式（15.26），则有 $T_a \geqslant 1$。实际上，$T_a = 1$ 恰好表示全反射的开始，如式（15.27）所示。

与式（15.25）合并，现在 y 轴上测量体的位置可以用角度 φ_a 的函数式来表示：

$$\frac{r}{R} = \frac{1}{\sqrt{T_a - 1} + \tan\varphi_a}\cos\varphi_a = f(\varphi_a) \quad\quad (15.28)$$

根据图 15.7 和图 15.8，角度 φ_a 始于 $\varphi_a = \alpha_{1a}$，这时，测量体位于圆管中心。

用类似方法也可以得到激光束 B 的这种函数关系式。事实上，式（15.28）中的下标 a 只需要替换成下标 b 就可以了。但是，需要注意一个事实，即激光束 B 的角度 α_{1b} 和 α_{2b} 为负。相应地，角度 φ_b 始于 $\varphi_b = \alpha_{1b}$。

根据图 15.8，可以计算出激光束 A 和 $x = -R$ 点处的切线之间的交叉点：

$$y_a = R \cdot \sin\varphi_a + R(1 - \cos\varphi_a)\tan\alpha_{1a} = f(r) \quad\quad (15.29)$$

同样，对于激光束 B，有

$$y_b = R \cdot \sin\varphi_b + R(1 - \cos\varphi_b)\tan\alpha_{1b} = f(r) \quad\quad (15.30)$$

由激光束 A 的式(15.28)和激光束 B 的相关式可知它们都是 r 的函数。结合式(15.20)和式(15.21)就可以确定在介质 1 中,对于位于 r 处的测量体内的两个激光束需要的移动量。

15.3.1.2　计算的简化

式(15.29)和式(15.30)给出的这两个函数并不是显函数,因为根据式(15.28),极角 φ_a 无法表达成 r/R 的显函数。但是,因为给出了一系列 φ_a 角,相应的 y_a/R 和 r/R 可以计算并进行互相关,这些已经在图 15.9 所示的实例中得以反映。图中也反映出了激光束 B 的相应函数关系。可以得出这些结论,即在 $r/R = 0.8$ 以下时,存在 $y_a = f(r)$ 和 $y_b = f(r)$ 两个线性函数。当 $r = 0$,根据图 15.7 可知 $y_{a0} = R\tan\alpha_{1a}$ 和 $y_{b0} = R\tan\alpha_{1b}$。为了计算这些线性函数,需要对它们各自在 $r = 0$ 时的梯度进一步计算。

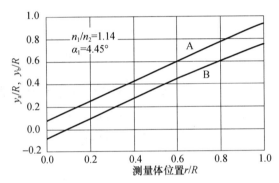

图 15.9　激光束(A 和 B)之间的交叉角坐标与圆面相切于 $x = -R$

例如,由式(15.29)可以得出激光束 A 的微分方程:

$$\frac{\mathrm{d}y_a}{\mathrm{d}r} = \frac{\mathrm{d}y_a}{\mathrm{d}\varphi_a}\frac{\mathrm{d}\varphi_a}{\mathrm{d}r} = R(\cos\varphi_a + \tan\alpha_{1a}\sin\varphi_a)\frac{\mathrm{d}\varphi_a}{\mathrm{d}r} \tag{15.31}$$

已知,在 $r = 0$ 时有 $\varphi_a = \alpha_{1a}$。此外,由式(15.28)得出 $T_a \to \infty$,然后由式(15.27)得出 $\sqrt{T_a}\sin(\varphi_a - \alpha_{1a}) = n_2/n_1$。根据这些条件,可以由式(15.28)计算出

$$\left.\frac{1}{R}\frac{\mathrm{d}r}{\mathrm{d}\varphi_a}\right|_{r=0} = \frac{1}{\cos\alpha_{1a}}\frac{n_1}{n_2} \tag{15.32}$$

因此,$r = 0$ 时,根据式(15.31),有

$$\frac{\mathrm{d}y_a}{\mathrm{d}r} = \frac{n_2}{n_1} \tag{15.33}$$

同样可以通过类似的计算,或立即由图 15.9 得出激光束 B 在 $r = 0$ 的梯度。

因此,可以得到 $y_a = f(r)$ 和 $y_b = f(r)$ 的两个线性函数:

$$\frac{y_a}{R} = \tan\alpha_{1a} + \frac{n_2}{n_1}\frac{r}{R} \tag{15.34}$$

$$\frac{y_b}{R} = \tan\alpha_{1b} + \frac{n_2}{n_1}\frac{r}{R} \tag{15.35}$$

需要再次说明的是,$\alpha_{1b} < 0$,并且因此有 $\tan\alpha_{1b} < 0$。

15.3.1.3 激光束对 Δx_r 和 Δy_r 的必要运动

测量体由管道中心($r = 0$)移动到 y 轴上的一个给定半径 r 时,用式(15.34)和式(15.35)给出的交点坐标来计算介质 1 中激光束对的必要运动。根据 $\alpha_{1a} = -\alpha_{1b} = \alpha_1$,式(15.20)和式(15.21)分别计算成

$$\frac{\Delta x_r}{R} = 0 \tag{15.36}$$

$$\frac{\Delta y_r}{R} = \frac{n_2}{n_1}\frac{r}{R} \tag{15.37}$$

这些结果表明:沿 y 轴方向的测量,只需要平行移动 LDA 测量端。LDA 运动与测量体位移之比等于各自折射率之比。这种方法便于 LDA 测量体容易地在流体中定位。因此,径向速度的测量切实可行。

15.3.2 激光束的交会角

一般情况下,因为测量体条纹间距变化会产生系统误差,必须对速度测量结果进行修正。首先与此变化相关的就是流体中两条折射激光束之间的交会角。为此,需要对式(15.34)和式(15.35)进行再次整理以便于下一步的计算。将这两个式分别与式(15.29)和式(15.30)合并,得

$$\sin(\varphi_a - \alpha_{1a}) = \frac{n_2}{n_1}\frac{r}{R}\cos\alpha_{1a} \tag{15.38}$$

$$\sin(\varphi_b - \alpha_{1b}) = \frac{n_2}{n_1}\frac{r}{R}\cos\alpha_{1b} \tag{15.39}$$

由于 $\alpha_{1a} = -\alpha_{1b} = \alpha_1$,这两个等式右边完全相等,这样,由这两式的相等项可导出

$$\varphi_a - \varphi_b = \alpha_{1a} - \alpha_{1b} = 2\alpha_1 \tag{15.40}$$

根据折射律的表达式(15.10),式(15.38)和式(15.39)可以进一步写为:

$$\sin(\varphi_a - \alpha_{2a}) = \frac{r}{R}\cos\alpha_1 \tag{15.41}$$

$$\sin(\varphi_b - \alpha_{2b}) = \frac{r}{R}\cos\alpha_1 \tag{15.42}$$

这两个等式直接表明

$$\varphi_a - \varphi_b = \alpha_{2a} - \alpha_{2b} \tag{15.43}$$

159

根据式(15.40),则有

$$\alpha_{2a} - \alpha_{2b} = 2\alpha_1 \tag{15.44}$$

亦即

$$\alpha_2 = \alpha_1 \tag{15.45}$$

这一结果表明:该激光束交会角没有变,与介质1(管壁)中的一致。这个角度常用来对带有系统误差的测量结果进行修正。

15.3.3 条纹间距与速度修正

利用流体中的激光束交会角,测量体中的条纹间距由下式计算:

$$\Delta x = \frac{\lambda_2}{2\sin\alpha_2} \tag{15.46}$$

因为 $\alpha_2 = \alpha_1$ 和 $\lambda_1/\lambda_2 = n_2/n_1$,所以有

$$\Delta x = \frac{n_1}{n_2} \frac{\lambda_1}{2\sin\alpha_1} = \frac{n_1}{n_2}\Delta x_0 \tag{15.47}$$

式中:Δx_0 表示的是 LDA 光学装置的初始条纹间距,即参考条纹间距,这时测量体是在暴露的空气或管壁内。

式(15.47)指出:测量速度必须用等于 $k_{vel} = n_1/n_2$ 这样的一个因子来修正:

$$u_\tau = \frac{n_1}{n_2}u_{measured} \tag{15.48}$$

然而,必须说明的是,被测速度与两条激光束平分线(图15.7)垂直的速度分量相对应,它不应视作径向速度分量。

15.3.4 测量体的定向

测量体的定向,即确定测量速度的两条激光束折射的平分线,通常该测量速度不同于径向速度。平分线的偏角 τ 如图15.7所示,视作正值并且表示为

$$\tau = \alpha_2 - \alpha_{2a} = \alpha_1 - \alpha_{2a} \tag{15.49}$$

对于 α_{2a},参见图15.8。

为了将测量体的偏角表示成测量体径向位置 r 的函数式,式(15.38)和式(15.41)需要分别予以计算,因此有

$$\tau = (\varphi_a - \alpha_{2a}) - (\varphi_a - \alpha_1) = \arcsin\left(\frac{r}{R}\cos\alpha_1\right) - \arcsin\left(\frac{n_2}{n_1}\frac{r}{R}\cos\alpha_1\right) \tag{15.50}$$

显然,光学布局(α_1)和介质特性(n_2/n_1)均会对测量体偏角产生附加影响。图15.10这一示例给出的是某一给定光学配置条件下,用径向位置 r/R 函数式来表示的测量体偏角计算结果。在测量体位于 $r/R = 0.8$ 时,相应的偏角会慢慢上升至10°。

现在应该对光轴及其折射进行考虑。实际上,考虑轴向速度分量测量时,本

例中光轴位置与图 15.3 所示的例子中的光轴位置相同。因此,相对于 x 轴,流体中光学折射轴线的倾角为

$$\tau_o = \varepsilon_{o2} - \varphi_o \tag{15.51}$$

对于角度 φ_o,它可以代入 $\sin\varphi_o = \Delta y_r / R$。结合式(15.37),该式可进一步写成

$$\sin\varphi_o = \frac{n_2}{n_1} \frac{r}{R} \tag{15.52}$$

在本例中,光轴的折射角度可以直接由式(15.5)得出:

$$\sin\varepsilon_{o2} = \frac{n_1}{n_2} \frac{\Delta y_r}{R} = \frac{r}{R} \tag{15.53}$$

式中:Δy_r 为垂直于 x 轴的位移量,其应用见图 15.8 及式(15.37)。

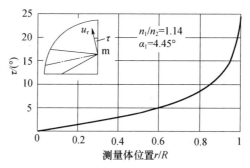

图 15.10　流体中两条折射激光束的平分线偏角

因而,式(15.51)变成

$$\tau_o = \arcsin\left(\frac{r}{R}\right) - \arcsin\left(\frac{n_2}{n_1} \frac{r}{R}\right) \tag{15.54}$$

假设激光束交会角较小,则有 $\cos\alpha_1 \approx 1$,式(15.54)代表式(15.50)的近似式。在图 15.10$r/R < 0.5$ 给出的条件下,式(15.50)和式(15.54)两者之间的差小于 0.4%。因此,式(15.54)可以用来确定流体中测量体的偏角。

15.3.5　径向速度的测定

由于 $\tau \neq 0$,所以测得的速度 u_τ 并不能直接代表径向速度分量。理论上说,如果已知 y 轴上给定测量点的切向速度,就可以得出径向速度分量。假设切向速度与 x 方向一致,根据图 15.7,就可以通过下述式求解出径向速度分量:

$$u_\tau = u_r \cos\tau - u_t \sin\tau \tag{15.55}$$

切向速度的测量参见 15.2 节。

15.3.6　方法说明

前面给出的所有处理方法都是基于 $r/R < 0.8$ 时式(15.34)和式(15.35)的

线性化。在任何情况下,这都是成立的,因为在超出 $r/R = 0.5$ 后,很快就不可能进行测量了,只会出现光学像差(如散光)和光束厚度增加这种结果。后者会直接导致测量体激光强度下降(在 $T = 1$ 时会产生全反射)。计算表明:在 $r/R = 0$ 到 $r/R = 0.5$ 这一范围内,因线性化产生的 u_τ 的最大误差小于 1%(在 $r/R = 0.5$)。在大多数工程流体中,这个误差完全可以接受。如果应用式(15.54),测量体偏角 τ 的误差会不到 0.4%。

光学像差与通过 r/R 测量体的离轴位置相关,并且根据式(15.52)可以用光轴的离轴角 φ_o 来表示。在 r/R 值比较大时,离轴角会变大。这样,整个光学性能就可以与离轴 LDA 对准平面壁时的性能相比较了,正如第 14 章中全面介绍的那样。在 $n_1/n_2 = 1.14$ 和 $r/R = 0.6$ 的实例中,有 $\varphi_o = 32°$。该离轴角导致非常大的散光效果,并因此影响到接收透镜的有效孔径,信号速率会因而大大减少,具体参见图 14.9 以及图 14.18。大离轴角时的另一个严重问题是,因为光路设置的一个小的误差,两条激光束在折射后可能根本不相交的概率会增加。因为这个原因,可以得出这样的结论,即在 $r/R = 0.5$ 测量体位置外,不可能进行测量。实际上,当偏差限制在 $e/R < 0.5$ 的情况下测量轴向速度时,也存在这样的光学特性,这已在 15.1 节讨论过了。

15.4 光学偏差和测量体的畸变

一般来说,随着测量体在试验流体中深度的不断增加,光学测量条件会逐渐恶化,例如在测量轴向和切向速度分布时。根据以往的经验,正如本章开篇所提到的,最多可以对深度大约是管道直径 2/3 的流动进行测量。当测量体定位上述深度时,光学条件的恶化与光学像差的增加和激光束腰错位扩大有关。在测量径向速度时,当测量体离开管道中心,信号质量恶化就会变得越来越严重。与光学像差相关的这种现象在 15.3 节中已经进行了讨论。

下面将对光学像差和光束腰部位错进行量化。尤其是要分析揭示出并帮助理解为什么在测量体位于管道直径 2/3 外的距离时不可能进行轴向和切向速度的测量。需要指出的是,下面进行的这些分析相当复杂。这些应该主要用作进一步拓展研究的基础和参考。对于大多数 LDA 用户来说,所述内容已经足够可以正确地进行测量并且之后正确地修正测量结果。因此,他们大多参考的是上述章节。在不能进行测量或信号强度和质量两者都不令人满意的情况下,LDA 用户应该知道这常常归咎于光学像差即散光的出现。

15.4.1 发射与接收光学组件的光学偏差

利用圆管外平面并使 LDA 测量端垂直于该平面非常重要,目的是为了确保管壁内激光束没有任何光学像差。这点可以由二维 LDA 系统的所有四条激光束相交于一个实际的或虚拟的特殊点得到证实。光学像差就会只在圆管内表面上产生，导致两个测量体的分离。在 LDA 光轴穿过管道中心时，这两个测量体对应轴向和切向速度测量时的光学像差。对于给定 LDA 测量端位置，可以应用轴向与切向速度的两个测量体之间的位移来描述弯曲管道表面上非常规激光束折射有关的光学像差。把这种位移当作散光差来代表当时光学像差即散光（见14 节）的多少，这确实非常常见。

两个测量体之间的位移很容易由第 15.1 和 15.2 节中已经得出的计算结果得出。利用式（15.1）和式（15.12），可以得出以下用虚拟激光束交叉点位置函数所表示的两个测量体间的位移：

$$\Delta s_R = \frac{s_{2,t} - s_{2,a}}{R} = \frac{1}{1 + \frac{n_1}{n_2}\left(\frac{R}{s_1} - 1\right)} - \frac{n_2}{n_1}\frac{s_1}{R} \tag{15.56}$$

这个距离也可以用切向速度分量的测量体位置的函数来表示。式（15.56）中等号右边第一项可简化为 $s_{2,t}/R$，带有 s_1/R 的第二项可用式（15.12）中各自的值来替换，则有

$$\Delta s_R = \frac{s_{2,t}}{R} - \frac{1}{\left(\frac{R}{s_{2,t}} - 1\right) + \frac{n_1}{n_2}} \tag{15.57}$$

图 15.11 给出的是用切向速度分量的测量体位置的函数来表示的两个测量体之间的位移计算值。可以看出，当流体中测量体深度增大时，这两个测量体彼此分开。换言之，LDA 光学系统有关的光学像差随测量体与管壁距离增加而增加。这种现象显著影响轴向和切向速度的测量。接收光学系统也有这种影响机制。

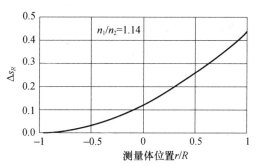

图 15.11　用切向速度分量测量体位置函数表示的切向和
轴向测量体之间的相对位移

例如，在离轴 LDA 相背于介质界面平面时会出现散光（第 14 章），这种情况下的光学像差意味着：流体中的测量体越深，接收透镜的有效基准区域就越少。因为接收透镜上基准区域多数无法看到测量体，信号强度就会减弱，继而导致信

号数据采集率下降。因为这一原因,在深度超出圆管直径 2/3 的流动区域,几乎不可能得出足够高强度高质量的光信号。由于这个原因,只有绕圆管轴将 LDA 测量头旋转 180° 从反面进行补充测量后,才能完成圆管的整个流动分布测量。轴向和切向速度测量都要进行这样的两次测量。但不管怎样,这为双测量方法(DMM)的应用提供了机会,利用该方法可以准确地将极弱的切向速度分量分布从这两次测量结果中求解出来(见第 9 章)。

15.4.2 激光束腰部与测量体的位错

位错即激光束腰部与测量体的错开,是圆管中切向、径向速度测量相关的光学像差造成的另一个并不需要的结果。这一结果一方面会在测量体中形成众所周知的条纹畸变,另一方面会造成测量体激光强度的减少,继而导致信号质量的降低。这种信号干扰会加剧前面刚刚讲到的光学像差引起的信号质量的降低。

要量化束腰部的位错,需要先于试验流体前把介质 1 中的激光束视作聚焦光束以便不出现任何光学像差。下面将分别对切向和径向速度分量测量这两者的相应情况进行阐述。

15.4.2.1 切向速度测量中的激光束腰部

根据两条激光束对称折射,可以发现只需要对 $x - y$ 平面内的一条激光束进行考虑(图 15.12)。随着激光束在圆管内表面上发生折射,激光束会受到散光影响。结果会存在两个特殊的焦点,这两个焦点可以确定是在激光束的子午面和矢向面上,分别记为 p_m 和 p_s。这两个焦点之间的距离称为像散离差。它是相关光学像差程度的测量结果。为了计算两个特殊焦点的各自位置并直接应用 14.6 节的分析结果,将插入一条新的坐标 ξ,该坐标起于光束交叉点 c 并沿圆管法线伸展,即经过圆管轴线。考虑的这条激光束用单位向量 r 来表示。其折射前后的相应 ξ 坐标分别表示为 $r_{1\xi} = \cos\varepsilon_1$ 和 $r_{2\xi} = \cos\varepsilon_2$。

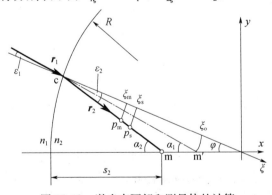

图 15.12 激光束腰部和测量体的计算

164

因为激光束比较薄,所以假定圆柱形表面上的交叉区域为平面表面。这样假设是为了简化光束的折射计算。在试验流体中折射激光束的子午和矢向焦点有各自的 ξ 坐标,关于平面交界面,根据式(14.41)和式(14.42),该坐标可以用下述式来表示:

$$\xi_m = \xi_o \frac{n_2 r_{2\xi}^3}{n_1 r_{1\xi}^3} \tag{15.58}$$

$$\xi_s = \xi_o \frac{n_2 r_{2\xi}}{n_1 r_{1\xi}} \tag{15.59}$$

式中: ξ_o 表示虚拟焦点 m' 的 ξ 坐标,有

$$\xi_o = cm' \cdot \cos\varepsilon_1 = \frac{R\sin\varphi}{\sin\alpha_1} r_{1\xi} \tag{15.60}$$

在圆管水流这种情况下,可以证实几乎总是满足 $(r_{1\xi} - r_{2\xi})/r_{1\xi} < 0.1\%$,所以可以假定 $r_{2\xi} \approx r_{1\xi}$ 。这说明没必要区分子午面和矢向面焦点的不同,折射后的激光束仍然可以认为是一条腰部特殊的聚焦光束。但是,要用式(15.59)来表示这个近似的特殊光束腰部,才能得到这一结果的简化形式:

$$\xi_w = \xi_s = \xi_o \frac{n_2 r_{2\xi}}{n_1 r_{1\xi}} \tag{15.61}$$

对于试验流体的折射激光束,它的光束腰部是位于离交叉点 c 处的某一距离:

$$\ell_w = \xi_w / \cos\varepsilon_2 = \xi_w / r_{2\xi} \tag{15.62}$$

由于两条激光束对称折射,测量体位于 x 轴上 m 点,并且与交叉点 c 的距离是:

$$\ell_{mv} = \frac{R\sin\varphi}{\sin\alpha_2} \tag{15.63}$$

因此,测量体和激光束腰部之间的距离可以用 $\ell_{mv} - \ell_w$ 来表示,或者用下述无量纲形式来表示:

$$\ell_R = \frac{\ell_{mv} - \ell_w}{R} = \frac{\sin\varphi}{\sin\alpha_2} - \frac{n_2}{n_1} \frac{\sin\varphi}{\sin\alpha_1} \tag{15.64}$$

显然,该距离取决于流动中测量体的当地位置。由式(15.11)可以得出用测量体位置 s_2 函数形式表示的角度 φ 和 α_2 。在图15.13这一算实例中,位置参数 s_2 替换成了径向位置 $r = R - s_2$ 。很明显,当测量体位于管道中心外时,激光束腰部与测量体存在一个比较大的延展位错。光束腰部这样的位错无疑意味着测量体的亮度较低并且其中会产生并不需要的条纹畸变。与 LDA 光学传播元一侧测量体有关的这两个特点再次表明切向速度分量测量要比轴向速度测量更关键。此外,还可以根据图15.13给出的这些无量纲值得出结论,即如果遇到大口径圆管,激光束腰部的绝对位错 $(\ell_{mv} - \ell_w)$ 会更大。例如,在圆管轴线上,光束腰部与测量体之间的距离大约是 $0.12R$,当 $R = 100\text{mm}$ 时,将达到 12mm 。

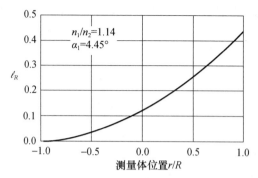

图 15.13　切向速度分量测量时,激光束
腰部与测量体的位错

比较图 15.13 和图 15.11,显而易见,两条曲线比较一致。应用以 $\sin\varphi \approx \varphi$、$\sin\alpha_1 \approx \alpha_1$ 和 $\sin\alpha_2 \approx \alpha_2$ 这种形式表示的轴旁射线的近似值可以证明该一致性。式(15.64)因而可以表示为式(15.57)所示的形式。

这种情况下,测量体的条纹畸变是由于两条对称激光束腰部的位错造成的。它确切地反映出一些熟知类型的条纹畸变,这时可以在距光束交点相同距离的各自腰部位置前后找到测量体。图 15.14 诠释了这种情况下光学情况。然后,测量体的条纹间距线性地随沿测量体发生改变。Zhang 和 Eisele(1997,1998c)已经准确地分析了平均速度和湍流度这两方面测量中的相应误差。这种明显受影响的平均速度及其标准偏差可以表示为

$$\frac{\overline{u}_{\text{app}}}{\overline{u}} = 1 + \frac{1}{3}\gamma^2 \tag{15.65}$$

$$\frac{\sigma^2_{\text{app}} - \sigma^2}{\overline{u}^2} = \gamma^2\left(\frac{\sigma^2}{\overline{u}^2} + \frac{1}{3}\right) \tag{15.66}$$

这两个式的准确推导参见第 16 章。

式(15.65)和式(15.66)中,畸变条纹数 γ 是一个几何参数,表示是在测量体末端的条纹间距与最初条纹间距之间变化,通常低于 0.02。因为这是一个相当小的数字,所以通常 LDA 测量体条纹畸变不会明显影响测量精度。

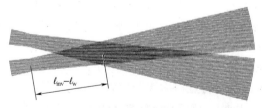

图 15.14　测量圆管中的切向速度分量时,
测量体出现的第一类条纹畸变

15.4.2.2　激光束腰部的径向速度测量

15.3 节已经指出:如图 15.7 所示,测量径向速度分量时,测量体应位于 y 轴。另外,依据式(15.36),要沿 y 轴移动测量体,只需要沿平行方向移动介质 1 中的激光束对即可。这意味着虚拟光束交点也在 y 轴上,当测量体位于圆管中心位置($y=0$)时也是如此。图 15.15 已经给出了实际和虚拟测量体的相应位置,简便起见,其中只给出了一条激光束。可以预料的是,在这种情况下,也会存在着激光束腰部与测量体的错位。为了便于计算,激光束再次用介质 1 中的单位矢量 r_1 和介质 2 中的 r_2 来表示。

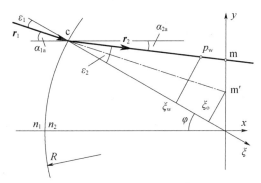

图 15.15　激光束腰部(p_w)和测量体(m)的计算

与前面的计算一样,插入一个新的坐标 ξ,该坐标始于交叉点 c 并圆管法线伸展。这两个单位向量因而各自有相应的分量 $r_{1\xi}=\cos\varepsilon_1$ 和 $r_{2\xi}=\cos\varepsilon_2$。

为了简化,只把试验流体中折射激光束的矢向焦点视作光束腰部 p_w。同样有

$$\xi_w = \xi_o \frac{n_2 r_{2\xi}}{n_1 r_{1\xi}} \tag{15.67}$$

且

$$\xi_o = cm'\cos\varepsilon_1 = \frac{R\cos\varphi}{\cos\alpha_{1a}} r_{1\xi} \tag{15.68}$$

在试验流体中折射激光束上,腰部位于距交叉点 c 的 p_w 处:

$$\ell_w = \frac{\xi_w}{\cos\varepsilon_2} = \frac{\xi_w}{r_{2\xi}} \tag{15.69}$$

测量体 m 距同一交叉点 c 的距离为:

$$\ell_{mv} = \frac{R\cos\varphi}{\cos\alpha_{2a}} \tag{15.70}$$

测量体(m)与激光束腰部(p_w)之间的距离因而可以用 $\ell_{mv}-\ell_w$ 来表示。用无量纲式和下标 a 和 b 来表示激光束 A 和 B,分别有:

167

$$\ell_{R,a} = \frac{\cos\varphi_a}{\cos\alpha_{2a}} - \frac{n_2\cos\varphi_a}{n_1\cos\alpha_{1a}} \qquad (15.71)$$

$$\ell_{R,b} = \frac{\cos\varphi_b}{\cos\alpha_{2b}} - \frac{n_2\cos\varphi_b}{n_1\cos\alpha_{1b}} \qquad (15.72)$$

显然,这两者的距离取决于流动中测量体的当地位置 r/R。角度 φ_a、φ_b,α_{2a} 和 α_{2b} 和它们对 r/R 的依赖性已经得出并用式(15.38)~式(15.42)来表示。

图 15.16 给出的是式(15.71)和式(15.72)的计算结果,两式分别代表激光束 A 和 B。因为在 $r/R < 0.6$ 这一可用区域,这两个光束腰部位于测量体的同侧,而且在与测量体的间距上并没有大的差别,可以假定发生图 15.14 那样的条形畸变。与切向速度分量测量时出现光束腰部位错这种情况一样,如果用到的是大口径圆管,径向速度测量这一条件下出现的腰部错位($l_{mv} - l_w$)也会很大。在圆管轴线上得到的值相同,如图 15.13 所示。

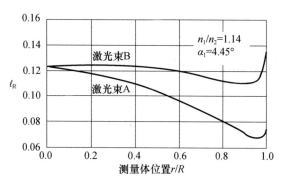

图 15.16　径向速度分量测量时,激光束腰部与测量体的相对错位

第16章

条纹畸变效应

根据第 3 章所描述的 LDA 原理,LDA 精确测量的必要条件是测量体条纹间距的均匀性。如果两束激光在其腰部汇聚并形成测量体,则可获得均匀的条纹间距。偏离该要求的任何做法将会引起测量体内条纹畸变,并由此导致测量误差。由于沿测量体存在着条纹间距的非均匀性,因此以具有速度脉动的均匀定常层流流动作为流动测量的典型实例,这样,平均速度和湍流量的测量就只会受到系统误差所带来的影响。

LDA 测量体中的条纹畸变历来被视为光路布置不当的结果。图 16.1 给出了典型的因光路布置不当造成条纹畸变的两种形式。此两种情形下条纹间距的非均匀性或者沿测量体、或者穿过测量体。旨在描述这两种成因相异的条纹不均匀特征的相关详细研究可见 Hanson(1973,1975)、Durst 和 Stevenson(1975)以及 Miles 和 Witze(1994,1996)的相关成果。依据 Hanson(1973,1975)的研究结果,条纹间距的线性分布均存在于沿畸变测量体的纵向(图 16.1(a))和横向(图 16.1(b))。Zhang 和 Eisele(1997,1998c)就沿测量体纵向的条纹畸变影响测量精度的问题方面进行了研究。正如图 15.14 所示,当不予考虑流体介质的

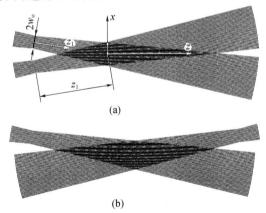

(a)

(b)

图 16.1 测量体中的条纹畸变(第一种和第二种类型);
可能的第三种类型的条纹畸变参见图 14.14(b)

169

折射率来进行圆管中流动的切向速度测量时,可确认测量体中的确产生了第一种类型的条纹畸变。显然,这是实际应用中遇到的最具代表性的条纹畸变类型。然而,穿过测量体的第二种类型条纹畸变(图 16.1(b))仍被视为仅与光路不当布置相关。

LDA 测量体中另一种,亦即第三种可能的条纹畸变类型,作为特例如图 14.14(b)所示,与因激光束折射而导致的像散现象有关。由于 LDA 测量体周边区域中激光束腰部呈不规则分布,以及由此所导致的两束激光各自波阵面形状的复杂性,因此可能还未很好地给出这种条纹畸变类型的特征。另一种测量体中的条纹畸变类型称为局部条纹畸变(local fringe distortion),其主要是激光束在粒子云传播路径中的衍射现象所形成的(Ruke 1991)。

LDA 测量体中条纹畸变所产生的结果是平均速度和湍流量两者的系统测量误差。在所有流动湍流测量的应用实例中,条纹畸变会导致多普勒频率的增大,并且由此过分地高估湍流强度。显然,此种高估主要取决于复杂的条纹畸变类型及其程度。实际上,LDA 用户对测量误差及其修正的可能性更感兴趣。为此目的,这里考虑流动测量中如图 16.1(a)所示的最有代表性畸变类型的影响,并以此作为误差评估的标准和参考范例。相关分析评估基于条纹沿测量体长度呈线性分布的假设展开。

16.1 条纹间距的纵向线性分布

按图 16.1(a),两束激光各自腰部与其交叉点具有相同的距离时,就会发生高斯光束的交会。应用 LDA 的流动测量中,当两束激光在其腰部位置之前交会时,就会出现同样具有相同测量结果的条纹畸变。LDA 测量体中条纹间距的线性分布假设主要基于关于此类条纹畸变的早期研究结果,且其有助于计算的简化。

假设测量体长度范围内速度分布是均匀的。对于非均匀条纹间距,根据 $u = \Delta x \cdot v_D$,由测量结果可得到如下相关的非均匀多普勒频率:

$$\frac{1}{v_D}\frac{d(v_D)}{dz} = -\frac{1}{\Delta x}\frac{d(\Delta x)}{dz} \tag{16.1}$$

根据 Hanson(1973,1975)关于多普勒频率中相对变化的解释,条纹间距的梯度可表示为

$$\frac{1}{\Delta x}\frac{d(\Delta x)}{dz} = \frac{1}{R} \tag{16.2}$$

式中:R 为两条高斯光束在其交会处波阵面的曲率半径。按式(3.63),该曲率半径可由激光束腰部光斑大小(半径 w_0)和激光束腰鞍部距交会点的距离(z_1)计算获得:

$$R = z_1 \left[1 + \left(\frac{\pi w_0^2}{\lambda z_1} \right)^2 \right] = z_1 \left[1 + \left(\frac{z_R}{z_1} \right)^2 \right] \tag{16.3}$$

式中：z_R 为瑞利长度（Rayleigh length），由式（3.66）确定。

由式（16.2）可知，假设测量体范围内存在 $|z/R| \ll 1$，则沿测量体长度纵向条纹间距将呈线性变化。对于 $k = \Delta x_0 / R$，则有

$$\Delta x = kz + \Delta x_0 \tag{16.4}$$

式中：Δx_0 为测量体中心（$z = 0$）处的条纹间距。根据 Hanson（1973）的解释，该测量体中心条纹间距的数值应等于未发生畸变的测量体条纹间距值（$\lambda / 2\sin\alpha$）。

16.2　条纹畸变数和表观平均速度

值得一提的是，测量体中的条纹畸变也会影响对平均速度的测量。实际上，即使发生按式（16.4）所表征的线性条纹畸变，关于平均速度的测量误差仍将存在。这种情形可很容易地由流体以均匀速度 u_0 经过测量体的假设得到验证。由测量获得的多普勒频率和经数据处理软件所精确确定的条纹恒定间距、流动速度可按下式计算：

$$u = \Delta x_0 \nu_D = \Delta x_0 \frac{u_0}{\Delta x} \tag{16.5}$$

流动速度与沿测量体线性变化的条纹间距成反比。正因如此，速度 u 测量值的总体均值无论如何都不会等于实际的流动速度值 u_0，因此表征为表观均值。一般情况下，可将具有随机速度脉动的湍流视为平均速度为 $\bar{u}$ 的流动。表观平均速度则可通过如下算术平均算法得到：

$$\bar{u}_{app} = \Delta x_0 \frac{1}{N} \sum_{i=1}^{N} \frac{u_i}{\Delta x_i} \tag{16.6}$$

从测量体方面来看，测量体沿纵向被分成 m 个等距的测量体分区。在每个测量体分区，条纹间距可视作恒定的。从流动方面来看，假定所有测量分区内统计学意义上的流动特性都是相同且恒定的，这也包含着这样的假设，即粒子通过各个测量体分区的概率均等。对于 $N = m \cdot n$ 且平均速度为 $\bar{u}$，则式（16.6）可表示为

$$\bar{u}_{app} = \Delta x_0 \frac{1}{N} \sum_{j=1}^{m} \left(\frac{1}{\Delta x_j} \sum_{i=1}^{n} u_i \right) = \Delta x_0 \bar{u} \frac{1}{m} \sum_{j=1}^{m} \frac{1}{\Delta x_j} \tag{16.7}$$

将 m 扩展至无穷大，并以式（16.4）替换 Δx_j，则式（16.7）中的求和运算可以积分运算来实现，因而以 $\Delta z/2$ 表示测量体区长度的 $1/2$ 时，有

$$\bar{u}_{app} = \bar{u} \frac{\Delta x_0}{\Delta z} \int_{-\Delta z/2}^{\Delta z/2} \frac{dz}{kz + \Delta x_0} \tag{16.8}$$

为简化计算结果,引入畸变条纹数并定义

$$\gamma = \frac{k\Delta z/2}{\Delta x_0} = \frac{\Delta z/2}{R} \tag{16.9}$$

其表示测量体末端条纹间距的相对变化量。通常,由于 $\Delta z \ll R$,该参数的数值很小。

式(16.8)可表示为

$$\frac{\overline{u}_{\text{app}}}{u} = \frac{1}{2\gamma}\ln\frac{1+\gamma}{1-\gamma} \approx 1 + \frac{1}{3}\gamma^2 \tag{16.10}$$

式中:由于 $\gamma \ll 1$,因而所得到的只是近似值。

计算结果表明,即使假设条纹间距呈线性分布,平均流速的测量也会受到测量体内畸变条纹的影响。但由于存在着 $\gamma \ll 1$,所产生的相对误差大多情况下可忽略不计。

式(16.9)定义的畸变条纹数是测量体几何参数的纯理论函数。由于其描述的是相背于测量体末端($z = \Delta z/2$)的条纹间隔与测量体中心($z = 0$)的相对变化,因而也表示了 $z = \Delta z/2$ 处的频率加宽程度 $\Delta\nu_{\text{D}}/\nu_{\text{D}}$。

式(16.9)也可表明,畸变条纹数是构成光束交会点的两条高斯光束波前曲率半径的函数。以式(16.3)替换曲率半径后,可得

$$\gamma = \frac{\Delta z/2}{z_1[1 + (z_R/z_1)^2]} \tag{16.11}$$

对于光束腰厚度设定为 $2w_0$ 且由此给设定的瑞利长度为 z_R 的光束,畸变条纹数是光束腰与测量体中心距离 z_1 的函数。由图16.2所示的LDA光学装置布置展示了该函数的作用和意义,此外,也表明高斯光束波前曲率半径是距离的函数。本例中,当瑞利长度 $z_R = 30\text{mm}$ 时,畸变条纹数最大。

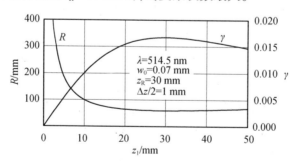

图16.2 高斯光束波前曲率半径和畸变条纹数

基于对上例的参数量化处理,证实畸变条纹数通常不超过0.02。把该极限代入式(16.10),平均速度的测量误差实际上会非常小。顺便提一下,高斯光束波前曲率的最小半径 $R = 60\text{mm}$。与该值相比,测量体长度的一半($\Delta z/2 = 1\text{mm}$)可以忽略。式(16.4)因 $|z/R| \ll 1$ 的假设可得以验证。

16.3 流动湍流度的过高估计

众所周知,LDA 测量中条纹畸变引起的最明显结果是对湍流强度的高估。这种现象也称为湍流度测量中的加宽效应。为量化该效应,考虑采用定常湍流来描述平均流速 $\bar{u}$ 和脉动速度 σ(标准差)。从统计学观点,平均流速和标准差之间的关系是确定的,可由式(5.5)表示为

$$\sigma^2 = \overline{u^2} - \bar{u}^2 \tag{16.12}$$

式中:$\overline{u^2}$ 为速度分量 u 均值的平方。

这种关系也适用于受到测量体中条纹变形影响的速度测量值。相应的速度值是表观量:

$$\sigma_{app}^2 = \overline{u_{app}^2} - \bar{u}_{app}^2 \tag{16.13}$$

测量体条纹畸变引起高估的湍流强度及其相关量可由下式描述:

$$\sigma_{app}^2 - \sigma^2 = (\overline{u_{app}^2} - \overline{u^2}) - (\bar{u}_{app}^2 - \bar{u}^2) \tag{16.14}$$

式中:等号右侧第二项可由式(16.10)计算得出或者也可简单地设置为零,而第一项则需要进行类似于 16.2 节所介绍的计算。对应于每一个速度样本的多普勒频率响应仍是 $u_i / \Delta x_i$。与式(16.6)类似,式(16.14)中速度表观均方值基本可按下式计算:

$$\overline{u_{app}^2} = (\Delta x_0)^2 \frac{1}{N} \sum_{i=1}^{N} \left(\frac{u_i}{\Delta x_i} \right)^2 \tag{16.15}$$

通过把测量体分成 m 个等距的测量体分区,且基于应用式(16.7)的相同假设,式(16.15)可变换为

$$\overline{u_{app}^2} = (\Delta x_0)^2 \, \overline{u^2} \, \frac{1}{m} \sum_{j=1}^{m} \frac{1}{(\Delta x_j)^2} \tag{16.16}$$

由式(16.4)可应用条纹间距的线性分布假设。通过将 m 拓展至无穷大,式(16.16)的求和运算可用相应的积分运算来表示,即有

$$\overline{u_{app}^2} = (\Delta x_0)^2 \, \overline{u^2} \, \frac{1}{\Delta z} \int_{-\Delta z/2}^{\Delta z/2} \frac{dz}{(kz + \Delta x_0)^2} \tag{16.17}$$

应用定义畸变条纹数的式(16.9),可得到

$$\overline{u_{app}^2} = \frac{1}{1 - \gamma^2} \overline{u^2} \approx (1 + \gamma^2) \overline{u^2} \tag{16.18}$$

在式(16.14)中以式(16.10)和式(16.18)替换并按 $\overline{u^2} = \sigma^2 + \bar{u}^2$,可得

$$\frac{\sigma_{app}^2 - \sigma^2}{\bar{u}^2} = \gamma^2 \left(\frac{\sigma^2}{\bar{u}^2} + \frac{1}{3} \right) \tag{16.19}$$

由于存在 $\sigma_{app} + \sigma \approx 2\sigma$($\sigma = 0$ 时并不成立),上式也可写为

$$\frac{\Delta \sigma}{\bar{u}} = \frac{1}{2} \gamma^2 \, \frac{\bar{u}}{\sigma} \left(\frac{\sigma^2}{\bar{u}^2} + \frac{1}{3} \right) \tag{16.20}$$

式中:$\Delta\sigma = \sigma_{app} - \sigma$ 为平均流速的标准偏差过高估计值。

湍流强度过高估计值显然取决于实际需要测量的湍流度和由条纹畸变数描述的条纹畸变程度两种因素。对于式(16.20),图 16.3 把湍流强度过高估计值表示为不同条纹畸变数下真实湍流强度的函数。对于典型的条纹畸变($\gamma < 0.02$),特别在湍流强度比较高的流动测量时已经发现湍流度的过高估计值并不显著。

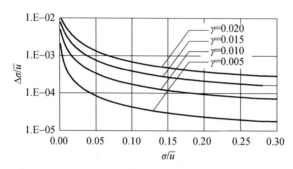

图 16.3 实际湍流度和条纹畸变数 γ 函数表示的标准偏差过高估计值

对于 $\sigma = 0$ 的均匀层流,由式(16.19)可得表观湍流强度为

$$\frac{\sigma_{app}}{u} = \sqrt{1/3} \cdot \gamma \tag{16.21}$$

本章中的计算基本上是针对条纹间距沿纵向线性变化(图 16.1(a))的条纹畸变。考虑其他类型的条纹畸变及其对测量的相应影响时,计算结果可用来作为参考。总体而言,第二种类型的条纹畸变(图 16.1(b))对湍流测量的影响相比于上述处理方法来说相当小,根据汉森(hanson,1975)早期研究结论,该影响被认为可忽略。如图 14.14 所示,由光学像差亦即散光引起的第三类条纹畸变也同样可能存在相同的情形。

174

第17章

速度偏差效应

17.1　作为流动现象的速度偏差

采用 LDA 对流体进行速度测量的方法是基于对流经测量体的粒子随机地进行速度采样。有效速度采样率与粒子浓度、粒子大小、流动速度以及其他流动和光学参数有关。如果采样率远远大于湍流平均频率，那么在湍流流动中速度的大小将对有效速度采样率产生较大影响。这种影响的特点就是通常情况下，高流动速度比低流动速度更容易被采集。因此，两个连续速度样本之间的时间间隔并不等距。根据式(5.1)计算出的速度样本平均值要比等时间间隔采样的速度平均值高。速度样本平均值朝着值高的方向移动的现象称为速度偏差，这种现象由 McLaughlin 和 Tiederman 在 1973 年首次提出。从速度偏差的机理可以推断，非等距采样测量值与等时间间距采样的测量值相比，不仅平均速度不一样，而且一些其他的统计参数如标准偏差等也不同。因为有效速度采样率完全依赖于速度脉动，所以速度偏差的确代表了一种流动现象。在 LDA 术语中，速度偏差也就是平均速度的相关差异，属于测量误差。相应的研究一般限于两个方面：对速度偏差影响的估算和修正。

假设在流体中粒子均匀分布，穿越测量体的粒子到达速率也均匀，因此理论上速度采样率与速度大小成比例。鉴于此观点，人们在估算和修正速度偏差的影响方面做了很多工作（Buchhave 1975，Buchhave 等 1979，Lehmann 1986，Nobach 1998，Owen 和 Rogers 1975）。人们已经给出了带偏差的平均速度的经验估计式，如 Edwards(1987)根据湍流强度给出的估计式 $\bar{u}_b/\bar{u} = 1 + Tu^2$。采用数值计算方法，Nobach(1998)研究了在复杂的三维湍流流动中，偏差给三个速度分量方向上的平均速度和标准差带来的影响。Zhang(2002)通过准确的分析，量化了偏差的影响，其中考虑了速度脉动的三个分量从零到无穷的所有情况。该分析可作为评估偏差影响程度的参考。

速度偏差在湍流测量中的一个众所周知的影响是会使在平均速度周围对称分布的速度脉动失真，另一个影响是将一个各向同性的湍流误判为各向异性的湍流。另外，三个速度分量上的偏差误差显然互不相同。

目前已经开发了多种修正偏差影响的方法,在 LDA 测量的数据处理中也已得到应用。最常用的方法是用速度的倒数或粒子在测量体内的滞留时间作为计算算术平均值的加权因子,如式(5.13)~式(5.15)所示。使用每个速度矢量的倒数值作为加权因子的方法很明显受到一定限制,因为这些速度值必须通过测量得到。另外,只有当流动脉动为一维时结果才正确。使用滞留时间或穿越时间作为加权因子的方法是基于测量体内为均匀流动的统计假设(即在测量体积内没有速度梯度)。已经证明,这种方法既能说明流动脉动的三维性也能说明测量体形态的三维性(Buchhave 等 1979)。理论上讲,穿越时间可以通过测量脉冲长度得到。另外一种被提及的修正方法是使用控制处理器从外部引入一个恒定的采样频率(Edwards 1987,Erdmann 和 Tropea 1981)。这种处理器基本上仅在具有高数据密度的测量中才会被推荐使用。事实上,从外部引入的恒定的采样频率也可以通过数据后处理得到。

历史上人们认为速度偏差影响测量准确度,然而,现在人们对这个观点并不完全认同。根据第 12 章的内容可以了解到,如果测定体积流率(体积通量),在计算过程中没有经过任何修正,那么速度偏差代表测量误差。然而,如果考虑动量通量,那么速度偏差恰好能保证速度测量和数据处理的正确性。在解动量方程如 Euler、Navier – Stokes 或 Reynolds 方程时会用到这一点。考虑到流动是湍流,根据式(2.7)~式(2.9),通常以湍流雷诺应力作为相关物理湍流量。因为这些方程式都代表了动量(或精确动能),所以在 LDA 测量中出现速度偏差并不意味着测量误差。因此,有必要澄清在测量中获得的每一个流动参数的物理意义。

然而,由于历史的原因,现在"速度偏差"这个词仍然用来表示相关的流动现象。

对于工程应用的 LDA 用户来讲,更倾向于了解速度偏差的程度和它的影响,而不是考虑如何修正。通常,研究人员和工程师们基于每个相关流动过程的需求来确定相关测量的不准确度是否可以接受。因此,有必要区分在有和没有速度偏差影响情况下平均速度和其他流动参数之间的差别。Zhang(2002)在这方面所做的研究将作为本章的主要参考内容。

还需要指出,采用 LDA 方法进行湍流流动测量时,还存在另外一种偏差,叫做角度偏差。角度偏差发生在测量体的横截面处,粒子到达率随着流动方向的改变而变化。在物理意义上讲,角度偏差与速度偏差不同,因为它不完全是一种流动现象。由于湍流流动的三维性,在测量中可以区分出速度偏差和角度偏差。

17.2　速度偏差与动量流率

研究已经表明速度偏差实际上是一个流动现象。这基本上可以阐明速度偏差的相关流动特性。在第12章中,关于沿着 LDA 测量体内非均匀速度分布问题,已经证明带偏差的平均速度恰好代表了计算流过测量体的动量流率时的平均速度。带偏差与不带偏差的平均速度之比仅仅为动量流量修正系数。因为习惯上速度偏差是在带有随时间变化的速度脉动的湍流流动中提及,所以人们很自然地对速度偏差和这种湍流流动之间是否存在相似关系产生兴趣。下面的分析将证明这种关系是存在的。

我们知道,动量流率是一个由流体的速度矢量(u)和流体流过的截面法向量(n_A)决定的矢量。动量流量(单位面积的动量流率)的定义为 $\dot{J} = \rho u \cdot (n_A \cdot u)$。该式中,括号内的乘积表示体积通量,单位是 $m^3/(m^2 s)$。为了接下来的讨论,考虑一维稳态湍流流动速度 u_x。通过垂直于 x 轴的单位面积的体积通量等于 u_x。在一段时间间隔 Δt 内的平均动量通量由下式计算:

$$\overline{\dot{J}_x} = \rho \frac{1}{\Delta t} \int_0^{\Delta t} u_x^2 \cdot \mathrm{d}t \tag{17.1}$$

如果时间间隔较大,那么平均动量通量代表流动的一个统计常数。基于遍历假说(ergodic hypothesis),这个经过特殊处理的参数在一段时间内的平均值等于在统计总体内的平均值。为了将以上计算结果转换为总体均值,作为测量总体的脉动速度的统计分布,可由现有的概率密度函数(pdf)p 描述。最著名的概率密度函数(pdf)当然是高斯函数(见图2.1和图2.2)。总体平均动量通量则可由相应的积分计算得到:

$$\overline{\dot{J}_x} = \rho \int_{-\infty}^{\infty} p u_x^2 \cdot \mathrm{d}u_x \tag{17.2}$$

另一方面,平均动量通量通常也由一个适当的平均速度和体积通量 $\overline{u}_x$ 的平均值的乘积表示:

$$\overline{\dot{J}_x} = \rho\, \overline{u}_{x,J} \overline{u}_x \tag{17.3}$$

式(17.3)中的平均速度 $\overline{u}_{x,J}$ 是表征动量流率的重要参数,或者说是表征动量通量的重要参数,其计算式如下:

$$\overline{u}_{x,J} = \frac{1}{\overline{u}_x} \int_{-\infty}^{\infty} p u_x^2 \mathrm{d}u_x \tag{17.4}$$

在解决稳态层流流动的问题中,通常有 $\overline{u}_{x,J} = \overline{u}_x$。

在实际应用中,与解决非均匀速度分布的流动相似,动量通量修正系数 β 可以用在每个关注的湍流流动中表征速度脉动的影响,其形式如下:

$$\overline{u}_{x,J} = \beta\, \overline{u}_x \tag{17.5}$$

则由式(17.3)定义的动量通量表示为

$$\overline{\dot{J}_x} = \beta \cdot \rho\, \overline{u}_x^2 \tag{17.6}$$

这里将再次考虑包含在 LDA 测量中的速度偏差。计算测量结果时,由于速度偏差的原因,脉动速度分布的概率密度函数 p 将会失真。假设速度的大小与

速度采样率呈线性关系,那么失真的概率密度函数,即带有偏移的概率密度函数将由下式给出:

$$p_b = k|u_x|p \tag{17.7}$$

式中常数 k 必须满足如下约束条件:

$$\int_{-\infty}^{\infty} p_b \mathrm{d}u_x = 1 \tag{17.8}$$

从式(17.8)得出

$$k = \frac{1}{\displaystyle\int_{-\infty}^{\infty} p \mid u_x \mid \mathrm{d}u_x} \tag{17.9}$$

如同式(5.2),由式(5.1)定义的速度采样均值可由以下带有偏差的概率密度函数的积分计算得到:

$$\bar{u}_{x,b} = \int_{-\infty}^{\infty} p_b u_x \mathrm{d}u_x = k \int_{-\infty}^{\infty} p u_x \mid u_x \mid \mathrm{d}u_x \tag{17.10}$$

在所有的弱湍流流动中,速度脉动($u'_x = u_x - \bar{u}_x$)与平均速度相比通常情况下都比较小,所以基本可以忽略回流的出现,而且 $u_x > 0$ 的条件一直都能满足。式(17.9)中如果 $u_x > 0$,从平均速度的定义中直接得出 $k = 1/\bar{u}_x$。因此式(17.10)可写成

$$\bar{u}_{x,b} = \frac{1}{\bar{u}_x} \int_0^{\infty} p u_x^2 \mathrm{d}u_x \tag{17.11}$$

因为 $u_x < 0$ 时 $p = 0$,所以式(17.11)等于式(17.4)。可以断言带偏差的平均速度实际上代表着平均速度,而平均速度可以用于表示在流动中一个局部点的动量流率或动量流量。因此,带偏差的平均速度可以直接应用于所有的动量方程,如 Euler 方程、Navier – Stokes 方程以及雷诺方程。另一方面,在流量方程的使用和根据式(17.3)计算动量通量时,假设体积通量($\bar{u}_x$)已知,因此,处理速度偏差的目标就是评估体积通量的平均值以及动量通量的偏差值之间的差异。换句话说,就是根据式(17.5)确定动量通量修正系数。

17.3　一维流动脉动中的速度偏差

虽然在湍流流动中流动脉动通常是三维的,但一维流动脉动的假设为速度偏差的理论分析提供了重要简化。既然湍流中的速度脉动具有随机性,那么该脉动可由高斯概率分布估算得到:

$$p = \frac{1}{\sqrt{2\pi}\sigma} \mathrm{e}^{-\frac{(u-\bar{u})^2}{2\sigma^2}} \tag{17.12}$$

式中:$\bar{u}$ 和 σ 分别为测定体的平均速度和它的标准偏差。显然,脉动速度的概率分布是对称的。

式(17.12)给出的对称概率密度函数会因为 LDA 测量中的速度偏差而发生变形。通常，在流体中粒子分布均匀假设的前提下，可进一步假设速度采样率与速度的大小是线性关系。那么，带偏差的概率密度函数可表示为

$$p_b = k|u|p = \frac{k|u|}{\sqrt{2\pi}\,\sigma}e^{-\frac{(u-\bar{u})^2}{2\sigma^2}} \tag{17.13}$$

由于速度脉动而产生反方向速度(回流)的概率也已考虑在内。同样在满足式(17.8)的约束条件的情况下，常数 k 定义为

$$\frac{1}{k\sigma} = \sqrt{\frac{2}{\pi}} \cdot e^{-\frac{\bar{u}^2}{2\sigma^2}} + \frac{\bar{u}}{\sigma}\mathrm{erf}\left(\frac{\bar{u}}{\sqrt{2}\,\sigma}\right) \tag{17.14}$$

式中：误差函数定义为

$$\mathrm{erf}(x) = \frac{2}{\sqrt{\pi}}\int_0^x e^{-u^2}\mathrm{d}u \tag{17.15}$$

$k\sigma$ 作为一个乘积给出，表示相对流动脉动函数，也就是说湍流强度为 $\sigma/\bar{u}$。既然常数 k 总是与 σ 以乘积的形式出现，那么指定乘积 $k\sigma$ 为偏差乘积，它代表着湍流速度对称概率分布的变形程度。图 17.1 给出了两个计算示例。

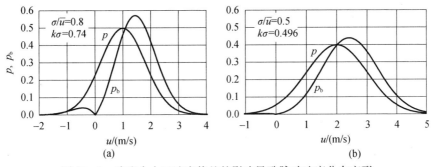

图 17.1　湍流中由于速度偏差的影响导致脉动速度分布变形

对于强湍流，也就是说 $\bar{u}/\sigma \ll 1$，根据误差函数 $\mathrm{erf}(0) = 0$，由式(17.14)计算出偏差乘积为

$$k\sigma = \sqrt{\pi/2} \tag{17.16}$$

另一方面，如果流动为层流($\sigma/\bar{u} = 0$)，那么偏差乘积为零：

$$k\sigma = \sigma/\bar{u} = 0 \tag{17.17}$$

如图 17.1 所示，$k\sigma \approx \sigma/\bar{u}$，即 $k \approx 1/\bar{u}$，对于 $\sigma/\bar{u} \leq 0.5$ 的情形也适用。事实上，在弱湍流流动中可以假定 $u > 0$，此时式 $k = 1/\bar{u}$ 也是成立的，该式可被运用于式(17.10)中并推导出式(17.11)。

应用带偏差的概率密度函数时，如式(17.10)，带偏差的平均速度可由下面的积分计算得到：

$$\bar{u}_b = \int_{-\infty}^{\infty} p_b u \mathrm{d}u \tag{17.18}$$

结合关于 p_b 的计算式(17.13),式(17.18)的积分计算结果为

$$\frac{\overline{u}_b}{\overline{u}} = 1 + k\sigma\,\frac{\sigma}{\overline{u}}\,\mathrm{erf}\!\left(\frac{\overline{u}}{\sqrt{2}\,\sigma}\right) \tag{17.19}$$

和偏差乘积一样,带偏差的平均速度与原始平均速度之比也是湍流强度 $\sigma/\overline{u}$ 的函数。

相似地,速度概率分布的变形会引起标准偏差发生变化,这种带偏差的速度标准偏差计算如下:

$$\frac{\sigma_b^2}{\sigma^2} = \frac{1}{\sigma^2}\int_{-\infty}^{\infty} p_b\,(u - \overline{u}_b)^2\,\mathrm{d}u$$

$$= 2 + \left(\frac{\overline{u}}{\sigma}\right)^2\left(1 - \frac{\overline{u}_b}{\overline{u}}\right)^2 + k\sigma\left(\frac{\overline{u}}{\sigma} - 2\,\frac{\overline{u}_b}{\sigma}\right)\mathrm{erf}\!\left(\frac{\overline{u}}{\sqrt{2}\,\sigma}\right) \tag{17.20}$$

或者将式(17.19)中的 $\overline{u}_b$ 解出代入式(17.20),得

$$\frac{\sigma_b^2}{\sigma^2} = 2 - (k\sigma)^2\left[\mathrm{erf}\!\left(\frac{\overline{u}}{\sqrt{2}\,\sigma}\right)\right]^2 - k\sigma\,\frac{\overline{u}}{\sigma}\,\mathrm{erf}\!\left(\frac{\overline{u}}{\sqrt{2}\,\sigma}\right) \tag{17.21}$$

对于湍流强度 $\sigma/\overline{u} < 0.5$ 的流动,误差函数趋于统一($\mathrm{erf}(\overline{u}/\sqrt{2}\,\sigma) > 0.95$)。由于满足 $k\sigma \approx \sigma/\overline{u}$ 也就是 $k \approx 1/\overline{u}$ 条件,因此式(17.19)和式(17.21)可分别简化为

$$\frac{\overline{u}_b}{\overline{u}} \approx 1 + \frac{\sigma^2}{\overline{u}^2} \tag{17.22}$$

和

$$\frac{\sigma_b^2}{\sigma^2} \approx 1 - \frac{\sigma^2}{\overline{u}^2} \tag{17.23}$$

式(17.22)恰好与 17.1 节中提到的 Edwards(1987)给出的经验估计一致。

图 17.2 中表示出了分别由式(17.19)、式(17.21)、式(17.22)和式(17.23)计算出的带偏差的平均速度以及它的标准偏差与湍流强度($\mathrm{Tu} = \sigma/\overline{u}$)的函数关系。图 17.2 中表示出的湍流强度的范围是 $0.01 \sim 10$。这一范围已经足够表示速度偏差由零变到无穷大范围内的对湍流强度的影响。可以看出,由于速度偏

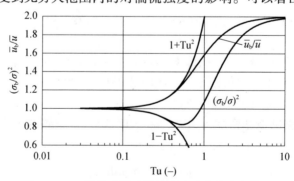

图 17.2　一维流动脉动的湍流流动中的速度偏差

差的影响,对测定体平均速度的评价总是过高,然而它的标准偏差在弱湍流流动中估计值较低,而在强湍流流动中估计值较高。根据式(17.2)和式(17.23)计算得到的近似值显然对于湍流强度低于50%的情况下是有效的。需要说明的是,在弱湍流流动中,$u_i > 0$的条件适用于所有的速度采样,高估了的平均速度恰好与和动量流量相关的平均速度一致,这说明在式(17.22)中表示的带偏差的平均速度可以直接应用到动量通量的计算中。

在具有非常强的湍流强度的流动中,带有偏差的平均速度以及它的标准偏差变为

$$\bar{u}_b / \bar{u} = 2 \tag{17.24}$$

和

$$\sigma_b^2 / \sigma^2 = 2 \tag{17.25}$$

在湍流强度较弱($\sigma/\bar{u} \approx 0$)的流动测量中,速度偏差可以忽略($\bar{u}_b \approx \bar{u}, \sigma_b \approx \sigma$)。

17.4 二维和三维流动脉动中的速度偏差

实际上,湍流脉动通常都是三维的,包括在速度和流动方向上的脉动。在这样的湍流流动中采用LDA进行测量时,每一个测量得到的速度分量都带有速度偏差。所以,在带有偏差的速度分量之间建立一定的关系是合理的。在各向同性或通常各向异性的湍流中,脉动速度对称地环绕在平均速度矢量值的周围(图17.3)。可以猜想,对称线一边的速度值总会在相反的一边有一个与之共轭的值。对于这种湍流,速度偏差并不会在主流动方向上导致任何的变化。带偏差的速度分量和不带偏差的速度分量(例如u_x)的比值是

$$\frac{\bar{u}_{x,b}}{\bar{u}_x} = \frac{\bar{u}_b \cos\bar{\varphi}}{\bar{u} \cos\bar{\varphi}} = \frac{\bar{u}_b}{\bar{u}} \tag{17.26}$$

因此,与速度分量u_x关联的偏差与平均流动角度$\bar{\varphi}$是互不相关的。这表明与平均速度相关的偏差在所有的速度分量当中是恒定不变的。当然,如果假设速度脉动是一维的,那么这一结论也是正确的。

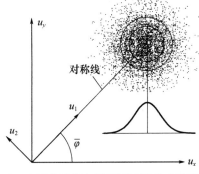

图17.3 在平均速度矢量周围对称分布的速度脉动

181

17.4.1 平均速度中的速度偏差

根据式(17.26),完全可以估算出主流方向速度分量的速度偏差的大小。为了简单起见,我们认为各项同性湍流具有唯一的速度标准偏差 σ。这样,在所选的坐标系下,第一个轴的方向和主流方向是一致的(图17.3)。

17.4.1.1 二维流动脉动

在二维流动脉动的情况下,沿着坐标轴方向的速度分量分别表示为 u_1 和 u_2。脉动速度的高斯概率分布可由下式给出:

$$p = \frac{1}{2\pi\sigma^2}e^{-\frac{(u_1-\bar{u}_1)^2+u_2^2}{2\sigma^2}} \quad (17.27)$$

因为速度偏差的影响,所以该脉动速度的高斯分布已失真,这可以通过给式(17.27)乘以因式 $k\sqrt{u_1^2+u_2^2}$ 来明确表示:

$$p_b = k\sqrt{u_1^2+u_2^2}\frac{1}{2\pi\sigma^2}e^{-\frac{(u_1-\bar{u}_1)^2+u_2^2}{2\sigma^2}} \quad (17.28)$$

该偏差常数 $k\sigma$ 的大小可以通过式(17.8)中类似的条件来确定,因此有

$$\frac{1}{k\sigma} = \frac{1}{2\pi}\int_{-\infty}^{\infty}X\left(\frac{u_2}{\sigma}\right)\mathrm{d}\left(\frac{u_2}{\sigma}\right) \quad (17.29)$$

其中,表达式 X 由下式给出:

$$X\left(\frac{u_2}{\sigma}\right) = \int_{-\infty}^{\infty}\sqrt{\left(\frac{u_1}{\sigma}\right)^2+\left(\frac{u_2}{\sigma}\right)^2}\cdot e^{-\frac{1}{2}\left[\left(\frac{u_1}{\sigma}-\frac{\bar{u}_1}{\sigma}\right)^2+\left(\frac{u_2}{\sigma}\right)^2\right]}\mathrm{d}\left(\frac{u_1}{\sigma}\right) \quad (17.30)$$

速度分量 u_1 平均值的偏差大小可计算如下:

$$\frac{\bar{u}_{1,b}}{u_1} = \frac{1}{u_1}\int_{-\infty}^{\infty}\int_{-\infty}^{\infty}p_b u_1\mathrm{d}u_1\mathrm{d}u_2$$

$$= \frac{k\sigma}{2\pi}\frac{\sigma}{u_1}\frac{1}{\sigma^4}\int_{-\infty}^{\infty}\int_{-\infty}^{\infty}u_1\sqrt{u_1^2+u_2^2}e^{-\frac{(u_1-\bar{u}_1)^2+u_2^2}{2\sigma^2}}\mathrm{d}u_1\mathrm{d}u_2 \quad (17.31)$$

很明显,偏差速度分量同样仅仅是湍流强度的函数($Tu = \sigma/\bar{u}_1$)。因为在式(17.29)和式(17.31)中积分不存在理论解,所以不得不使用有限数值方法(finite numerical method)。图17.4(曲线2D)所示为在湍流强度函数中有关带偏差的速度分量 $\bar{u}_{1,b}/u_1$ 相应的计算结果。为了方便比较,通过式(17.19)计算的一维流动脉动中的带偏差的平均速度也被表示出来(曲线1D)。

17.4.1.2 三维湍流脉动

一、二维流动脉动中类似的计算过程也可以用到三维流动脉动中。替换式(17.27),脉动速度的高斯概率分布情况可采用以下形式表示:

$$p = \frac{1}{\sqrt{8\pi}\,\pi\sigma^3} e^{-\frac{(u_1-\bar{u}_1)^2+u_2^2+u_3^2}{2\sigma^2}} \qquad (17.32)$$

因为速度偏差的影响,所以该脉动速度的高斯概率分布已失真,这可以通过给式(17.32)乘以因式 $k\sqrt{u_1^2+u_2^2+u_3^2}$ 来明确表示:

$$p_b = \frac{k\sqrt{u_1^2+u_2^2+u_3^2}}{\sqrt{8\pi}\,\pi\sigma^3} e^{-\frac{(u_1-\bar{u}_1)^2+u_2^2+u_3^2}{2\sigma^2}} \qquad (17.33)$$

偏差常数 $k\sigma$ 的大小同样可以通过式(17.8)中类似的条件确定。因此,速度分量 u_1 平均值的偏差大小可计算如下:

$$\frac{\bar{u}_{1,b}}{\bar{u}_1} = \frac{1}{\bar{u}_1}\int_{-\infty}^{\infty}\int_{-\infty}^{\infty}\int_{-\infty}^{\infty} p_b u_1 \, du_1 \, du_2 \, du_3$$

$$= \frac{k\sigma}{\sqrt{8\pi}\,\pi}\frac{\sigma}{\bar{u}_1}\frac{1}{\sigma^5}\int_{-\infty}^{\infty}\int_{-\infty}^{\infty}\int_{-\infty}^{\infty} u_1\sqrt{u_1^2+u_2^2+u_3^2}\cdot$$

$$e^{-\frac{(u_1-\bar{u}_1)^2+u_2^2+u_3^2}{2\sigma^2}} du_1 \, du_2 \, du_3 \qquad (17.34)$$

该积分也必须使用有限数值方法才能完成计算。在湍流强度函数中相应的计算结果如图 17.4(曲线 3D)所示。显然,如果流动脉动是三维的,那么速度分量偏差的影响将是最小的。

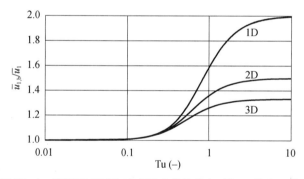

图 17.4 湍流流动平均速度的速度偏差(一维、二维和三维)

上述三种流动脉动情况(1D、2D 和 3D)下的计算结果有助于我们去了解在 LDA 测量中速度偏差的影响程度。实际上,湍流流动中的流动脉动总是三维的。基于这个原因并且通过比较图 17.2 和图 17.4,可以得到如下结论:近似表达式 $\bar{u}_b/\bar{u} = 1 + Tu^2$ 仅仅适用于湍流强度高达 30% 的实际流动。

17.4.2 湍流法向应力中的速度偏差

速度偏差对湍流测量的影响是确定的,例如,速度偏差将导致实际各向同性湍流在测量以及呈现时表现出明显的各向异性。为简单起见,我们仅考虑具有在主流方向周围对称的速度脉动的湍流情况。根据第 8 章内容,在流场的二维平面内(图17.3),速度分量 u_x 上的湍流正应力可以由式(8.7)计算得到。很明显,式(8.7)也适用带速度偏差的正应力计算,因此有

$$\sigma_{x,b}^2 = \sigma_{1,b}^2 \cos^2\overline{\varphi} + \sigma_{2,b}^2 \sin^2\overline{\varphi} \tag{17.35}$$

根据式(17.35),我们仅仅需要确定在常规湍流中速度偏差对湍流量 $\sigma_{1,b}^2$、$\sigma_{2,b}^2$、$\sigma_{3,b}^2$ 的影响。最简单的情况是具有各向同性的湍流($\sigma_1 = \sigma_2 = \sigma_3 = \sigma$),这些湍流可以用湍流强度 $Tu = \sigma/\overline{u_1}$ 及速度偏差 $\sigma_{2,b} \neq \sigma_{1,b}$ 和 $\sigma_{2,b} = \sigma_{3,b}$ 来描述。出于这个原因,根据式(17.35)只需要分别计算出 $\sigma_{1,b}$ 和 $\sigma_{2,b}$。根据统计学得到式(5.5),把统计量之间的关系应用到速度分量 u_1 上,可得

$$\sigma_{1,b}^2 = \overline{u_{1,b}^2} - \overline{u_{1,b}}^2 \tag{17.36}$$

因为带偏差的平均速度已经在17.4.1节中获得,只有上式等号右面的第一项需要计算。为了再次比较二维和三维之间的湍流,下面将单独考虑各自的流动。

17.4.2.1 二维湍流

假设二维流动具有各向同性速度脉动,式(17.36)可详细改写为

$$\frac{\sigma_{1,b}^2}{\sigma^2} = \frac{1}{\sigma^2}\int_{-\infty}^{\infty}\int_{-\infty}^{\infty} u_1^2 p_b \mathrm{d}u_1 \mathrm{d}u_2 - \frac{\overline{u_{1,b}}^2}{\sigma^2} \tag{17.37}$$

速度偏差的概率分布 p_b 与式(17.28)给出的是一样的,并已用于式(17.31),式(17.37)只是湍流强度 $Tu = \sigma/\overline{u_1}$ 的函数。

同样地,第二速度分量即垂直于流动方向的分量中带偏差的标准偏差,可由下式给出:

$$\frac{\sigma_{2,b}^2}{\sigma^2} = \frac{1}{\sigma^2}\int_{-\infty}^{\infty}\int_{-\infty}^{\infty} u_2^2 p_b \mathrm{d}u_1 \mathrm{d}u_2 \tag{17.38}$$

且有 $\overline{u}_2 = \overline{u}_{2,b} = 0$。

图17.5给出了湍流强度函数中相应的计算结果。在速度分量 u_1 中,对于湍流强度低于65%的流动,相关的湍流正应力被低估了。在湍流强度 $Tu < 30\%$ 的流动中,湍流应力在速度分量 u_1 和 u_2 上分别被高估和低估,且量级相同。

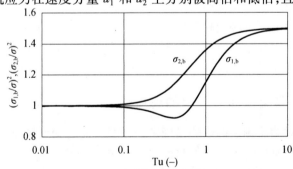

图17.5　二维流动脉动中湍流的速度偏差与湍流应力的影响

17.4.2.2　三维湍流流动

假设在三维速度脉动的湍流流动中各向同性,垂直于主流方向上的速度分量的测量值同样会受到速度偏差的影响。可以简单地认为 $\sigma_{2,b}^2 = \sigma_{3,b}^2$,两者相等,因此只需要估算 $\sigma_{1,b}^2$ 和 $\sigma_{2,b}^2$。在其他速度分量上带偏差的湍流量通常可以通过相关的雷诺应力矩阵的坐标变换来计算,且有 $\sigma_{2,b}^2 = \sigma_{3,b}^2$。其中,湍流正应力 $\sigma_{x,b}^2$ 可以表示为(附录 C)

$$\sigma_{x,b}^2 = \sigma_{1,b}^2 \cos^2\alpha_1 + \sigma_{2,b}^2 \sin^2\alpha_1 \tag{17.39}$$

式中:α_1 为主流方向(σ_1 所在坐标轴线)和 x 轴之间的角度(图 6.1)。上面的方程等价于式(17.35)。尽管如此,该式也适用于主流方向不在 $x-y$ 平面上的流动。

与上面提到的二维平面流动脉动计算一样,接下来通过相同的计算程序,带偏差的湍流量 $\sigma_{1,b}^2$ 和 $\sigma_{2,b}^2$ 可以表示为

$$\frac{\sigma_{1,b}^2}{\sigma^2} = \frac{1}{\sigma^2} \int_{-\infty}^{\infty} \int_{-\infty}^{\infty} \int_{-\infty}^{\infty} u_1^2 p_b \, du_1 du_2 du_3 - \frac{\overline{u}_{1,b}^2}{\sigma^2} \tag{17.40}$$

$$\frac{\sigma_{2,b}^2}{\sigma^2} = \frac{1}{\sigma^2} \int_{-\infty}^{\infty} \int_{-\infty}^{\infty} \int_{-\infty}^{\infty} u_2^2 p_b \, du_1 du_2 du_3 \tag{17.41}$$

在式(17.40)和式(17.41)中,带速度偏差的概率密度函数 p_b 与式(17.33)中的一致,并应用到式(17.34)。

相应的计算结果已表示在图 17.6 中。相比于图 17.5 中的二维流动脉动,该情况下速度偏差的影响进一步减小了。

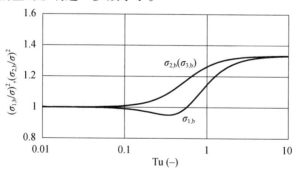

图 17.6　三维流动脉动中湍流的湍流应力
(无偏湍流是各向同性)

17.4.3　湍流剪切应力中的速度偏差

基于 17.4.2 节湍流正应力中速度偏差的计算,在各自的湍流剪切应力上的速度偏差可以应用雷诺应力矩阵通过相关的二阶张量坐标变换得到,其中

185

$\sigma_{2,b}^2 = \sigma_{3,b}^2$。举例来说,湍流剪切应力$(\overline{u'_x u'_y})_b$可以表示为(附录 C)

$$(\overline{u'_x u'_y})_b = (\sigma_{1,b}^2 - \sigma_{2,b}^2)\cos\alpha_1\cos\beta_1 \tag{17.42}$$

式中:α_1表示速度分量u_1和u_x之间的夹角,这与式(17.39)中一致;β_1通常表示速度分量u_1和u_y之间的夹角。

特殊情况下,所有的四个速度分量(u_1、u_2、u_x和u_y)都在同一平面内。假定其在$x-y$平面上,如图 17.3 所示。由于$\alpha_1 = \overline{\varphi}$和$\beta_1 = \pi/2 - \alpha_1 = \pi/2 - \overline{\varphi}$,因此可由式(17.42)得到

$$(\overline{u'_x u'_y})_b = \frac{1}{2}(\sigma_{1,b}^2 - \sigma_{2,b}^2)\sin 2\overline{\varphi} \tag{17.43}$$

这完全与第 8 章的式(8.9)一致。

第18章

LDA 应用范例

18.1 水斗式水轮机的高速水注流

在众多基于 LDA 方法的流动测量中,最成功的应用实例就是水斗式水轮机(Pelton turbine)中高速射流的测量实验。关于该应用实例,第9章描述双向测量方法(DMM)的时候已经进行了部分说明。在水斗式水轮机中,高速射流是影响整个水轮机系统水利性能的重要因素(Zhang 2009)。在很长的一段时间内,射流测量都是通过利用压力管和准确度有限的图像摄影方法进行的。首次把 LDA 方法应用于高速射流的测量,是由 Zhang 等人(2001b)利用水斗式水轮机喷注器模型进行的。在完成该测量的过程中,第一步必须使激光束穿过粗糙的射流表面进入到射流内部。这可以通过使用一块透明平板轻轻接触射流来实现,如图 18.1 所示,透明平板对射流的扰动会受其坚固表面上边界层厚度的限制。由于该厚度的大小仅仅是0.1mm 的数量级,所以平板对流动影响可以忽略不计。另外,将透明平板作为光学视窗这一应用确保了 LDA 测量时具有很好的光学条件。

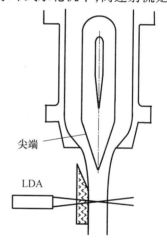

图 18.1 水斗式水轮机高速射流及对其流动测量的 LDA 方法实验

通过测量已经确认,射流及其流动的特性很大程度取决于喷注器前端的流动情况。例如,9.2 节描述的流动所对应的进口水流通过了一段 90°弯道(图9.2),因此引发了二次流的产生。因为它代表的是旋流(swirling flows),所以在通过喷注器的时候也一直存在,并且一直延续到了射流内部。

最简单的射流是指不具有任何二次流结构的流动。这种几乎理想的流动可以通过将喷注器连接到一个有均匀进口流的长直管道上来生成。在满足上述条件的高速射流中,对流动分布的相应测量可以利用 LDA 方法很好地实施,如图 18.2所示。在沿着射流的四个不同截面处,我们测量了轴向射流速度并用理论最大射流速度进行了 $c_0 = \sqrt{2gh_0}$ 进行了归一化,式中作为水压头(hydraulic head) $h_0 = 30\text{m}$,这种条件在喷注器上是可以达到的。基于这些准确的测量,下面的描述可以认为是对流动动态的补充。

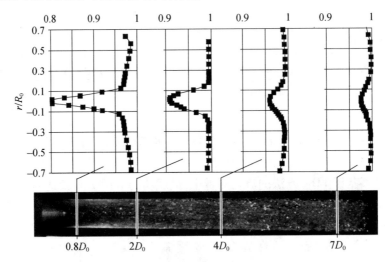

图 18.2　利用 LDA 方法测量的高速射流速度分布

1.　射流核心中的流动损失

当射流在喷嘴出口形成时,在射流核心位置处存在明显的流动损失,这一点已经得到证实。该损失是由针型件表面的黏性附面层所引起的尾迹损失。实验中可以清晰地看到边界层的存在及其明显受到了空间位置的限制。

2.　流线曲率

在喷嘴下距离 $0.8D_0$ 的射流截面处,射流内部和射流核心以外的流动速度分布都是不均匀的。射流边缘的速度最大。这样的速度分布表明在该距离处的流动在长平面内存在流线弯曲现象。该流线的弯曲造成了沿曲率半径指向射流核心的静压升高,由于总压保持不变,所以速度一定下降。该现象说明速度分布曲线的斜率完全是流线曲率的一种度量,因而也是压力分布的一种度量,这一点很容易证明。

为了计算喷嘴出口附近的流线曲率,在圆柱坐标系中,我们认为射流没有周向速度分量。其流线方程为

$$r' = \frac{\mathrm{d}r}{\mathrm{d}z} = \frac{u_r}{u_z} \tag{18.1}$$

一般情况下,$\mathrm{d}r/\mathrm{d}z = f(r,z)$,对式(18.1)进一步求导,有

$$r'' = \frac{\mathrm{d}^2 r}{\mathrm{d}z^2} = \frac{1}{u_z^2}\left[u_z\left(\frac{\partial u_r}{\partial z} + \frac{\partial u_r}{\partial r}\frac{\mathrm{d}r}{\mathrm{d}z} \right) - u_r\left(\frac{\partial u_z}{\partial z} + \frac{\partial u_z}{\partial r}\frac{\mathrm{d}r}{\mathrm{d}z} \right) \right] \tag{18.2}$$

之所以将核心以外的射流当作理想流,是因为该截面是在所研究流动界面下游很短的距离范围内,此处的流动均匀、流线直而且无旋。考虑到 $\mathrm{d}r/\mathrm{d}z =$

188

u_r/u_z并且 $u_r/u_z \ll 1$,以及理想流动满足 $\partial u_r/\partial z = \partial u_z/\partial r$,式(18.2)则可以简化为

$$r'' = \frac{1}{u_z}\frac{\partial u_z}{\partial r} \tag{18.3}$$

流线的曲率半径可由下式计算:

$$\frac{1}{R} = \frac{r''}{(1+r'^2)^{3/2}} \approx r'' = \frac{1}{u_z}\frac{\partial u_z}{\partial r} \tag{18.4}$$

因此,流线曲率和射流核心以外区域的速度梯度是直接相关联的。在第一次做近似处理的时候,射流核心外的速度分布被认为是半径的线性方程,因此速度梯度 $\partial u_z/\partial r$ 是常量。根据式(18.4),来自于一系列具有不同水压能力下通过实验测量值计算的流线曲率半径汇总见表18.1。

表18.1 水斗式水轮机高速射流及对其测量的 LDA 方法实验布局

堵锥行程 $s = 16\text{mm}$			
水压头 h_0/m	$\partial u_z/\partial r$	曲率半径 R/m	
10	37.7	0.37	
20	54.0	0.37	
30	61.1	0.39	

由表18.1可以看出,流线曲率半径的计算值几乎和水压能力的大小无关。这说明在三个不同水压能力下的射流在水力学上是相似的。

射流中的流线弯曲造成了沿射流中心方向的压力增大。该压力增加的大小可以通过对半径分量使用欧拉动量方程而得到:

$$-\frac{1}{\rho}\frac{\mathrm{d}p}{\mathrm{d}r} = u_r\frac{\partial u_r}{\partial r} + u_z\frac{\partial u_r}{\partial z} \tag{18.5}$$

如上面所述,射流被当作理想流,那么流动满足无旋条件 $\partial u_r/\partial r - \partial u_z/\partial r = 0$。结合这一条件和 $\partial u_z/\partial r = u_z/R$,由式(18.4)可以导出

$$\frac{\partial u_r}{\partial z} = \frac{u_z}{R} \tag{18.6}$$

考虑到 $u_r \approx 0$,所研究截面处射流的压力梯度可由下式计算:

$$\frac{1}{\rho}\frac{\mathrm{d}p}{\mathrm{d}r} = -u_z\frac{\partial u_r}{\partial z} = -\frac{u_z^2}{R} \tag{18.7}$$

流动速度并没有达到其最大值并且射流一直在持续加速。因此,射流截面的平均速度也因此低于下游其他截面的平均速度。在摄影测量估算中,因为第一个截面被当作射流的光束腰位置,因此它开始被固定用于详细的测量。根据目前的 LDA 测量方法,我们发现,很明显真正的射流束腰位置是在定义位置的下游区。这也意味着即使对于固定射流束腰位置,LDA 测量方法也比摄影测量技术更加准确。

这里值得注意的是,由于所研究截面处射流的静压分布并不均匀,所以利用传统的皮托管,截面处的流动不可能得到准确测量,而实际上皮托管仅仅用于总压测量。假设静压保持不变,那么皮托管将提供一个均匀的射流速度分布测量结果,这显然是不正确的。

3. 射流直径测量的极限

如图 18.1 所示,小楔形有机玻璃视窗的使用意味着很难估计紧靠楔形面射流表面的位置。在射流的另一面,粗糙的射流表面散射了太多激光以至于 LDA 光学设备迅速到达其极限值。正是基于这个原因,利用 LDA 测量方法不可能准确估计射流边缘,也即射流厚度。

4. 射流中可忽略的能量损失

射流中,流体的平均速度沿射流方向几乎保持不变,这一状态至少可以向上延伸到 $7D_0$(喷嘴出口直径)长距离的截面处。这表明射流高度被压缩并且动能损失可以被忽略。

上面所述的各种测量都是在水压头为 30m 的情况下进行的,见表 18.1。Zhang 等人(2003)已经成功地在 90m 水压头下使用 LDA 对射流进行了测量。更多的测量,包括那些喷注器前有 90°弯道和 90m 水压头,在 Zhang and Casey (2007)的研究中可以发现,这些研究工作总结了依靠 LDA 方法开展的大多数相关射流测量方法。

18.2　织机的经纱线速度测量

LDA 方法作为一种流动测量技术已被普遍接受。事实上,该方法还可以应用到其他物体运动的测量上,而不仅限于流动中的小微粒。需要做的一点就是将 LDA 测量体放置到有限尺寸的运动物体表面。显然,这样很可能出现与 LDA 测量体摆放位置相关的光散射问题,而且其强度非常大,这将会造成所使用光电探测器(如光电倍增管)的迅速饱和。另外,信号的清晰度也将大大降低,就像大微粒通过 LDA 测量体那样,如图 3.6 那样高质量的脉冲信号将不会产生。相反,得到的是信噪比(SNR)大幅度降低的连续信号。虽然信号质量因为较低的SNR 而大大恶化,但是利用像脉冲频谱分析仪(BSA)这样的大功率信号处理器,这些信号依旧可以被成功地估算,该分析仪是基于使用 FFT 的频谱分析和当前最先进的 LDA 科技。因为这一性能的存在,使得 LDA 测量方法的使用领域得到了极大的拓展,甚至在机械或零部件的振动测量时也有应用。

图 18.3 表示的是 LDA 在纺织机上一个拓展应用实例。它测量的是经纱瞬时速度,该测量用于检查和控制经纱在纺织机中的紧度。该应用中,LDA 测量体被直接放在移动的经纱上。此次测量的数据频率大约为 30kHz。这很好地解决了经纱的高度动态移动问题。

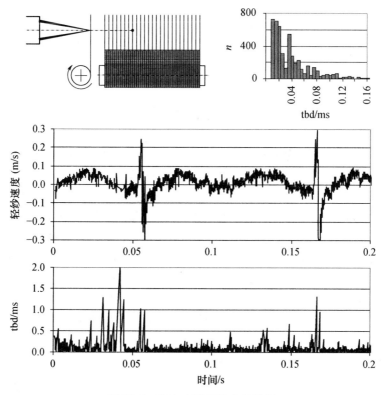

图 18.3　LDA 在纺织机上的应用

一般而言,经纱运动的平均速度可以通过测量数据的算术平均计算得到。然而,计算结果表明:通常该平均速度和纺织机运转时经纱的实际平均速度并不一致。出现该偏差的原因很有可能是不恒定的数据采集频率。值得注意的是,非恒定数据采集频率是由流动测量(第 17 章)过程中的速度偏差引起的,而实际上数据采集频率的非恒定通常并不会严重地影响到平均速度的最终结果。在目前的情况下,数据采集频率的非恒定是由直径为 0.1mm 移动的经纱光散射的非恒定性引起的。该非恒定数据采集频率可以通过数据间的时间间隔(tbd = $t_{i+1} - t_i$)来表示,图 18.3 所示为以柱状图形式表示的数据间的时间间隔相应的概率分布。很明显,该测量过程中采用了宽频谱的数据采样率。由于经纱的高动态运动以及相对较低的平均速度,非恒定的数据采样率将很容易影响经纱移动平均速度的测量结果。在图 18.3 所示的例子中,相对脉动速度的测量结果大约为 $\sigma/\bar{u} \approx 100 = 10000\%$,其中 σ 表示平均速度的标准偏差。需要注意的是,在具有相当湍流强度的湍流流动测量中,带偏差的平均速度是不带偏差的平均速度的 2 倍,见图 17.2。

通过前面的测量,我们知道经纱的平均速度不可能被准确确定。而实际上,当前 LDA 测量中最有意义的就是得到了纺织机中移动的经纱的动态性能。移动经纱的平均速度可以很简单地通过一把尺子和停表来测量。

图 18.3 的测量结果清晰说明 LDA 测量方法在除了流体流动机械领域外都具有很好的实用性。

18.3　激光束频移的验证

正如 3.6 节所述,为了解决 LDA 测量中流动方向的问题,通常要对每个激光束对中的一条激光束的频率进行改变。为了估算 LDA 设备的系统精度以及确认 LDA 测量中可能存在的系统错误,有时候很有必要去验证频移的准确度。利用干涉仪将移频视作光学量来直接测量的方法通常并不可行而且非常耗时。验证移频最简便的方法可能是利用目前的 LDA 光学设备来测量一个不移动的物体,为了正确设置和详细说明 LDA 光学设备的频移,应保证被测物体的速度为零。测量速度在零点的任何偏移都表明移频操作中存在误差。

测量静止物体的方法一定程度上来说也并不适当,因为它并没有对速度进行直接测量。另外,被测量物体很有可能在激光束聚焦的地方烧起来。物体表面强激光散射也会造成光学探测器(如光电倍增管)持续的过载。基于这些原因,我们采用一个旋转物体,如变频光学斩波器(variable frequency optical chopper),作为测量对象将会很有用。物体表面或者甚至是物体上一根很细的线,都可以在 LDA 配置测试中被用来散射激光。

因为只是为了验证激光传输中存在移频,所以没必要去比较旋转物体的测量速度和实际速度的大小。如果所使用光学斩波器的电机可以同转速双向旋转,那么测量可能非常简单而且可以很准确地实施。LDA 测量体可以简单地放在旋转物体上,并不需要知道它的具体位置在哪里和所要测量的速度分量是哪一个。需要做的仅仅是比较两个速度,即电机在不同转向相同转速下分别测量的速度。理论上,如果传输激光频移的参数设置准确,那么具有不同符号的两个速度的绝对值应该相等。两个速度在绝对值上的任何差别都直接表明,软件中设置的频移和接收到的由布拉格元件所产生的实际频移间存在差异,而实际上,移频的误差不仅可以被验证存在而且可以定量。基于此目的及根据式(3.60),可以认为频移误差造成 LDA 测量体中条纹移动速度误差。这一移动速度误差在使用旋转物体的方法中经常被引入到频移验证测量中。因为电机以两种不同方向旋转,所以测量的速度分量分别为

$$u_+ = u_0 + \Delta u_{sh} \qquad (18.8)$$

和

$$u_- = -u_0 + \Delta u_{sh} \qquad (18.9)$$

因此,可以假设实际的速度分量为 u_0,通过上述两个方程估算该速度的实

际大小,引入到测量过程的误差被定义为

$$\Delta u_{sh} = \frac{u_+ + u_-}{2} \tag{18.10}$$

当验证测量是在电机的其他转速下进行的时候,该误差应该保持不变。图 18.4 为一验证测量的简略图,此次测试使用的是变频光学斩波器,该变频光学斩波器可以准确地设定在每一个定转速下工作。可以看出,简略图中速度测量的误差是高度稳定的,它表示的误差小到可以忽略。在图 18.4 的示例中,转速误差为 $\Delta u_{sh} = 0.047$。它对应 LDA 坐标系统正速度分量的另一附加量。考虑到边界空间尺寸 $\Delta x = 2.18\mu m$,通过式(3.60)计算得到转动频率误差为 22kHz。如果联系到使用的转动频率为 40MHz,那么上述误差只占大约 0.05%。

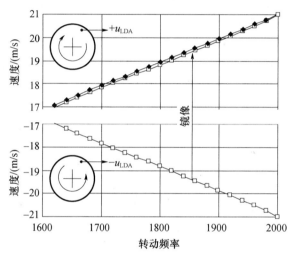

图 18.4 在 LDA 系统中移频精度确认的方法

将测量对象以不同方向旋转的方法是一种准确的实验方法,该方法可以用来检查 LDA 单元实际与定义的移频之间任何可忽略的差别。这种方法之所以准确,是因为它是建立在自然规律下的,有时候被称为两步法。该方法最著名的应用就是迈克尔逊 - 莫雷(Michelson - Morley)实验,该实验的目的是判断光速在不同空间方向下是否相等。相同的原理已经被应用到第 9 章,衍生出了双向测量方法(DMM),该方法可以准确测量高速流中微弱的二次流。

附录 A LDA 离轴对准及测量体积位移

运用 LDA 方法测量内部流动或平直壁面后的流动时,通常需要将 LDA 的测量端调整为相对于平直壁面法线的离轴方式。采取如此设置方式时需要特别注意 LDA 测量端应在包含两束激光平面内是严格离轴准直的。这就保证了两束激光沿窗体和流体中的相同平面内传播,且能实现交会(图 A.1)。具有两束激光的二维 LDA 测量端采用离轴方式测量时,其最为显著的结果就是两个测量体(m 和 s)并不重合。这种现象作为一种特殊的光学像差形式,称为像散。两个激光束交会点亦即测量体之间的距离定义为像散离差。关于该种光学像散的具体内容已在第 14 章中予以描述,可参见图 14.6。

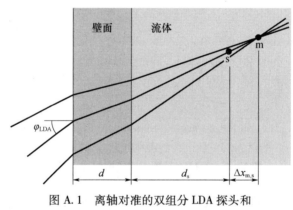

图 A.1 离轴对准的双组分 LDA 探头和
两个测量体积位移(像散差)

为叙述和评估采用离轴对准方式 LDA 系统的光学性能,两个独立测量体之间的距离被度量作为相对光学像散。其可适用于具有两束激光的一维 LDA 应用。作为参考,本附录给出关于像散离差的计算。

出于认识像散的一般目的,发生离轴对准的平面被标记为子午面,而垂直于子午面的平面则被标记为矢向面。对于具有四束激光的 LDA 测量端,则每个平面包含两束激光。计算两个测量体之间距离的方法就是首先计算每对激光束交会点位置。

能够使其中所有四束激光交会于唯一一点的介质 0 被标记为参考介质,通常指的是 LDA 测量端存在的大气环境。

A.1　子午面内的激光束

如图 A.2 所示,首先考虑子午平面内的一对激光束。两束激光的初始交点,亦即虚拟交点在所用坐标系中以 o 点表示,并以 x_o 确定其位置。显然,两束激光沿由介质 0 至介质 2 的相同平面传播。为便于计算,介质 0 中的两束激光 A 和 B 可分别由单位矢量 $\boldsymbol{a}_0$ 和 $\boldsymbol{b}_0$ 表示。在 $x-y$ 坐标系中,该两个单位矢量分别表示为

$$\boldsymbol{a}_0 = \left[\cos(\varphi_{LDA} + \alpha_0), \sin(\varphi_{LDA} + \alpha_0)\right] = (\cos\varepsilon_{A0}, \sin\varepsilon_{A0}) \quad (A.1)$$

$$\boldsymbol{b}_0 = \left[\cos(\varphi_{LDA} - \alpha_0), \sin(\varphi_{LDA} - \alpha_0)\right] = (\cos\varepsilon_{B0}, \sin\varepsilon_{B0}) \quad (A.2)$$

介质 1 和介质 2 中,相应的激光束被分别以单位矢量表示:

$$\boldsymbol{a}_1 = (\cos\varepsilon_{A1}, \sin\varepsilon_{A1}) \quad (A.3)$$

$$\boldsymbol{b}_1 = (\cos\varepsilon_{B1}, \sin\varepsilon_{B1}) \quad (A.4)$$

$$\boldsymbol{a}_2 = (\cos\varepsilon_{A2}, \sin\varepsilon_{A2}) \quad (A.5)$$

$$\boldsymbol{b}_2 = (\cos\varepsilon_{B2}, \sin\varepsilon_{B2}) \quad (A.6)$$

两束激光均与 y 轴相交。两个交点之间的距离以 t 表示,可由虚拟交点 o,或实际交点 m 按下式计算:

$$t = (\tan\varepsilon_{A0} - \tan\varepsilon_{B0})x_o = (d\tan\varepsilon_{A1} + d_m\tan\varepsilon_{A2}) - (d\tan\varepsilon_{B1} + d_m\tan\varepsilon_{B2}) \quad (A.7)$$

由此可得

$$x_o = \frac{\tan\varepsilon_{A1} - \tan\varepsilon_{B1}}{\tan\varepsilon_{A0} - \tan\varepsilon_{B0}}d + \frac{\tan\varepsilon_{A2} - \tan\varepsilon_{B2}}{\tan\varepsilon_{A0} - \tan\varepsilon_{B0}}d_m \quad (A.8)$$

该式将子午面上两束激光的实际和虚拟交点关联起来。

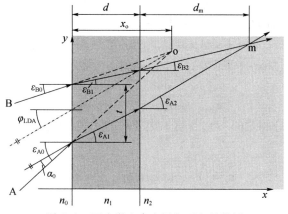

图 A.2　两个激光束在子午面上的传播

A.2　矢向面内的激光束

如图 A.3 所示,考虑矢平面内的两束激光。两束激光的虚拟交点为 o,其位

195

置在 x_0 处。显然,两束激光沿介质 1 和介质 2 中不同于介质 0 中的平面传播。光轴在 $x-y$ 平面内,并倾斜 φ_{LDA}。两束激光被分别标记为 C 和 D。由于存在对称情况,将会只考虑激光束 C。

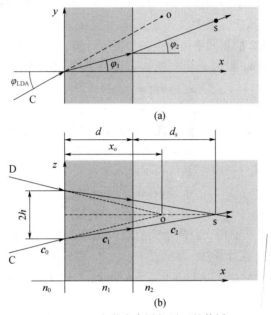

图 A.3 两个激光束沿矢平面的传播

在介质 0 中的激光束 C 被表示为单位矢量 c_0。由于该单位矢量在平面内光轴的投影为 $\cos\alpha_0$,其 x 分量和 y 分量依次分别为 $\cos\alpha_0\cos\varphi_{LDA}$ 和 $\cos\alpha_0\sin\varphi_{LDA}$。单位矢量 c_0 可表示为

$$c_0 = (\cos\alpha_0\cos\varphi_{LDA}, \cos\alpha_0\sin\varphi_{LDA}, \sin\alpha_0) \qquad (A.9)$$

该单位矢量在 $x-z$ 平面(A.3(b))的斜率可表示为

$$\frac{c_{0z}}{c_{0x}} = \frac{\sin\alpha_0}{\cos\alpha_0\cos\varphi_{LDA}} = \frac{\tan\alpha_0}{\cos\varphi_{LDA}} \qquad (A.10)$$

依据式(3.8)和式(3.9),经第 1 次折射的单位矢量,亦即介质 1 中的单位矢量可表示为

$$c_1 = \left(c_{1x}, \cos\alpha_0\sin\varphi_{LDA}, \frac{n_0}{n_1}\sin\alpha_0\right) \qquad (A.11)$$

式中

$$c_{1x} = \sqrt{1 - c_{1y}^2 - c_{1z}^2} = \sqrt{1 - \frac{n_0^2}{n_1^2}(1 - \cos^2\alpha_0\cos^2\varphi_{LDA})} \qquad (A.12)$$

单位矢量 c_1 在 $x-z$ 平面投影的斜率为

$$\frac{c_{1z}}{c_{1x}} = \frac{n_0}{n_1}\frac{\sin\alpha_0}{c_{1x}} \qquad (A.13)$$

196

与此相似,经第 2 次折射的单位矢量,亦即介质 2 中的单位矢量可表示为

$$\boldsymbol{c}_2 = \left(c_{2x}, \cos\alpha_0 \sin\varphi_{LDA}, \frac{n_0}{n_2}\sin\alpha_0 \right) \tag{A.14}$$

式中

$$c_{2x} = \sqrt{1 - c_{2y}^2 - c_{2z}^2} = \sqrt{1 - \frac{n_0^2}{n_2^2}(1 - \cos^2\alpha_0 \cos^2\varphi_{LDA})} \tag{A.15}$$

单位矢量 $\boldsymbol{c}_2$ 在 $x-z$ 平面投影的斜率为

$$\frac{c_{2z}}{c_{2x}} = \frac{n_0}{n_2}\frac{\sin\alpha_0}{c_{2x}} \tag{A.16}$$

介质 2 中的两束激光相交在位于 d_s 的点 s。为找寻 x_o 与 d_s 之间的关系,可考虑介质 1 介面($x-z$ 平面)上的两束激光所形成的两个交点。两个交点之间距离 $2h$ 的 $1/2$ 可由虚拟交点 o,或由实际交点 s 计算获得:

$$h = \frac{c_{0z}}{c_{0x}}x_o = \frac{c_{1z}}{c_{1x}}d + \frac{c_{2z}}{c_{2x}}d_s \tag{A.17}$$

关于 $x-z$ 平面内各自单位矢量的斜率(图 A.3(b))可按上述计算,这样可得到如下关系:

$$x_o = \left(\frac{n_0}{n_1}\frac{1}{c_{1x}}d + \frac{n_0}{n_2}\frac{1}{c_{2x}}d_s \right)\cos\alpha_0 \cos\varphi_{LDA} \tag{A.18}$$

式(A.18)将矢向面内两束激光的实际和虚拟交点联系起来。

A.3 两者的结合

结合式(A.8)和式(A.18)以消除 x_0,可得

$$\frac{\tan\varepsilon_{A1} - \tan\varepsilon_{B1}}{\tan\varepsilon_{A0} - \tan\varepsilon_{B0}}d + \frac{\tan\varepsilon_{A2} - \tan\varepsilon_{B2}}{\tan\varepsilon_{A0} - \tan\varepsilon_{B0}}d_m = \left(\frac{n_0}{n_1}\frac{1}{c_{1x}}d + \frac{n_0}{n_2}\frac{1}{c_{2x}}d_s \right)\cos\alpha_0 \cos\varphi_{LDA} \tag{A.19}$$

由于存在 $d_m = d_s + \Delta x_{m,s}$,可得子午面和矢向面焦点之间的距离 $\Delta x_{m,s}$:

$$\Delta x_{m,s} = \frac{1}{T_{20}}(\psi_1 d + \psi_2 d_s) \tag{A.20}$$

式中

$$\psi_1 = \frac{n_0}{n_1}\frac{1}{c_{1x}}\cos\alpha_0 \cos\varphi_{LDA} - T_{10} \tag{A.21}$$

$$\psi_2 = \frac{n_0}{n_2}\frac{1}{c_{2x}}\cos\alpha_0 \cos\varphi_{LDA} - T_{20} \tag{A.22}$$

$$T_{10} = \frac{\tan\varepsilon_{A1} - \tan\varepsilon_{B1}}{\tan\varepsilon_{A0} - \tan\varepsilon_{B0}} \tag{A.23}$$

$$T_{20} = \frac{\tan\varepsilon_{A2} - \tan\varepsilon_{B2}}{\tan\varepsilon_{A0} - \tan\varepsilon_{B0}} \tag{A.24}$$

上述公式中,所有折射角(ε_{A1},ε_{A2},ε_{B1},ε_{B2})可由入射角 ε_{A0} 和 ε_{B0} 按照 $\varepsilon_{A0} = \varphi_{LDA} + \alpha_0$ 和 $\varepsilon_{B0} = \varphi_{LDA} - \alpha_0$ 应用折射定律获得。c_{1x} 和 c_{2x} 可分别由式(A.12)和式(A.15)确定。

需要考虑一种特殊情况,亦即流体介质的密度与参考介质的相同。此时,由于有 $n_2 = n_0$,则可由式(A.15)和式(A.24)得到

$$c_{2x} = \cos\alpha_0 \cos\varphi_{LDA} \qquad\qquad (A.25)$$

$$T_{20} = 1 \qquad\qquad (A.26)$$

将上述结果代入式(A.22),可得

$$\psi_2 = 0 \qquad\qquad (A.27)$$

按照式(A.20),两个测量体之间的距离可简化为

$$\Delta x_{m,s} = \psi_1 d \qquad\qquad (A.28)$$

其与流体中测量体的位置无关。同时也说明,测量体在流体中的深度并不会导致像散离差。

附录 B　偏角 δ 影响下的激光束取向

本附录对应第 14 章 14.9.1 节。

引起 LDA 离轴对准不准确的原因就在于离轴对准角 φ_{LDA} 引入了偏角 δ，此时 LDA 测量端的对称轴或者说光轴发生了一定角度的旋转。此种不完美的 LDA 离轴对准表明，表示由两束激光所构成平面（也称为光学平面）法向的单位矢量 $\boldsymbol{n}$ 偏离 z 轴 δ 角度（图 B.1）。由此，光学平面的法向矢量 $\boldsymbol{n}$ 通常有其空间定向。为确定该法向矢量的空间方向，需要在 $x-y$ 平面内引入辅助的单位矢量 $\boldsymbol{m}_{xy}$，并使其垂直于光轴。由于光轴通常表示为 $\boldsymbol{o}=(\cos\varphi_{\mathrm{LDA}},\sin\varphi_{\mathrm{LDA}},0)$，则可得到单位矢量 $\boldsymbol{m}_{xy}$：

$$\boldsymbol{m}_{xy}=(\sin\varphi_{\mathrm{LDA}},-\cos\varphi_{\mathrm{LDA}},0) \qquad (\mathrm{B}.1)$$

则单位矢量 $\boldsymbol{n}$ 的空间方向可表示如下：

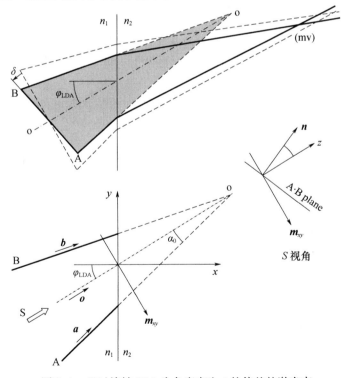

图 B.1　经过旋转 LDA 头角度产生 δ 的偏差的激光束

$$\boldsymbol{n} \cdot \boldsymbol{z} = \cos\delta \qquad\qquad (B.2)$$

$$(\boldsymbol{n} \times \boldsymbol{m}_{xy}) \cdot \boldsymbol{z} = 0 \qquad\qquad (B.3)$$

上述公式中，表示 z 轴的单位矢量为 $\boldsymbol{z} = (0,0,1)$。由于所有三个矢量在一个平面内，因而式(B.3)中的三重积为零。由上述两个公式和 $|\boldsymbol{n}| = 1$，则单位矢量 $\boldsymbol{n}$ 可分解为

$$n_x = -\sin\varphi_{LDA}\sin\delta \qquad\qquad (B.4)$$

$$n_y = \cos\varphi_{LDA}\sin\delta \qquad\qquad (B.5)$$

$$n_z = \cos\delta \qquad\qquad (B.6)$$

应用这些计算结果可算出两束激光 A 和 B 的空间方向。根据图 B.1，可立即得到以下公式：

$$\boldsymbol{a} \cdot \boldsymbol{o} = \cos\alpha_0 \qquad\qquad (B.7)$$

$$\boldsymbol{b} \cdot \boldsymbol{o} = \cos\alpha_0 \qquad\qquad (B.8)$$

$$(\boldsymbol{a} \times \boldsymbol{o}) \cdot \boldsymbol{n} = \sin\alpha_0 \qquad\qquad (B.9)$$

$$(\boldsymbol{b} \times \boldsymbol{o}) \cdot \boldsymbol{n} = -\sin\alpha_0 \qquad\qquad (B.10)$$

式(B.9)和式(B.10)的推导基于矢量运算法则，亦即圆括号中的矢量大小分别为 $\sin\alpha_0$，其方向分别平行于 $\boldsymbol{n}$ 和 $-\boldsymbol{n}$。

由式(B.7)和式(B.9)，激光束 A 可表示如下：

$$a_x = \cos\varphi_{LDA}\cos\alpha_0 + \sin\varphi_{LDA}\sin\alpha_0\cos\delta \qquad\qquad (B.11)$$

$$a_y = \sin\varphi_{LDA}\cos\alpha_0 - \cos\varphi_{LDA}\sin\alpha_0\cos\delta \qquad\qquad (B.12)$$

$$a_z = \sin\alpha_0\sin\delta \qquad\qquad (B.13)$$

与此类似，可由式(B.8)和式(B.10)表示激光束 B：

$$b_x = \cos\varphi_{LDA}\cos\alpha_0 - \sin\varphi_{LDA}\sin\alpha_0\cos\delta \qquad\qquad (B.14)$$

$$b_y = \sin\varphi_{LDA}\cos\alpha_0 + \cos\varphi_{LDA}\sin\alpha_0\cos\delta \qquad\qquad (B.15)$$

$$b_z = -\sin\alpha_0\sin\delta \qquad\qquad (B.16)$$

可以发现，当偏角 $\delta \neq 0$ 时有 $a_z \neq 0$ 和 $b_z \neq 0$。这意味着激光束 A 和 B 在介质 2 中经折射后并不在介质 1 平面内。两束激光显然沿不同的方向传播，实际上也完全不在二维平面内。因为如此，两束激光并不会在介质 2 中相交以形成测量体。14.9.1 节已运用上述公式进行了相关计算。

附录 C　雷诺应力矩阵(Reynolds Stress Matrix) 的坐标变换

通常采用坐标变换方法表示流动速度和速度脉动。第 6 章已对二维 $x-y$ 平面内速度和湍流量的坐标变换进行了介绍。出于对 17.4.2 节相关实例所需要的参考目的,本附录给出了三维直角坐标系中速度变换过程。

如图 C.1 所示,采用笛卡儿坐标系以分量 u_x、u_y 和 u_z 表征速度矢量 u。所采用的坐标系通常与流动密切相关。也可以另一种直角坐标系表征同一速度矢量,所不同的是分量的表征方式,分别为 u_1、u_2 和 u_3。两个坐标系的相对位置可由角 α_i、β_i 和 γ_i 描述。例如,$x-y-z$ 坐标系中对应于 u_1 的坐标轴由角 α_1、β_1 和 γ_1 给出。速度矢量 u 在两个坐标系中的相互关系表示如下(也可参见 6.1.1 节):

$$\begin{bmatrix} u_1 \\ u_2 \\ u_3 \end{bmatrix} = \begin{bmatrix} \cos\alpha_1 & \cos\beta_1 & \cos\gamma_1 \\ \cos\alpha_2 & \cos\beta_2 & \cos\gamma_2 \\ \cos\alpha_3 & \cos\beta_3 & \cos\gamma_3 \end{bmatrix} \begin{bmatrix} u_x \\ u_y \\ u_z \end{bmatrix} = R \begin{bmatrix} u_x \\ u_y \\ u_z \end{bmatrix} \tag{C.1}$$

式中:R 代表正交变换矩阵。作为正交变换矩阵,其逆矩阵即为其转置矩阵,即有 $R^{-1} = R'$。

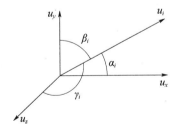

图 C.1　二维坐标系速度转换的相对位置

为实现雷诺湍流应力的变换,通常采用如下矩阵运算方式:

$$\sigma_{mn} = R' \sigma_{ij} R \tag{C.2}$$

其具体形式是

$$\begin{bmatrix} \sigma_{xx} & \tau_{xy} & \tau_{xz} \\ \tau_{yx} & \sigma_{yy} & \tau_{yz} \\ \tau_{zx} & \tau_{zy} & \sigma_{zz} \end{bmatrix} = R' \begin{bmatrix} \sigma_{11} & \tau_{12} & \tau_{13} \\ \tau_{21} & \sigma_{22} & \tau_{23} \\ \tau_{31} & \tau_{32} & \sigma_{33} \end{bmatrix} R \tag{C.3}$$

需要考虑的特殊情况是速度分量 u_1 与主流速度方向一致。基于已在第 8 章介绍的零相关方法(ZCM)的相应准则,主流速度方向与主法线应力方向相对应。由于相关坐标系中所有湍流剪切应力消失,则有

$$\sigma_{ij} = \begin{bmatrix} \sigma_{11} & 0 & 0 \\ 0 & \sigma_{22} & 0 \\ 0 & 0 & \sigma_{33} \end{bmatrix} \tag{C.4}$$

以此作为湍流应力的起点,则可由式(C.2)计算 $x-y-z$ 坐标系中的所有湍流应力:

$$\sigma_{xx} = \sigma_{11}\cos^2\alpha_1 + \sigma_{22}\cos^2\alpha_2 + \sigma_{33}\cos^2\alpha_3 \tag{C.5}$$

$$\sigma_{yy} = \sigma_{11}\cos^2\beta_1 + \sigma_{22}\cos^2\beta_2 + \sigma_{33}\cos^2\beta_3 \tag{C.6}$$

$$\sigma_{zz} = \sigma_{11}\cos^2\gamma_1 + \sigma_{22}\cos^2\gamma_2 + \sigma_{33}\cos^2\gamma_3 \tag{C.7}$$

$$\tau_{xy} = \sigma_{11}\cos\alpha_1\cos\beta_1 + \sigma_{22}\cos\alpha_2\cos\beta_2 + \sigma_{33}\cos\alpha_3\cos\beta_3 \tag{C.8}$$

$$\tau_{zy} = \sigma_{11}\cos\beta_1\cos\gamma_1 + \sigma_{22}\cos\beta_2\cos\gamma_2 + \sigma_{33}\cos\beta_3\cos\gamma_3 \tag{C.9}$$

$$\tau_{xz} = \sigma_{11}\cos\alpha_1\cos\gamma_1 + \sigma_{22}\cos\alpha_2\cos\gamma_2 + \sigma_{33}\cos\alpha_3\cos\gamma_3 \tag{C.10}$$

考虑更为特殊的情况,假设垂直于主流速度方向的平面内,亦即速度分量 u_2 和 u_3 所在的平面内的湍流是各向同性的。这意味着 $\sigma_{22} = \sigma_{33}$。对于 $\cos^2\alpha_1 + \cos^2\alpha_2 + \cos^2\alpha_3 = 1$ 以及关于角 β 和 γ 类似的三角恒等式,可得:

$$\sigma_{xx} = \sigma_{11}\cos^2\alpha_1 + \sigma_{22}\sin^2\alpha_1 \tag{C.11}$$

$$\sigma_{yy} = \sigma_{11}\cos^2\beta_1 + \sigma_{22}\sin^2\beta_1 \tag{C.12}$$

$$\sigma_{zz} = \sigma_{11}\cos^2\gamma_1 + \sigma_{22}\sin^2\gamma_1 \tag{C.13}$$

$$\tau_{xy} = \sigma_{11}\cos\alpha_1\cos\beta_1 + \sigma_{22}(\cos\alpha_2\cos\beta_2 + \cos\alpha_3\cos\beta_3) \tag{C.14}$$

最后,关于 τ_{xy} 的公式可作进一步简化。$x-y-z$ 坐标系中的 x 轴和 y 轴分别由 u_i 坐标系的单位矢量 $\boldsymbol{x} = (\cos\alpha_1, \cos\alpha_2, \cos\alpha_3)$ 和 $\boldsymbol{y} = (\cos\beta_1, \cos\beta_2, \cos\beta_3)$ 来表征。由于 $\boldsymbol{x} \perp \boldsymbol{y}$,则有 $\boldsymbol{x} \cdot \boldsymbol{y} = 0$。进而有:

$$\cos\alpha_2\cos\beta_2 + \cos\alpha_3\cos\beta_3 = -\cos\alpha_1\cos\beta_1 \tag{C.15}$$

将式(C.15)代入式(C.14),可得

$$\tau_{xy} = (\sigma_{11} - \sigma_{22})\cos\alpha_1\cos\beta_1 \tag{C.16}$$

上述关系式曾在 17.4.3 节中作为式(17.42)出现。

符 号 表

符号	单位	说明
a	m	测量体半长；
a	m/s^2	加速度（时域中的速度梯度）；
a	m/s	相位角范围内的速度梯度；
a	1/s	喷嘴和扩压器中流动的速度梯度；
A	m^2	面积；
A_f	m/s	输运振荡流的振幅；
c	m/s	光速；
c_D	—	黏性流的阻力系数；
d_{mv}	m	测量体厚度；
d	m	视窗厚度；
d_p	m	粒子直径；
E	—	波幅；
f	m	透镜焦距；
f_w	—	加权因子；
F	m^4/s^4	流速平直度；
F	N	力；
I	—	光强；
$^*J$	N/m^2	动量通量；
k	m^2/s^2	湍流动能；
k	1/m	光的角波数；
k_m	1/m	调制波数；
k_{mv}	—	测量体位移比；
k_{vel}	—	关于条纹间距的速度修正因子；
l	—	表征方向的单位向量；
m_p	kg	粒子质量；
n	—	折射率；
N	—	样本容量；
N	—	测量体内的条纹数目；
N_S	—	斯托克斯数；
p	Pa	压力；
p	1/(m/s)	速度的概率密度函数；

203

$\overset{*}{Q}$	m³/s	容积流率；
r	—	径向坐标；
$\boldsymbol{r}$	—	单位向量；
R	m	圆管直径；
R	m	波前曲率半径；
$\boldsymbol{R}$	—	变换矩阵；
R	—	相关系数；
Re	—	雷诺数；
Rms	m/s	速度均方根；
S	m	距离；
s_{tt}	s²	统计量；
s_{ut}	m	统计量；
s_{uu}	m²/s²	统计量；
s_{uv}	m²/s²	统计量；
$s_{u\phi}$	m/s	统计量；
$s_{\phi\phi}$	—	统计量；
S	m³/s³	（速度）偏斜度；
T	s	时间；
tbd	s	数据间时间间隔；
T	s	周期；
Tu	—	湍流度；
u	m/s	速度分量；
$\bar{u}$	m/s	平均速度；
$\hat{u}$	m/s	回归速度；
u'	m/s	脉动速度；
$\bar{u}_{\text{app}}$	m/s	平均表观速度；
$\bar{u}_{\text{bias}}$	m/s	平均速度偏差；
$\bar{u}_E$	m/s	能量流中的平均速度；
$\bar{u}_J$	m/s	动量流中的平均速度；
u_{p}	m/s	粒子速度，质点速度；
u_{sh}	m/s	测量体内条纹的移位速度
v	m/s	速度分量；
v_{sh}	m/s	由 LDA 对准误差所引起的速度变化量；
w	m/s	速度分量；
w	m	高斯光束的半厚度；
w_0	m	光束腰部的半厚度；
x	—	坐标；
y	—	坐标；
z	—	坐标；

z_R	m	瑞利长度;
α	deg	不同激光束之间的半交叉角;
α	deg	坐标轴之间的夹角;
α	—	能量通量修正因子;
β	deg	坐标轴之间的夹角;
β	—	动量通量修正因子;
γ	deg	坐标轴之间的夹角;
γ	—	条纹失真数目;
δ	deg	LDA 对准中的偏差角;
ε	deg	入射角和折射角;
θ	deg	高斯光束的扩张角(角展度);
λ	m	波长;
μ	Pas	动力黏性;
ν	Hz	光波频率;
ν	m^2/s	运动黏性;
ν_D	Hz	多普勒频率;
ν_{sh}	Hz	频移量;
ξ	—	坐标;
ρ	kg/m^3	密度;
σ	m/s	速度的标准差;
σ_{mn}	m^2/s^2	雷诺应力分量;
σ_{11}	m^2/s^2	主流方向中的法向应力;
σ_{22}	m^2/s^2	垂直于主流的法向应力;
τ	deg	偏差角(双测量法中的误差参数)
τ	s	弛豫时间;
τ_{max}	m^2/s^2	最大剪切应力;
τ_{mn}	m^2/s^2	剪切应力分量;
ϕ	deg	方向角;
ϕ	deg	平均气流角;
ϕ_{LDA}	deg	LDA 头部离轴角度;
ϕ_m	deg	主法线应力的方向角;
ψ	deg	LDA 对准的偏差角;
ω	1/s	角频率;
ω	1/s	平均角频率;
ω_m	1/s	调制角频率;
Δx	m	条纹间距;
$\Delta x_{m,s}$	m	像散离差;
下标		**说明**
11		主流向中的法向应力;

22	垂直于主流向的法向应力;
a	空气;
app	表观速度和湍流强度;
b	偏差速度和湍流强度;
D	多普勒频率,阻力;
E	能量通量;
F	流动;
g	观察窗,玻璃;
J	动量通量;
m	子午焦点;调制波数;
max	最大剪切应力;
mn	雷诺应力分量;
m. s	子午焦点与矢状焦点间的距离(像散差);
mv	测量体;
p	粒子;
s	矢向面焦点;
sh	移频,速度变化;
tt	时序方差;
ut	速度与时间的协方差
uu	速度分量的方差;
uv	速度分量 u 和 v 的协方差;
$u\phi$	速度分量 u 和相位角 ϕ 的协方差;
vel	速度修正因子;
w	水,加权因子。

参 考 文 献

Albrecht H, Borys M, Damaschke N, Tropea C (2003) Laser Doppler and phase Doppler measurement techniques. Springer, Berlin Boadway J, Karahan E (1981) Correction of laser Doppler anemometer readings for refraction at cylindrical interfaces. DISA Inf 26:4 – 6

Booij R, Tukker J (1994) 3 – Dimensional laser Doppler measurements in a curved flume. 7th int. Symposium on Applications of Laser Techniques to Fluid Mechanics, Lisbon, Portugal, p 28. 5

Bradshaw P (1978) Turbulence. Topics in applied physics, vol. 12. Springer, Berlin

Buchhave P (1975) Biasing errors in individual particle measurements with the LDA – counter signal processor. The Accuracy of Flow Measurements by Laser Doppler Methods, Proceedings of the LDA – Symposium, Copenhagen, Denmark, pp 258 – 278

Buchhave P, George WK, Lumley JL (1979) The measurement of turbulence with the laser – Doppler anemometer. Ann Rev Fluid Mech 11:443 – 503

Carter J, Martin K, CampbellW, Hall N, Ezekoye O (2001) Design of an oscillating flow apparatus for the study of low Reynolds number particle dynamics. J Exp Fluids 30:578 – 583

Durst F, Fischer M, Jovanovic J, Kikura H (1998) Methods to set up and investigate low Reynolds number, fully developed turbulent plane channel flows. ASME J Fluid Eng 120:496 – 503

Durst F, Kikura H, Lekakis I, Jovanovic J, Ye Q (1996) Wall shear stress determination from near – wall mean velocity data in turbulent pipe and channel flows. J Exp Fluids 20:417 – 428

Durst F, Martinuzzi R, Sender J, Thevenin D (1992) LDA – measurements of mean velocity, RMSvalues and higher order moments of turbulence intensity fluctuations in flow fields with strong velocity gradients. 6th int. Symposium on Applications of Laser Techniques to Fluid Mechanics, Lisbon, Portugal, p 5. 1

Durst F, Melling A, Whitelaw JH (1981) Principles and practice of laser – Doppler anemometry. 2nd edn, Academic Press, London

Durst F, Stevenson WH (1975): Moiré patterns to visually model laser – Doppler signals. The Accuracy of Flow Measurements by Laser Doppler Methods, Proceedings of the LDASymposium, Copenhagen, Denmark, pp 183 – 205

Edwards RV (1987) Report of the special panel on statistical particle bias problems in laser anemometry. Trans ASME, J Fluids Eng 109:89 – 93

Erdmann JC, Tropea C (1981) Turbulence induced statistical bias in laser anemometry. Proceedings of the 7th Symposium on Turbulence, University of Missouri – Rolla, USA

Hanson S (1973) Broadening of the measured frequency spectrum in a differential laser anemometer due to interference plane gradients. J Phys D Appl Phys 6:164 – 171

Hanson S (1975) Visualization of alignment errors and heterodyning constraints in laser Doppler velocimeters. The Accuracy of Flow Measurements by Laser Doppler Methods, Proceedings of the LDA – Symposium, Copenhagen, Denmark, pp 176 – 182

Hecht E (1990) Optics. 2nd edn, Addison – Wesley, Reading, MA

Hinze JO (1975) Turbulence. 2nd edn , McGraw – Hill , New York , NY

Hirt F , Jud E , Zhang Zh (1994) Investigation of the local flow topology in the vicinity of a prosthetic heart valve using particle image velocimetry. 7th. Int. Symposium on Applications of Laser Techniques to Fluid Mechanics , Lisbon , Portugal , p 37. 3

Hütmann F , Leder A , Michael M , Majohr D (2007) Wechselwirkungen runder Düenfreistrahlen mit ebenen Wäden bei verschiedenen Auftreffwinkeln. 15. GALA – Fachtagung , Lasermethoden in der Ströungsmesstechnik , Rostock , Deutschland , pp 7. 1 – 7. 6

Jakoby R , Willmann M , Kim S , Dullenkopf K , Wittig S (1996) LDA – Messungen in rotierenden Bezugssystemen: Einfluss von Geschwindigkeitsgradienten auf die Bestimmung des Turbulenzgrads. 5. GALA – Fachtagung , Berlin , Deutschland , pp 41. 1 – 41. 10

Lehmann B (1986) Laser – Doppler – Messungen in einem turbulenten Freistrahl. DFVLR Forschungsbericht , DFVLR – FB 86 – 55

Li EB , Tieu AK (1998) Analysis of the three – dimensional fringe patterns formed by the interference of ideal and astigmatic Gaussian beams. 9th int. Symposium on Applications of Laser Techniques to Fluid Mechanics , Lisbon , Portugal , p 15. 5

Lumley J , Acrivos A , Leal L , Leibovich S (1996) Research trends in fluid dynamics. American Institute of Physics , Woodbury , New York , NY

McLaughlin DK , Tiederman WG (1973) Biasing correction for individual realization of laser anemometer measurements in turbulent flows. Phys Fluids 16 (12) : 2082 – 2088

Miles PC , Witze PO (1994) : Fringe field quantification in an LDA probe volume by use of a magnified image. J Exp Fluids 16 : 330 – 335

Miles PC , Witze PO (1996) : Evaluation of the Gaussian beam model for prediction of LDV fringe fields. 8th int. Symposium on Applications of Laser Techniques to Fluid Mechanics , Lisbon , Portugal , p 40. 1

Nobach H (1998) Verarbeitung stochastisch abgetasteter Signale – Anwendung in der Laser – Doppler – Anemometrie. Diss. , Univ. Rostock , Shaker Verlag , Aachen

Owen J , Rogers R (1975) Velocity biasing in laser Doppler anemometers. The Accuracy of Flow Measurements by Laser Doppler Methods , Proceedings of the LDA – Symposium , Copenhagen , Denmark , pp 89 – 114

Richter F , Leder A (2006) Wechselwirkungen runder Düenfreistrahlen mit ebenen Wäden. 14. GALA – Fachtagung , Lasermethoden in der Ströungsmesstechnik. Braunschweig , Deutschland , pp 13. 1 – 13. 7

Ruck B. (1991) Distortion of LDA fringe pattern by tracer particles. J Exp Fluids 10 : 349 – 354

Thiele B , Eckelmann H (1994) Application of a partly submerged two component laser – Doppler anemometer in a turbulent flow. J Exp Fluids 17 : 390 – 396

Tropea C (1983) A note concerning the use of a one – component LDA to measure shear stress terms. Technical Notes , J Exp Fluids 1 : 209 – 210

Wittig S , Elsäßer A , Samenfink W , Ebner J , Dullenkopf K (1996) Velocity profiles in shear – driven liquid films: LDV – measurements. 8th Int. Symposium on Applications of Laser Techniques to Fluid Mechanics , Lisbon , Portugal , p 25. 2

Yeh H , Cummins H (1964) Localized flow measurements with an He – Ne laser spectrometer. App Phys Lett 4 : 176

Zhang Zh (1995) Einfluss des Astigmatismus auf Laser Doppler Messungen. Sulzer Innotec Bericht , Nr. STT. TB95. 022 , Winterthur , Schweiz

Zhang Zh (1999) Null – Korrelationsmethode zur Bestimmung der anisotropen Ströungsturbulenz. Lasermethoden in der Ströungsmesstechnik. 7. GALA – Fachtagung , Lasermethoden in der Ströungsmesstechnik , St – Louis ,

208

Frankreich, pp 7. 1 – 7. 6

Zhang Zh (2000) Zur Bestimmung des " Biasing Error" in LDA – Messungen von komplexen turbulenten Strö-
ungen. 8. GALA – Fachtagung, Lasermethoden in der Ströungsmesstechnik, Freising/Müchen, Deutsch-
land, pp 16. 1 – 16. 8

Zhang Zh (2002) Velocity bias in LDA measurements and its dependence on the flow turbulence. J Flow Meas
Instrum 13 : 63 – 68

Zhang Zh (2004a) Optical guidelines and signal quality for LDA applications in circular pipes. J Exp Fluids
37 : 29 – 39

Zhang Zh (2004b) LDA – Methoden in Messungen aller drei Geschwindigkeitskomponenten in Rohrströun-
gen. 12. GALA – Fachtagung, Lasermethoden in der Ströungsmesstechnik, Karlsruhe, Deutschland,
pp 8. 1 – 8. 8

Zhang Zh (2005) Dual – Measurement – Method and its extension for accurately resolving the secondary flows
in LDA applications. J Flow Meas Instrum 16 : 57 – 62

Zhang Zh (2009) Freistrahlturbinen, Hydromechanik und Auslegung. Springer, Berlin

Zhang Zh, Bissel C, Parkinson E (2003) LDA – Anwendung zu Freistrahlmessungen bei einem Pelton – Tur-
bine – Modell mit der Fallhöhe von 90 Metern. 11. GALA – Fachtagung, Lasermethoden in der
Ströungsmesstechnik, Braunschweig, Deutschland, pp 13. 1 – 13. 6

Zhang Zh, Casey M (2007) Experimental studies of the jet of a Pelton turbine. Proc. IMechE Vol. 221 Part A :
J Power Energy, 1181 – 1192

Zhang Zh, Eisele K (1995a) Off – axis alignment of an LDA – probe and the effect of astigmatism on the
measurements. J Exp Fluids 19 : 89 – 94

Zhang Zh, Eisele K (1995b) Einfluss des Astigmatismus auf LDA – Messungen. 4. GALAFachtagung, Laser-
methoden in der Ströungsmesstechnik, Rostock, Deutschland, pp 45. 1 – 45. 6

Zhang Zh, Eisele K (1996a) Neue Erkenntnisse über den Einfluss des Astigmatismus auf LDAMessun-
gen. 5. GALA – Fachtagung, Lasermethoden in der Ströungsmesstechnik, Berlin, Deutschland,
pp 54. 1 – 54. 7

Zhang Zh, Eisele K (1996b) The effect of astigmatism due to beam refractions in the formation of the measure-
ment volume in LDA measurements. J Exp Fluids 20 : 466 – 471

Zhang Zh, Eisele K (1997) On the broadening of the flow turbulence due to fringe distortion in LDA measure-
ment volumes. Proceedings of the 7th Int. Conference Laser Anemometry, Advances and Applications,
Karlsruhe, Germany, pp 351 – 357

Zhang Zh, Eisele K (1998a) On the directional dependence of turbulence properties in anisotropic turbulent
flows. J Exp Fluids 24 : 77 – 82

Zhang Zh, Eisele K (1998b) Further considerations of the astigmatism error associated with offaxis alignment
of an LDA – probe. J Exp Fluids 24 : 83 – 89

Zhang Zh, Eisele K (1998c) On the overestimation of the flow turbulence due to fringe distortion in LDA
measurement volumes. J Exp Fluids 25 : 371 – 374

Zhang Zh, Eisele K (1998d) Zur Bestimmung des " Biasing Error" bei LDA – Messungen. 6. GALA – Fachta-
gung, Lasermethoden in der Ströungsmesstechnik, Essen, Deutschland, pp 37. 1 – 37. 37. 7

Zhang Zh, Eisele K (1999) Mass flux measurements by PDA method. Proceedings of the 8th Int. Conference
Laser Anemometry, Advances and Applications, Rome, Italy, pp 97 – 104

Zhang Zh, Eisele K, Geppert L (2000a) Untersuchungen am Freistrahl aus einer Modelldüse von Pelton – Tur-
binen mittels LDA. 8. GALA – Fachtagung, Lasermethoden in der Ströungsmesstechnik, Freising/Müchen,

Deutschland, pp 15. 1 – 15. 6

Zhang Zh, Eisele K, Hirt F (1996) Methode zur Bestimmung der Turbulenzgrößen in instationären Ströungen aus LDA – Messungen. 5. GALA – Fachtagung, Lasermethoden in der Ströungsmesstechnik, Berlin, Deutschland, pp 10. 1 – 10. 4

Zhang Zh, Eisele K, Hirt F (1997) The influence of phase – averaging window size on the determination of turbulence quantities in unsteady turbulent flows. J Exp Fluids 22 : 265 – 267

Zhang Zh, Eisele K, Ziada S, Kälin R (1998) PDA measurements of water jet break – up in air cross – flow. Proceedings of the 7th European Symposium Particle Characterisation, Nünberg, Germany, pp 131 – 140

Zhang Zh, Muggli F, Parkinson E, Schäer C (2000b) Experimental investigation of a low head jet flow at a model nozzle of a Pelton turbine. 11th int. Seminar on Hydropower Plants, Vienna, Austria, pp 181 – 188

Zhang Zh, Parkinson E (2001) Ströungsuntersuchungen am Freistrahl der Pelton – Turbine und Anpassen des LDA – Verfahrens. 9. GALA – Fachtagung, Lasermethoden in der Ströungsmesstechnik, Winterthur, Schweiz, pp 43. 1 – 43. 7

Zhang Zh, Parkinson E (2002) LDA application and the dual – measurement – method in experimental investigations of the free surface jet at a model nozzle of a Pelton turbine. 11th. Int. Symposium on Applications of Laser Techniques to Fluid Mechanics, Lisbon, Portugal, p 2

Zhang Zh, Zhang Ch (2002) Null – Korrelations – Methode und die Abweichungen in Turbulenzmessungen. 10. GALA – Fachtagung, Lasermethoden in der Ströungsmesstechnik, Rostock, Deutschland, pp 40. 1 – 40. 8

Zhang Zh, Ziada S (2000) PDA measurements of droplet size and mass flux in the threedimensional atomisation region of water jet in air cross – flow. J Exp Fluids 28 : 29 – 35

索　引

A

Diffuser flow	扩散流 57~62;
Dispersion	色散 14,115;
Doppler burst	多普勒脉冲 22,23;
Doppler effect	多普勒效应 15~17,19,20;
Doppler frequency	多普勒频率 20,21,22~24;
Drag coefficient	阻力系数 53;
Drag force	阻力 52~58,60,65~67;
Dual measurement method (DMM)	双测量法 75~86;

E

Ellipse form of the turbulence distribution	湍流度分布的椭圆形式 49,50;
Energy flux	能量通量 106~108;
correction factor	修正因子 106,107;
Ergodic hypothesis	遍历假设 177;
Euler momentum equation	欧拉动量方程 189;

F

Flatness	平直度 37,38;
Fringe distortion	条纹畸变 4,5,164~168,169~174;
Fringe distortion number	畸变条纹数 166,171,172,173;
Fringe model	条纹模型 21~23,24;
Fringe number	条纹数 29,34;
Fringe shift speed	条纹移动速度 24,25;
Fringe spacing	条纹间距 22,25,29,32,33;

G

Gaussian beam	高斯光束 25~28;
divergence angle	发散角 27;
Gaussian probability density function	高斯概率密度函数 9,37;

I

Isotropic and anisotropic turbulences	各向同性和各向异性湍流 10,11;

J

Jet flow	射流 75~80,187~190;

K

Kurtosis factor	峰度因子 38;

Turbulent stresses, *see* Reynolds stress   湍流应力,见雷诺应力;

Two – step method   两步法 76,193;

V

Velocity bias   速度偏差 35～37,38,39,103,105～111,175～186;

Velocity shift(DMM)   速度漂移(量)(双测量法,DMM) 78～83,84～86;

Viscous drag force, *see* Drag force   粘滞阻力,见阻力;

Volumetric flow rate   体积流量或体积流率 176;

Volumetric flux   体积通量 39,106,176～178;

W

Water – filled prism   注水棱镜 138,144～146;

Wave number   波数 13,18,21～23;

Weaving machine   织机 190～192;

Weighting factor   加权因子或权重系数 38,39,92,176;

Z

Zero correlation method (ZCM)   零相关法;零相关法 6,48,68～74,117;

内 容 简 介

　　本书以实验流体动力学及其相关领域的研究者和工程技术人员为对象,在简要阐述激光多普勒技术相关知识的基础上,较为系统和全面地介绍了 LDA(LDV) 在流体动力学的应用方法及数据后处理方法,并给出了部分 LDA 的应用实例,具有较强的实用性和可操作性,是迄今少见的可作为技术指导的实验测量技术专著,也可作为大专院校流体动力学相关专业教师和研究生的技术参考书。